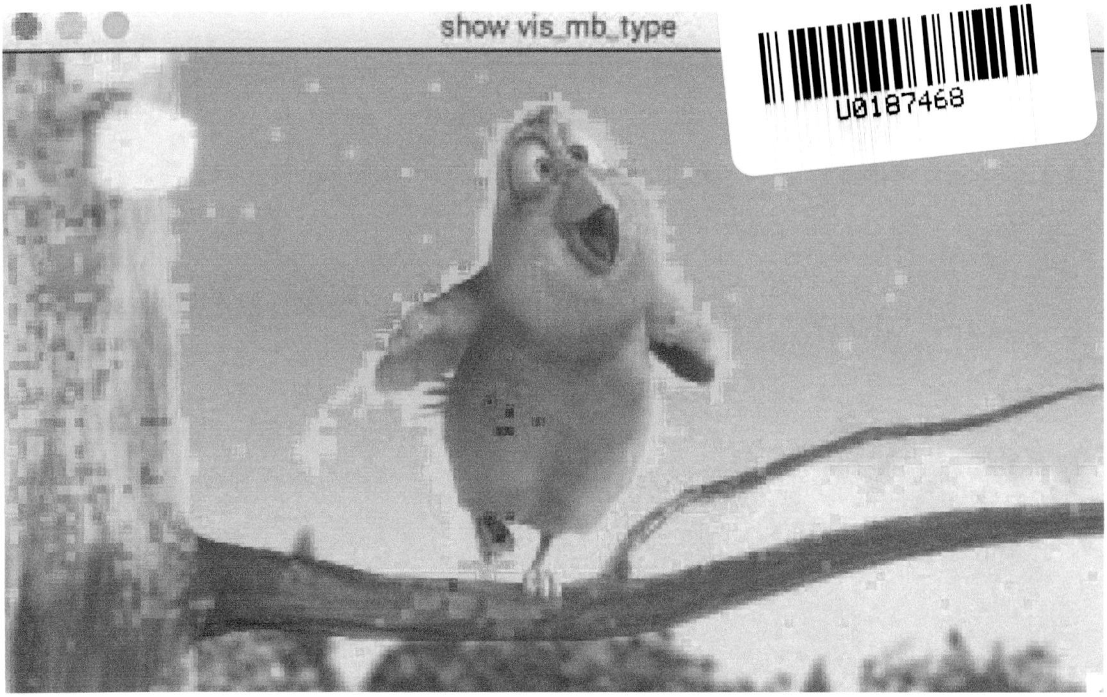

图 2-9　ffplay 播放视频显示宏块展示示例

表 2-10　宏块显示颜色说明

颜色	宏块类型条件	说明
	IS_PCM (MB_TYPE_INTRA_PCM)	无损（原始采样不包含预测信息）
	(IS_INTRA && IS_ACPRED) || IS_INTRA16x16	16 × 16 帧内预测
	IS_INTRA4x4	4 × 4 帧内预测
	IS_DIRECT	无运动向量处理（B 帧分片）
	IS_GMC && IS_SKIP	16 × 16 跳宏块（P 或 B 帧分片）
	IS_GMC	全局运动补偿（与 H.264 无关）
	!USES_LIST(1)	参考过去的信息（P 或 B 帧分片）
	!USES_LIST(0)	参考未来的信息（B 帧分片）
	USES_LIST(0) && USES_LIST(1)	参考过去和未来的信息（B 帧分片）

电子与嵌入式系统
设计丛书

FFmpeg
从入门到精通

刘歧 赵文杰 编著
武爱敏 审校

机械工业出版社
CHINA MACHINE PRESS

图书在版编目（CIP）数据

FFmpeg 从入门到精通 / 刘岐，赵文杰编著 . —北京：机械工业出版社，2018.3（2024.1 重印）
（电子与嵌入式系统设计丛书）

ISBN 978-7-111-59220-4

I. F… II. ①刘… ②赵… III. 视频编码 IV. TN762

中国版本图书馆 CIP 数据核字（2018）第 038456 号

FFmpeg 从入门到精通

出版发行：机械工业出版社（北京市西城区百万庄大街 22 号 邮政编码：100037）
责任编辑：佘 洁　　责任校对：李秋荣
印　　刷：固安县铭成印刷有限公司　　版　　次：2024 年 1 月第 1 版第 11 次印刷
开　　本：186mm×240mm 1/16　　印　　张：18.5
书　　号：ISBN 978-7-111-59220-4　　定　　价：69.00 元

客服电话：（010）88361066 68326294

本书赞誉

金山云高级副总裁、合伙人梁守星

随着计算机网络和多媒体技术的飞速发展，视频作为富媒体的主要元素，成为了信息传递的主要方式，深刻地影响着我们的生活。在互联网流量中，尤其是移动互联网中，视频流媒体的占比已经超过70%。但由于视频相关技术（如编解码、流媒体传输等）入门门槛较高，导致从事视频行业的高端人才数量无法满足行业的发展需要。

刘歧曾经和我一起工作过，也是生活中的朋友，他对技术的执著是我非常赏识和佩服的，同时他为FFmpeg社区在国内的发展做出了很大贡献。

本书由浅入深地介绍了FFmpeg的使用方法，帮助读者更好地理解和掌握音视频相关的实际应用；相信本书将对音视频行业发展起到推动作用，让更多的人参与到音视频行业的创新发展中。如作者在书中所说，“FF”代表的是“Fast Forward”，我也希望读者通过对本书的学习，成长速度可以fast，faster，fastest。

云帆加速联合创始人CTO扶凯

我与武爱敏、刘歧和赵文杰都来自蓝汛，生活中是挚友，多年来我也一直在从事视频编解码相关的工作，经常与他们有联系和交流学习的机会。回想起2008年，彼时我在蓝汛负责过一段时间的视频编解码工作，后来在土豆也负责CDN和视频编解码相关业务，这些技术大多都是基于FFmpeg。然而，当年一直苦于市面上没有好的中文指导资料，相关技术知识只能从国外的书刊中寻找。

因此我非常期待有一些中文的刊物，能对FFmpeg相关的技术进行深入和系统的介绍。如果当年有这本书的话，我相信能省下我或其他人非常多的时间。目前，中国在音视频方面的流量每年都有60%以上的增速，所以无论对于从业者技能提升还是相关领域技术学习，这本书都非常值得读者期待。

可喜的是，近年来中国的音视频技术在国际上是占有一席之地的。比如，目前一些国外 CDN 公司都不支持目前国内主流的直播流技术（如 rtmp 和 httpflv 流技术），刚好这几位是 SRS 的作者或推动者——他们推动了整个中国的直播和编解码技术的发展，改变了整个行业。我在研究音视频分布式的大规模分布式转码技术时，与刘歧曾进行过深入的交流，对于他们的技术和实力是有目共睹的。值得一提的是，目前包括我们公司在内的中国众多点播直播领域企业，都在使用或者学习 FFmpeg 基于开源所提供的技术，以便为市场提供良好的服务。

我相信本书能对视频行业产生极为正面的影响，并且也一定能带动当下中国点播直播技术、H.265 编码技术和 VR 等技术获得更大的发展。他们编写这本 FFmpeg 的书，是对知识的尊重，是对价值的渴望。我希望从这本书开始，中国在视频领域的技术能逐步赶超国际水平，做一些创新甚至颠覆的事情。我强烈推荐这本书给大家，我能学习到很多，也希望你们受益。

熊猫 TV CTO 黄欢

FFmpeg 是一个功能完备，稳定性强的音视频处理开源项目。但由于其庞大的工程量，复杂的系统构架，以及繁多的参数设置。让一些刚刚接触音视频开发的开发人员不知从何下手。本书由参数入手，细致地讲解了参数背后的原理。让开发人员可以由浅入深的了解音视频开发知识。从 FFmpeg 安装、转格式、转码起步，深入地分析了 FFmpeg 所支持的常用格式的结构，对于 FLV、MP4 等常用文件格式，细致到每一位进行了详细的说明。编解码方面，本书也细致地讲解了各种编码标准，软硬编解码的使用和转编码中容易遇到的问题和误区。传输方面，不仅对于目前常用的直播点播进行了具体的分析，还对多路处理等问题进行了深入剖析。在图像以及音频处理方面，更是细致地解释了常用的处理操作。总体而言，本书为音视频开发入门铺垫了道路，也为深入理解音视频开发填平了坑点。

高升控股副总经理鄢涛

随着近几年直播、短视频等行业的兴起，流媒体技术越来越多地受到大家的重视。开源的 FFmpeg 系统，更是流媒体行业内大家学习和实践的最好工具。

刘歧从事流媒体行业多年，一路跳坑踩雷走过来，积累了丰富的行业和实战经验。本书从入门到实例，详细地介绍了在实践中的技术点，是初学者的带路导师，也是流媒体开发者不错的工具字典。期望通过本书，能让更多人更容易地参与到流媒体行业中来。

dotEngine 创始人刘连响

FFmpeg 被称作音视频应用程序的瑞士军刀，包含音视频采集、编码转化、音视频格式转化、视频滤镜、音频滤镜等功能，还可以进行视频裁剪、缩放、色域转换等一系列后期处理。可以说，无论你想要本地播片，还是转换视频格式，亦或是利用网络看视频，FFmpeg 都可以胜任。三大视频播放流派 MPC、MPlayer 和 VLC 都和 FFmpeg 脱不开关系，而 Chrome 这样的能播放视频的浏览器，底层也是用了 FFmpeg 来处理音视频。

FFmpeg 功能强大的同时也带来了复杂性，命令行参数众多，加上没有系统的教程，我也一直对学习 FFmpeg 的使用心怀抗拒，在经历了几次到处求命令行之后，最后终于花了一天的时间把 FFmpeg 官方的文档都看了一遍，在经历了一些练习后，基本能解决工作中遇到的 FFmpeg 的大部分问题。一些解决不了的问题会请教大师兄，这时候大师兄往往二话不说扔出一个命令行来，留下我辈后来者深深佩服。有些技术只会用一时，有些技术确可以用几十年，FFmpeg 是可以用几十年的技术，花上几天学一个可以用几十年的技术是何等高的学习“性价比”。

这本书浅显易懂并能学以致用，只需要对音视频的编码和容器有基本了解就可以快速上手。首先总体讲了 FFmpeg 的包含的模块，编译安装，接下来对常用的命令行参数进行了讲解，最后部分针对 API 做了讲解，对于那些有命令行无法完成的任务和一定 C 语言开发能力的开发者来说，这部分是一个非常好的 API 开发入门。相信你跟着本书的示例代码练习下来之后会有跟我一样的感叹：原来用 FFmpeg 做出一个画中画效果和一个多宫格的播放效果这么简单。

大师兄常说的一句话是：独学而无友，则孤陋而寡闻。作为一本系统介绍 FFmpeg 知识的书，相信本书会是你的良师益友。

推荐序一

缘起

随着移动互联网的发展和网络基础设施的逐步升级，我们经历了从UGC到PGC，从PC端到移动端，从音频到视频，从点播到直播的巨大变迁，现在各种音视频应用逐渐成为主流。这些应用构建的基础是什么呢？都离不开FFmpeg，以至于大家都说，FFmpeg就是音视频界的瑞士军刀。它的出现，让以前只为封闭的广播电视系统开发的，高级而又神秘的技术，飞入平常百姓家，大大促进了互联网的繁荣。从另一方面来看，这把军刀的功能也越来越丰富，既可以解决各种实际问题，又是一本多媒体百科全书，工作之余，每次翻一下文档代码都会得到惊喜。

本人自从07年接触FFmpeg开始，不知不觉已经十年了，FFmpeg版本也由0.x升级到3.x，中间经历了巨大的架构变化，功能也越来越强大。最早大家只是用它作为mplayer的解码库之一，后来它逐渐支持的codec、format、protocol逐步就超越了mplayer，甚至把mplayer的filter也都支持了，因此从播放端到服务端，到制作端和推流端，几乎一切需求都可以搞定。回顾这些年在社区里面的经验，感觉国内做相关应用开发的人还是比较多的，真正贡献核心代码的并不多，与我们国家的程序员人口规模严重不符。因此虽然出现了“雷神”这样的技术科普大神，各种视频网站App各领风骚，却仍总觉得有缺憾。

初识

2016年，惊奇地发现maintainer页面上突然出现了一个中国人的名字，Steven Liu，还是一位在北京的工程师，顿觉十分厉害，遍寻朋友圈而不得，十分沮丧。直到听说onVideo这个创业项目，才了解到了他本尊就跟我二度相连，不禁感慨世界好小。赶紧约聊，一见如故，交集颇多，这让我更加相信这个世界上有缘人终会相会的。这位起着洋名的Steven老师就是人称大师兄（悟空）的刘歧，他有着东北人与生俱来的乐观、风趣，对于技术有着由衷的执著热爱，虽然工作很忙，还是对于开发社区倾注大量心血，无论是答疑解惑，还是推进开发，一直是无私奉献，一丝不苟。支撑他的是一种无问西东的信念，在如今的时代，相比于砌墙，修建大教堂逐渐变成了一种奢侈的追求。我辈与之相比，高下立判，只能盼望能否有机会为他，为社区做点什么。当得知大师兄在撰写关于FFmpeg应用开发的书籍，即自告奋勇写推荐，望尽微薄之力，以弥补内心缺憾。

榜样

在我看来，作为程序员，应该把亲身参与知名开源项目，作为个人技能发展的高级追求。为什么呢？成功的开源项目其实并不多，往往都是比较好的解决了某个基础性需求，是凝聚了大量优秀程序员智慧的结晶，其架构思想、开发协作流程、远程协同解决问题的方法，对于有技术追求的同学，都会是十分受益的。在公司写代码，往往只有一两个人review，而在社区里面，很可能是几十人几百人review，其中还会有世界级的专家。而成为这种项目的maintainer，则需要你本人付出大量努力，真正为项目贡献重要的功能，赢得社区的信任，自己也就成为了那个世界级的专家。大师兄在过去几年中，克服了自己的语言障碍，“大闹天宫”而赢得尊重，成为了千里挑一的maintainer，确实是我辈学习的榜样。

本书应该如何读

有大师兄对于FFmpeg的深入理解作为基础，本书在内容的全面性、理论和实践的结合方面，都是值得期待的。

很多同学热爱多媒体应用开发，但是实践起来会遇到很多问题，在社区中活跃参与，自身却很难获得提高，虽然偶尔通过牛人指点解决了部分一次性问题，但还是会经常遇到各种新坑；为什么呢？往往是因为缺乏系统化的知识体系，因此无法真正入门，更难以深入。因此对于这些希望入门、入行的同学，本书系统性地梳理了从基本命令行到高级应用的方方面面，能够带你进入多媒体技术的殿堂。

其次，国内的教育重理论而轻实践，对于有一定多媒体专业背景知识，而不知如何实践落地的读者，认真读完此书可以对理论如何结合实践有一个全面的认识，音视频算法再也不是抽象枯燥的公式、标准，而是鲜活的应用场景，你从此可以利用手中的知识技能做一些有用的事情，解决实际需求，比如，帮朋友压个片。

另外，对于已经熟悉多媒体开发的同学，本书也是一本全面的手册，便于你对自己的知识体系查缺补漏，看完一定会有惊喜。

而对于希望更深入学习多媒体架构知识，甚至以大师兄为榜样希望贡献社区，成为committer的程序员们，本书也是一本好的指南。以Linux操作系统为例，从基本使用开始，到搭建互联网服务器，到深入调优，做内核开发，大型系统构建，是一个逐步深入的过程。FFmpeg也是一样，从各种命令行处理，阅读代码了解背后的原理，解决实际问题，到模块级别开发，架构改进，再到融会贯通贡献社区，亦是必由之路。FFmpeg的分层模块化架构思想，与Linux内核一样，是十分简洁优美的，其中还有大量的图像视频基础库，网络协议实现，底层汇编优化，是营养丰富的宝库。建议大家能够站在前辈巨人的肩膀上，学习其架构精髓，主干贯穿，从实践角度构建你的程序员世界观，从而完成从小工到大师的成长过程。本书对于FFmpeg的基本概念做了初步解读，帮助大家由浅入深，开始探索FFmpeg这个宝库。

最后希望每个热爱技术的同学都能如大师兄一般，经历艰难险阻，取得真经。

于冰
流媒体行业先烈
2018年1月于北京

推荐序二

认识刘歧是通过SRS的作者杨成立（Winlin）引荐，故事发生在2017年3月初。当时我正在筹备第一次技术沙龙，急需音视频领域的技术专家。虽然当时未能邀请刘歧成为沙龙的讲师，但他和本书的另外一名作者赵文杰都以听众的身份参与了，我们的缘分也就此开始。随后和刘歧有过多次合作，基本上有求必应，先干活，后谈甚至不谈钱。平时虽然工作很忙，但我很关注刘歧的“FFmpeg”技术群，用于发现技术趋势、专家线索。我发现大多数时候，只要群里有人提出问题，刘歧都会耐心解答。有一次和刘歧电话引荐专家，我问他：一般要忙到几点？答曰：不一定，干累了就回去。作为一家创业公司的技术合伙人，还要定期维护FFmpeg社区，回答网友的提问。我不知道这是不是一种热爱，但可以肯定这很占用自己的时间。

去年，我的同事王宇豪曾经对刘歧做过一次邮件访谈，其中有两句话令人印象深刻，从中能找到答案，“每当从ticket、Mail List中看到有人在使用自己开发的功能的时候，那种内心的愉悦感是难以形容的”，“很多人都觉得应该‘少走弯路’，其实有的时候看一看别人踩过的坑，甚至帮助别人去踩一脚之后，你会发现当自己以后做类似事情的时候，类似的这种坑已经被填掉。”

过去六年多，我一直在技术社区与开发者打交道，这是一群热情、务实、拥有探索精神的家伙，和这些人在一起让自己回到了那个年轻、充满梦想的年龄。

得知刘歧和文杰要出一本关于FFmpeg的书，第一反应这是一件好事。为什么这么说？原因有二。

首先，国内音视频开发者需要这样一本系统的FFmpeg总结与实践图书。相比于其他领域，音视频领域对于开发者的技能要求更加综合，对知识的关联、动手能力要求更高。本书从多年的实践经验出发，结合FFmpeg官方社区的视角，让本书的内容及架构更加务实而权威。方便开发者快速学习、掌握。

其次，刘歧与文杰的组合相得益彰。去年和两位合作过一场FFmpeg的培训，学员的反馈甚佳。刘歧有丰富的公司与项目研发背景，又通过FFmpeg社区了解国际上最新应用实践；文杰拥有丰富的在线教育场景下的实践经验。最后，拥有十余年研发经验的武爱敏作为本书的审校，给予了更高的质量保障。

技术开发是一门实践科学，图书、文档、源码都是工具，掌握他们仍需要潜心钻研与实践，勤奋会让你拿到开启精进大门的钥匙，善用工具则让你站上了巨人的肩膀。

包研

LiveVideoStack 创始人

2018 年 2 月于北京

推荐序三

Learning without thinking is useless; thinking without learning is dangerous.

学而不思则罔，思而不学则殆

——孔子

初识 Steven Liu 实际上是在 FFmpeg 的 Mail List，他在 FFmpeg 社区非常的活跃，提交了大量的 Patch 又帮助 review 了很多其他人的 Patch，看到他的 ID，猜测大概是国人。那时我还处于潜水在 FFmpeg 社区的 Mail List 的状态，想着是不是可以进入这个社区做点事情，而此时的 Steven Liu，已经是 FFmpeg 中 DASH、HLS 等部分的维护者，是少数几个在 FFmpeg 社区的有影响力的国人。

后来我一边从 FFmpeg 社区学习（主要是 Steven Liu、Mark Thompson、Michael Niedermayer 等一众活跃的维护者），一边尝试提交自己的一些 Patch，大概也是这个时候，Steven Liu 注意到了我的存在（我猜测主要是他作为 FFmpeg 社区中的少数的几个国人贡献者之一，看到有另外的国人尝试融入这个社区，产生了莫名亲近感吧，不过这种猜测我一直没有向他亲证），我们开始一些断断续续的网上联系。某天，突然接到他的邀请，说要借着 LiveVideoStackCon Beijing 2017 的机会，让 FFmpeg 社区的国人在线下碰面，见面后知道，他在写一本有关 FFmpeg 的书，这个项目从想法到开始实施，经历了 3 年多的时间，本想去拜读他的初稿，但碍于初见，没有提出；但是开始持续关注他在某个 FFmpeg 技术讨论群中偶尔谈及的这本书的进度；何时完成初稿，何时进行评审，何时开始发行等，心中充满期待，想等后面等正式发行后，买来拜读，结果某天与他私底下聊起本书，他告诉我可以写一篇序言，我便自荐了这篇序言。

FFmpeg 作为音视频领域的瑞士军刀，涉及的知识之繁杂，从它的庞杂的选项上可以推知一二；这本书从 FFmpeg 社区开始讲起，后面逐步引入最为重要的几个基本工具，诸如 FFmpeg、FFplay 这些；之后逐步展开到作者最为擅长的流媒体相关的一些主题，最后简单概述了 FFmpeg API 层面上的使用。整本书中，谈及了 FFmpeg 的社区，各种应用场景，特别是流媒体相关的一些场景，还有工具的使用，背后的设计考虑等。本书所着重的工具，对于大部分使用者，可助其解决问题；而本书谈及的社区，则可帮助读者理解 FFmpeg 这类开源社区的运作方式以及历史；另外，本书也充分体现了对开源社区的所推崇的共享文化的身体力行，把自身的知识与技能集结成书，无私传递给别人，特别还在他自身创业之际，尤为不易；而我作为最初的几个能读到本书的读者之一，从中获益颇多，希望其他读者也可以有所得，这也是他写书的初衷吧。大部分开源社区的知识，大多口口相传，融入代码中，缺少文档，非常感谢还有 Steven Liu 这样的开源践行者，把知识的获取变得更加的便利，去促进知识的传播，这样我们也可以在他们肩上快速地去探求“事情为何如此”，也让我们可以从这积淀丰厚的开源文化中汲取力量。

赵军

开源爱好者、FFmpeg 社区贡献者

2018 年 1 月于上海

前　言

为什么要写这本书

在2011年之前，笔者的工作主要是以图形系统和Linux设备驱动程序开发为主，一个偶然的机会，笔者参与了Android的流媒体框架开发与技术支持工作，于是笔者开始快速地学习音视频流媒体技术。后来又因参与某广电的云计算项目时负责云转码项目，笔者又开始学习使用FFmpeg，在学习的过程中遇到了很多问题，而手册的内容又非常多，即使系统地学习一遍，也很难及时地解决自己遇到的问题。当时（2012年）网络中并没有现如今这么多的音视频相关技术文档分享，大多数都是提问，很少能看到精确的解答，所以最终还是耐心地读手册。在日积月累的学习过程中，笔者发现对FFmpeg感兴趣的人越来越多，因此便计划进一步地学习和整理FFmpeg的相关使用知识，以期能够帮助到更多的朋友。

近几年，音视频流媒体技术的应用日益广泛，尤其是以视频直播中音视频流媒体处理的应用最甚，但是市面上与“老牌”音视频处理工具FFmpeg相关的介绍书籍少之又少，虽然市面上有些讲述音视频纯理论的书籍，但是并不能快速指导新人上手操作，并且大多数人看到FFmpeg的官方文档篇幅之长时望而却步，入门的新手日渐增多并且经常会有不同的人问到相同的问题，以上种种激发了笔者编写本书的想法。

2014年笔者所在的公司主导流媒体CDN的开发，再加上市场对转码、移动端推流SDK、播放SDK以及音视频处理的需求愈加强烈，而FFmpeg又刚好可以快速满足上述需求的大多数场景，以上种种更加充分地说明了本书出版的必要性。

在与FFmpeg相关的开发讨论与交流过程中，笔者了解到有很多公司尤其是云服务相关的公司，对FFmpeg的使用各有不同，有的使用命令行，有的使用SDK。所以本书分为两部分进行介绍，前半部分以FFmpeg的命令行使用为主，后半部分以SDK基本使用方法的介绍为主。当然，FFmpeg如今发展速度迅猛，本书讲解的内容将会尽力以最新版本为准。

笔者将会持续与广大读者沟通交流 FFmpeg 的相关技术，希望能够为企业同行或者感兴趣的读者提供参考，笔者希望本书能够帮助大家提高工作效率、解决工作和学习中的实际问题。

另外，市场上还鲜有出现关于 FFmpeg 实战相关的技术书籍，FFmpeg 的技术知识主要以网络中的博客、论坛等为主，因此笔者希望本书的出版能够在图书领域和技术领域打开新的篇章，让我们的图书出版行业多一个 FFmpeg 音视频处理相关类目，也让我们的技术领域多一个音视频流媒体处理实战相关的方向。

本书的读者对象

本书的读者对象具体如下。

- 音视频流媒体处理的研究人员
- 音视频流媒体技术的研发人员
- 对音视频流媒体处理开发感兴趣的技术人员
- 计算机相关专业的高等院校学生

如何阅读本书

本书一共包含 10 章，按照所讲述的内容以及所面向读者的不同层次，可以划分为两大部分，具体如下。

- 第一部分为 FFmpeg 的命令行使用篇，包括第 1 ～ 7 章，介绍了 FFmpeg 的基础组成部分、FFmpeg 工具使用、FFmpeg 的封装操作、FFmpeg 的转码操作、FFmpeg 的流媒体操作、FFmpeg 的滤镜操作和 FFmpeg 的设备操作。
- 第二部分为 FFmpeg 的 API 使用篇，包括第 8 ～ 10 章，介绍了 FFmpeg 封装部分的 API 使用操作、FFmpeg 编解码部分的 API 使用操作和 FFmpeg 滤镜部分的 API 使用操作，相关操作均以实例方式进行说明，包括新 API 及旧 API 的操作。

如果你已经能够通过源代码独立安装 FFmpeg，那么可以跳过第 1 章直接从第 2 章开始阅读；如果你对命令行使用没有兴趣，或者希望使用 FFmpeg 的 API 开发，那么可以跳过前 7 章直接从第 8 章开始阅读。笔者建议最好是从第 1 章开始阅读。

勘误和支持

由于笔者的水平有限，加之编写的同时还要参与开发工作，书中难免会出现一些错误或者不准确的地方，恳请读者批评指正。如果读者有任何宝贵意见，都可以发送邮件到

lq@chinaffmpeg.org或者740936897@qq.com，期待您的真挚反馈。

另外，本书代码相关的举例均可以在FFmpeg的源代码目录的doc/examples中获得，也可以通过FFmpeg官方网站的文档获得：https://ffmpeg.org/doxygen/trunk/examples.html。

FFmpeg发展了至少17年，积累了极其丰富的资料，能够满足大部分的需求。由于FFmpeg的更新与版本的迭代，不同版本之间使用的参数相对来说会稍微有所不同，由于本书篇幅有限，所以FFmpeg的很多交流社区的资源同样值得参考。

官方文档资料

- FFmpeg官方文档：http://ffmpeg.org/documentation.html
- FFmpeg官方wiki：https://trac.ffmpeg.org

中文经典资料

- 雷霄骅博士总结的资料：http://blog.csdn.net/leixiaohua1020
- 罗索实验室：http://www.rosoo.net
- ChinaFFmpeg：http://bbs.chinaffmpeg.com

除了以上这些信息，还可以通过Google、百度等搜索引擎获得大量相关资料。

FFmpeg本身也提供了命令参数的详细说明，读者可以查看FFmpeg的帮助信息，后面的章节将会对此进行详细的介绍。

致谢

首先感谢我的爱人一直以来对我的工作和写作的支持与理解，是你在我背后默默的支持，才让我有更多的时间和精力放到工作及写作中。

感谢FFmpeg社区中的朋友们对本书提供了大力的支持，感谢蓝汛、高升、金山云、学而思网校与OnVideo的伙伴们长期的支持与贡献，没有你们也就不会有这本书的问世。

感谢机械工业出版社的编辑，感谢你们的耐心指导与帮助，引导我们顺利地完成了全部书稿。

感谢FFmpeg社区、ChinaUnix社区、LVS社区，社区很好地提供了技术沟通与交流的平台，帮助我们更好地成长。

谨以此书献给我最亲爱的家人、朋友、同事，以及众多为互联网、流媒体添砖加瓦的从业者们。

刘岐、赵文杰

2018年1月于北京

目　录

第一部分

FFmpeg的命令行使用篇

第一部分主要介绍FFmpeg的命令行使用，在使用FFmpeg命令行之前，首先需要了解FFmpeg的发展过程，搭建FFmpeg的使用环境，比如编译FFmpeg、生成文档、查找说明文档等，相关内容在第1章和第2章均会有详细的介绍，从第3章开始将会进入稍微深入的使用环节，由浅入深，讲解如何使用FFmpeg实现流媒体应用中的常见功能。

第 1 章
FFmpeg 简介

1.1 FFmpeg 的定义

FFmpeg 既是一款音视频编解码工具，同时也是一组音视频编解码开发套件，作为编解码开发套件，它为开发者提供了丰富的音视频处理的调用接口。

FFmpeg 提供了多种媒体格式的封装和解封装，包括多种音视频编码、多种协议的流媒体、多种色彩格式转换、多种采样率转换、多种码率转换等；FFmpeg 框架提供了多种丰富的插件模块，包含封装与解封装的插件、编码与解码的插件等。

FFmpeg 中的“FF”指的是“Fast Forward”，曾经有人写信给 FFmpeg 的项目负责人，询问“FF”是不是代表“Fast Free”或者“Fast Fourier”的意思。FFmpeg 中的“mpeg”则是人们通常理解的 Moving Picture Experts Group（动态图像专家组），FFmpeg 是一个很全面的图像处理套件。其实从 2000 年发展至今，FFmpeg 中的“FF”已经可以用各种组合进行理解，因为 FFmpeg 的强大足以支撑这些意义。

1.2 FFmpeg 的历史

想要深入了解一个软件、一个系统，首先要了解其发展史，下面就来介绍一下 FFmpeg 的整体发展过程。

FFmpeg 由法国天才程序员 Fabrice Bellard 在 2000 年时开发出初版；后来发展到 2004 年，Fabrice Bellard 找到了 FFmpeg 的接手人，这个人就是至今还在维护 FFmpeg 的 Michael Niedermayer。Michael Niedermayer 对 FFmpeg 的贡献非常大，其将滤镜子系统 libavfilter 加入 FFmpeg 项目中，使得 FFmpeg 的多媒体处理更加多样、更加方便。在 FFmpeg 发布了 0.5 版本之后，很长一段时间没有进行新版本的发布，直到后来 FFmpeg 采用 Git 作为版本控制服务器以后才开始继续进行代码更新、版本发布，当然也是时隔多年之后了；2011 年 3 月，在 FFmpeg 项目中有一些提交者对 FFmpeg 的项目管理方式并不满意，因而重新创建了一个新的项目，命名为 Libav，该项目尽管至今并没有 FFmpeg 发展这么迅速，但是提交权限相对 FFmpeg 更加开放；2015 年 8 月，Michael Niedermayer 主动辞去 FFmpeg 项目负责人的职务。Michael Niedermayter 从 Libav 中移植了大量的代码和功能至 FFmpeg 中，Michael Niedermayer 辞职的主要目的是希望两个项目最终能够一起发展，若能够合并则更好。时至今日，在大多数的 Linux 发行版本系统中已经使用 FFmpeg 来进行多媒体处理。

作为一套开源的音视频编解码套件，FFmpeg 可以通过互联网自由获取。FFmpeg 的源码 Git 库提供了多站同步的获取方式，具体如下。

- git://source.ffmpeg.org/ffmpeg.git
- http://git.videolan.org/?p=ffmpeg.git
- https://github.com/FFmpeg/FFmpeg

FFmpeg 发展至今，已经被许多开源项目所采用，如 ijkplayer、ffmpeg2theora、VLC、MPlayer、HandBrake、Blender、Google Chrome 等。DirectShow / VFW 的 ffdshow(外部工程) 和 QuickTime 的 Perian（外部工程）也采用了 FFmpeg。由于 FFmpeg 是在 LGPL/GPL 协议下发布的（如果使用了 GPL 协议发布的模块则必须采用 GPL 协议），任何人都可以自由使用，但必须严格遵守 LGPL / GPL 协议。随着参与的人越来越多，FFmpeg 的发展也越来越快，至本书完稿，FFmpeg 已经发布到 3.3 版本。

1.3　FFmpeg 的基本组成

FFmpeg 框架的基本组成包含 AVFormat、AVCodec、AVFilter、AVDevice、AVUtil 等模块库，结构如图 1-1 所示。

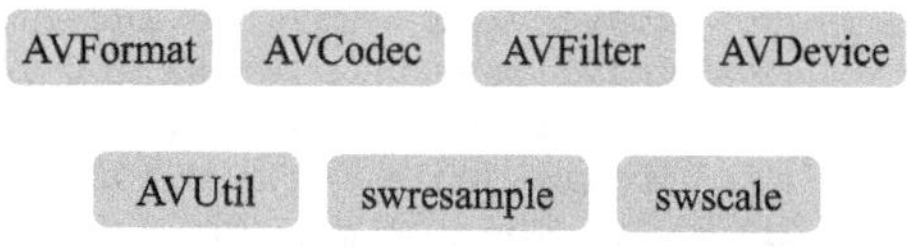

图 1-1　FFmpeg 基本组成模块

下面针对这些模块做一个大概的介绍。

（1）FFmpeg 的封装模块 AVFormat

AVFormat 中实现了目前多媒体领域中的绝大多数媒体封装格式，包括封装和解封装，如 MP4、FLV、KV、TS 等文件封装格式，RTMP、RTSP、MMS、HLS 等网络协议封装格式。FFmpeg 是否支持某种媒体封装格式，取决于编译时是否包含了该格式的封装库。根据实际需求，可进行媒体封装格式的扩展，增加自己定制的封装格式，即在 AVFormat 中增加自己的封装处理模块。

（2）FFmpeg 的编解码模块 AVCodec

AVCodec 中实现了目前多媒体领域绝大多数常用的编解码格式，既支持编码，也支持解码。AVCodec 除了支持 MPEG4、AAC、MJPEG 等自带的媒体编解码格式之外，还支持第三方的编解码器，如 H.264（AVC）编码，需要使用 x264 编码器；H.265（HEVC）编码，需要使用 x265 编码器；MP3（mp3lame）编码，需要使用 libmp3lame 编码器。如果希望增加自己的编码格式，或者硬件编解码，则需要在 AVCodec 中增加相应的编解码模块，关于 AVCodec 的更多相关信息以及使用信息将会在后面的章节中进行详细的介绍。

（3）FFmpeg 的滤镜模块 AVFilter

AVFilter 库提供了一个通用的音频、视频、字幕等滤镜处理框架。在 AVFilter 中，滤镜框架可以有多个输入和多个输出。我们参考下面这个滤镜处理的例子，如图 1-2 所示。

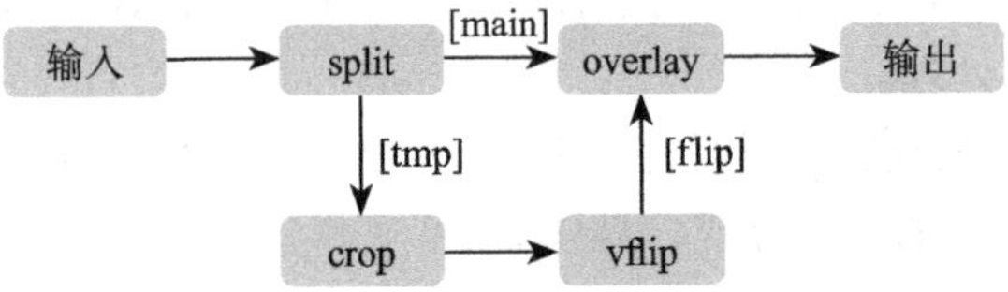

图 1-2　AVFilter 使用样例

图 1-2 所示样例中的滤镜处理将输入的视频切割成了两部分流，一部分流抛给 crop 滤镜与 vflip 滤镜处理模块进行操作，另一部分保持原样，当 crop 滤镜与 vflip 滤镜处理操作完成之后，将流合并到原有的 overlay 图层中，并显示在最上面一层，输出新的视频。对应的命令行如下：

```
./ffmpeg -i INPUT -vf "split [main][tmp]; [tmp] crop=iw:ih/2:0:0, vflip [flip];
[main][flip] overlay=0:H/2" OUTPUT
```

下面看一下具体的执行情况，以验证该命令的可行性：

```
ffmpeg version n3.3.2 Copyright (c) 2000-2017 the FFmpeg developers
    built with Apple LLVM version 8.1.0 (clang-802.0.42)
    configuration: --disable-yasm
    libavutil      55. 58.100 / 55. 58.100
    libavcodec     57. 89.100 / 57. 89.100
    libavformat    57. 71.100 / 57. 71.100
    libavdevice    57.  6.100 / 57.  6.100
    libavfilter     6. 82.100 /  6. 82.100
    libswscale      4.  6.100 /  4.  6.100
    libswresample   2.  7.100 /  2.  7.100
Input #0, mov,mp4,m4a,3gp,3g2,mj2, from 'input.mp4':
    Metadata:
        major_brand     : isom
        minor_version   : 1
        compatible_brands: isomavc1
        creation_time   : 2015-02-02T18:19:19.000000Z
    Duration: 00:45:02.06, start: 0.000000, bitrate: 2708 kb/s
        Stream #0:0(und): Video: h264 (High) (avc1 / 0x31637661), yuv420p, 1280x714
[SAR 1:1 DAR 640:357], 2576 kb/s, 25 fps, 25 tbr, 25k tbn, 50 tbc (default)
        Metadata:
            creation_time   : 2015-02-02T18:19:19.000000Z
            handler_name    : GPAC ISO Video Handler
        Stream #0:1(und): Audio: aac (LC) (mp4a / 0x6134706D), 48000 Hz, stereo,
fltp, 127 kb/s (default)
        Metadata:
            creation_time   : 2015-02-02T18:19:23.000000Z
            handler_name    : GPAC ISO Audio Handler
```

```
    Stream mapping:
        Stream #0:0 -> #0:0 (h264 (native) -> mpeg4 (native))
        Stream #0:1 -> #0:1 (aac (native) -> aac (native))
    Press [q] to stop, [?] for help
    Output #0, mp4, to 'output.mp4':
        Metadata:
            major_brand     : isom
            minor_version   : 1
            compatible_brands: isomavc1
            encoder         : Lavf57.71.100
            Stream #0:0(und): Video: mpeg4 ( [0][0][0] / 0x0020), yuv420p
(progressive), 1280x714 [SAR 1:1 DAR 640:357], q=2-31, 200 kb/s, 25 fps, 12800 tbn,
25 tbc (default)
            Metadata:
                creation_time   : 2015-02-02T18:19:19.000000Z
                handler_name    : GPAC ISO Video Handler
                encoder         : Lavc57.89.100 mpeg4
            Side data:
                cpb: bitrate max/min/avg: 0/0/200000 buffer size: 0 vbv_delay: -1
             Stream #0:1(und): Audio: aac (LC) ([64][0][0][0] / 0x0040), 48000 Hz,
stereo, fltp, 128 kb/s (default)
            Metadata:
                creation_time   : 2015-02-02T18:19:23.000000Z
                handler_name    : GPAC ISO Audio Handler
                encoder         : Lavc57.89.100 aac
    frame= 729 fps= 85 q=31.0 size= 4332kB time=00:00:29.31 bitrate=1210.7kbits/s
dup=2 drop=0 speed=3.41x
```

以上内容输出完成，该命令将自动退出，生成的视频结果是保留视频的上半部分，同时上半部分会镜像到视频的下半部分，二者合成之后作为输出视频，如图 1-3 所示。

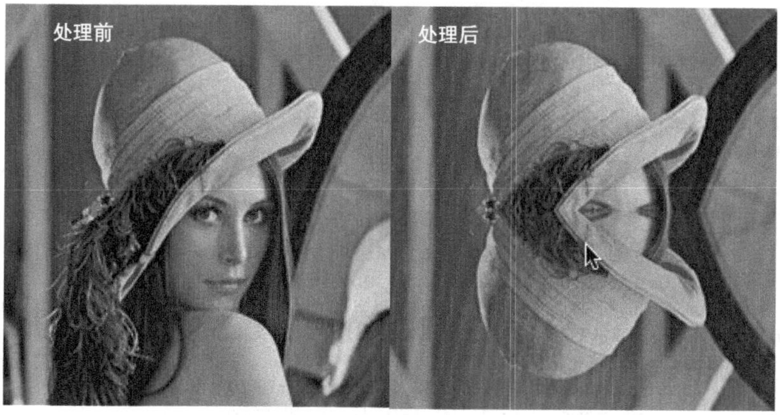

图 1-3 Filter 运行前后对比

下面详细说明一下规则，具体如下。

- 相同的 Filter 线性链之间用逗号分隔
- 不同的 Filter 线性链之间用分号分隔

在以上示例中，crop 与 vflip 使用的是同一个滤镜处理的线性链，split 滤镜和 overlay 滤镜使用的是另外一个线性链，一个线性链与另一个线性链汇合时是通过方括号“[]”括起来的标签进行标示的。在这个例子中，两个流处理后是通过 [main] 与 [flip] 进行关联汇合的。

split 滤镜将分割后的视频流的第二部分打上标签 [tmp]，通过 crop 滤镜对该部分流进行处理，然后进行纵坐标调换操作，打上标签 [flip]，然后将 [main] 标签与 [flip] 标签进行合并，[flip] 标签的视频流从视频的左边最中间的位置开始显示，这样就出现了镜像效果，如图 1-3 所示。

（4）FFmpeg 的视频图像转换计算模块 swscale

swscale 模块提供了高级别的图像转换 API，例如它允许进行图像缩放和像素格式转换，常见于将图像从 1080p 转换成 720p 或者 480p 等的缩放，或者将图像数据从 YUV420P 转换成 YUYV，或者 YUV 转 RGB 等图像格式转换。

（5）FFmpeg 的音频转换计算模块 swresample

swresample 模块提供了高级别的音频重采样 API。例如它允许操作音频采样、音频通道布局转换与布局调整。

1.4　FFmpeg 的编解码工具 ffmpeg

ffmpeg 是 FFmpeg 源代码编译后生成的一个可执行程序，其可以作为命令行工具使用。本节将通过实际的示例分析，对 ffmpeg 编解码工具的使用方法进行详细的介绍。

首先列举一个简单的例子：

```
./ffmpeg -i input.mp4 output.avi
```

这条命令行执行过程输出如下：

```
Input #0, mov,mp4,m4a,3gp,3g2,mj2, from 'input.mp4':
    Metadata:
        major_brand     : isom
        minor_version   : 1
        compatible_brands: isomavc1
        creation_time   : 2015-02-02T18:19:19.000000Z
    Duration: 00:45:02.06, start: 0.000000, bitrate: 2708 kb/s
        Stream #0:0(und): Video: h264 (High) (avc1 / 0x31637661), yuv420p, 1280x714
[SAR 1:1 DAR 640:357], 2576 kb/s, 25 fps, 25 tbr, 25k tbn, 50 tbc (default)
        Metadata:
            creation_time   : 2015-02-02T18:19:19.000000Z
            handler_name    : GPAC ISO Video Handler
        Stream #0:1(und): Audio: aac (LC) (mp4a / 0x6134706D), 48000 Hz, stereo,
fltp, 127 kb/s (default)
        Metadata:
            creation_time   : 2015-02-02T18:19:23.000000Z
            handler_name    : GPAC ISO Audio Handler
Stream mapping:
```

```
    Stream #0:0 -> #0:0 (h264 (native) -> mpeg4 (native))
    Stream #0:1 -> #0:1 (aac (native) -> ac3 (native))
Press [q] to stop, [?] for help
Output #0, avi, to 'output.avi':
    Metadata:
        major_brand     : isom
        minor_version   : 1
        compatible_brands: isomavc1
        ISFT            : Lavf57.71.100
        Stream #0:0(und): Video: mpeg4 (FMP4 / 0x34504D46), yuv420p
(progressive), 1280x714 [SAR 1:1 DAR 640:357], q=2-31, 200 kb/s, 25 fps, 25 tbn, 25
tbc (default)
        Metadata:
            creation_time   : 2015-02-02T18:19:19.000000Z
            handler_name    : GPAC ISO Video Handler
            encoder         : Lavc57.89.100 mpeg4
        Side data:
            cpb: bitrate max/min/avg: 0/0/200000 buffer size: 0 vbv_delay: -1
         Stream #0:1(und): Audio: ac3 ([0] [0][0] / 0x2000), 48000 Hz, stereo,
fltp, 192 kb/s (default)
        Metadata:
            creation_time   : 2015-02-02T18:19:23.000000Z
            handler_name    : GPAC ISO Audio Handler
            encoder         : Lavc57.89.100 ac3
frame= 786 fps=111 q=31.0 size= 5187kB time=00:00:31.71 bitrate=1340.1kbits/s
speed=4.47x
```

这是一条简单的 ffmpeg 命令，可以看到，ffmpeg 通过 -i 参数将 input.mp4 作为输入源输入，然后进行转码与转封装操作，输出到 output.avi 中，这条命令主要做了如下工作。

1）获得输入源 input.mp4。

2）转码。

3）输出文件 output.avi。

看似简单的两步主要的工作，其实远远不止是从后缀名为 MP4 的文件输出成后缀名为 AVI 的文件，因为在 ffmpeg 中，MP4 与 AVI 是两种文件封装格式，并不是后缀名就可以决定的，例如上面的命令行同样可以写成这样：

```
./ffmpeg -i input.mp4 -f avi output.dat
```

这条命令行执行过程输出如下：

```
Input #0, mov,mp4,m4a,3gp,3g2,mj2, from 'input.mp4':
    Metadata:
        major_brand     : isom
        minor_version   : 1
        compatible_brands: isomavc1
        creation_time   : 2015-02-02T18:19:19.000000Z
    Duration: 00:45:02.06, start: 0.000000, bitrate: 2708 kb/s
        Stream #0:0(und): Video: h264 (High) (avc1 / 0x31637661), yuv420p,
1280x714 [SAR 1:1 DAR 640:357], 2576 kb/s, 25 fps, 25 tbr, 25k tbn, 50 tbc (default)
        Metadata:
            creation_time   : 2015-02-02T18:19:19.000000Z
```

```
            handler_name    : GPAC ISO Video Handler
        Stream #0:1(und): Audio: aac (LC) (mp4a / 0x6134706D), 48000 Hz, stereo,
fltp, 127 kb/s (default)
        Metadata:
            creation_time   : 2015-02-02T18:19:23.000000Z
            handler_name    : GPAC ISO Audio Handler
    Stream mapping:
        Stream #0:0 -> #0:0 (h264 (native) -> mpeg4 (native))
        Stream #0:1 -> #0:1 (aac (native) -> ac3 (native))
    Press [q] to stop, [?] for help
    Output #0, avi, to 'output.dat':
        Metadata:
            major_brand     : isom
            minor_version   : 1
            compatible_brands: isomavc1
            ISFT            : Lavf57.71.100
            Stream #0:0(und): Video: mpeg4 (FMP4 / 0x34504D46), yuv420p
(progressive), 1280x714 [SAR 1:1 DAR 640:357], q=2-31, 200 kb/s, 25 fps, 25 tbn, 25
tbc (default)
            Metadata:
                creation_time   : 2015-02-02T18:19:19.000000Z
                handler_name    : GPAC ISO Video Handler
                encoder         : Lavc57.89.100 mpeg4
            Side data:
                cpb: bitrate max/min/avg: 0/0/200000 buffer size: 0 vbv_delay: -1
            Stream #0:1(und): Audio: ac3 ([0] [0][0] / 0x2000), 48000 Hz, stereo,
fltp, 192 kb/s (default)
            Metadata:
                creation_time   : 2015-02-02T18:19:23.000000Z
                handler_name    : GPAC ISO Audio Handler
                encoder         : Lavc57.89.100 ac3
    frame= 711 fps=108 q=31.0 size= 4678kB time=00:00:28.83 bitrate=1329.0kbits/s
speed= 4.4x
```

这条 ffmpeg 命令相对于前面的那条命令做了一些改变，加了一个“-f”进行约束，“-f”参数的工作非常重要，它指定了输出文件的容器格式，所以可以看到输出的文件为 output.dat，文件后缀名为 .dat，但是其主要工作依然与之前的指令相同。

分析以上两个输出信息中的 Output #0 部分，可以看到输出的都是 AVI，只是输出的文件名不同，其他内容均相同。

ffmpeg 的主要工作流程相对比较简单，具体如下。

1）解封装（Demuxing）。

2）解码（Decoding）。

3）编码（Encoding）。

4）封装（Muxing）。

其中需要经过 6 个步骤，具体如下。

1）读取输入源。

2）进行音视频的解封装。

3）解码每一帧音视频数据。

4）编码每一帧音视频数据。

5）进行音视频的重新封装。

6）输出到目标。

ffmpeg 整体处理的工作流程与步骤如图 1-4 所示。

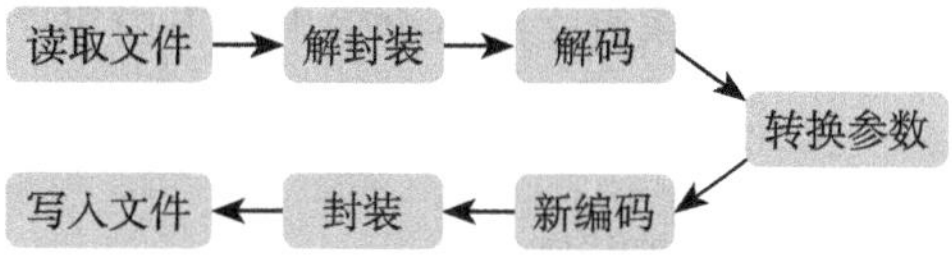

图 1-4　ffmpeg 转码工作流程

从图 1-4 所示的工作流程可以看出，ffmpeg 首先读取输入源；然后通过 Demuxer 将音视频包进行解封装，这个动作通过调用 libavformat 中的接口即可实现；接下来通过 Decoder 进行解码，将音视频通过 Decoder 解包成为 YUV 或者 PCM 这样的数据，Decoder 通过 libavcodec 中的接口即可实现；然后通过 Encoder 将对应的数据进行编码，编码可以通过 libavcodec 中的接口来实现；接下来将编码后的音视频数据包通过 Muxer 进行封装，Muxer 封装通过 libavformat 中的接口即可实现，输出成为输出流。

1.5　FFmpeg 的播放器 ffplay

FFmpeg 不但可以提供转码、转封装等功能，同时还提供了播放器相关功能，使用 FFmpeg 的 avformat 与 avcodec，可以播放各种媒体文件或者流。如果想要使用 ffplay，那么系统首先需要有 SDL 来进行 ffplay 的基础支撑。

ffplay 是 FFmpeg 源代码编译后生成的另一个可执行程序，与 ffmpeg 在 FFmpeg 项目中充当的角色基本相同，可以作为测试工具进行使用，ffplay 提供了音视频显示和播放相关的图像信息、音频的波形信息等。

注意：

有时通过源代码编译生成 ffplay 不一定能够成功，因为 ffplay 在旧版本时依赖于 SDL-1.2，而 ffplay 在新版本时依赖于 SDL-2.0，需要安装对应的 SDL 才能生成 ffplay。

1.6　FFmpeg 的多媒体分析器 ffprobe

ffprobe 也是 FFmpeg 源码编译后生成的一个可执行程序。ffprobe 是一个非常强大的多媒体分析工具，可以从媒体文件或者媒体流中获得你想要了解的媒体信息，比如音频的参数、视频的参数、媒体容器的参数信息等。

例如它可以帮助分析某个媒体容器中的音频是什么编码格式、视频是什么编码格式，同时还可以得到媒体文件中媒体的总时长、复合码率等信息。

使用 ffprobe 可以分析媒体文件中每个包的长度、包的类型、帧的信息等。后面章节将会对 ffprobe 进行详细的介绍，下面列举一个简单的例子，以对 ffprobe 有一个基本的概念：

```
./ffprobe -show_streams output.mp4
```

命令行执行之后将会输出如下内容：

```
[STREAM]
index=0
codec_name=mpeg4
codec_long_name=MPEG-4 part 2
profile=Simple Profile
codec_type=video
codec_time_base=1/25
codec_tag_string=mp4v
codec_tag=0x7634706d
width=1280
height=714
coded_width=1280
coded_height=714
has_b_frames=0
sample_aspect_ratio=1:1
display_aspect_ratio=640:357
pix_fmt=yuv420p
level=1
color_range=N/A
chroma_location=left
field_order=unknown
timecode=N/A
refs=1
quarter_sample=false
divx_packed=false
r_frame_rate=25/1
avg_frame_rate=25/1
time_base=1/12800
start_pts=0
start_time=0.000000
duration_ts=170496
duration=13.320000
bit_rate=1146797
max_bit_rate=1146797
bits_per_raw_sample=N/A
nb_frames=333
nb_read_frames=N/A
nb_read_packets=N/A
[/STREAM]
[STREAM]
index=1
codec_name=aac
codec_long_name=AAC (Advanced Audio Coding)
profile=LC
codec_type=audio
codec_time_base=1/48000
codec_tag_string=mp4a
codec_tag=0x6134706d
sample_fmt=fltp
sample_rate=48000
channels=2
```

```
channel_layout=stereo
bits_per_sample=0
id=N/A
r_frame_rate=0/0
avg_frame_rate=0/0
time_base=1/48000
start_pts=0
start_time=0.000000
duration_ts=643056
duration=13.397000
bit_rate=128213
max_bit_rate=128213
bits_per_raw_sample=N/A
nb_frames=629
nb_read_frames=N/A
nb_read_packets=N/A
[/STREAM]
```

根据输出内容可以看到，使用 ffprobe 能够查看 MP4 文件容器中的流的信息，其包含了一个视频流，由于该文件中只有视频流，流相关的信息是通过 [STREAM][/STREAM] 的方式展现出来的，在 [STREAM] 与 [/STREAM] 之间的信息即为该 MP4 文件的视频流信息。当视频文件容器中包含音频流与视频流或者更多路流时，会通过 [STREAM] 与 [/STREAM] 进行多个流的分隔，分隔后采用 index 来进行流的索引信息的区分。

1.7 FFmpeg 编译

FFmpeg 在官方网站中提供了已经编译好的可执行文件。因为 FFmpeg 是开源的，所以也可以根据自己的需要进行手动编译。FFmpeg 官方建议用户自行编译使用 FFmpeg 的最新版本，因为对于一些操作系统，比如 Linux 系统（无论是 Ubuntu 还是 RedHat)，如果使用系统提供的软件库安装 ffmpeg 时会发现其版本相对比较老旧，比如使用 apt-get install ffmpeg 或者 yum install ffmpeg 安装 ffmpeg，那么默认支持的版本都很老，有些新的功能并不支持，如一些新的封装格式或者通信协议。因此初学者学会编译 FFmpeg 就至关重要了，因此可以方便以后根据自己的需求进行功能的裁剪。

1.7.1 FFmpeg 之 Windows 平台编译

FFmpeg 在 Windows 平台中的编译需要使用 MinGW-w64，MinGW 是 Minimalist GNU for Windows 的缩写，它提供了一系列的工具链来辅助编译 Windows 的本地化程序，它的详细介绍和安装方法可以参照 http://www.mingw.org/。如果不希望使用 MinGW 而使用 Visual Studio 的话，则需要消耗很多时间来支持 Visual Studio 平台，感兴趣的读者可以在网上查找一下支持的方法。截至本书结稿之时，官方提供的 Windows 的开发包是使用 MinGW-w64 工具链编写的。

MinGW-w64 单独使用起来会比较麻烦，但是其可以与 MSYS 环境配合使用，MSYS

是 Minimal SYStem 的缩写，其主要完成的工作为 UNIX on Windows 的功能。显而易见，这是一个仿生 UNIX 环境的 Windows 工具集，它的详细介绍和使用方法可以参照 http://www.mingw.org/wiki/MSYS。

MinGW-w64 + MSYS 环境准备好之后，我们就可以正式进入编译的环节了。

1）进入 FFmpeg 源码目录，执行“./configure”，如果一切正常，我们会看到如下信息：

```
install prefix            /usr/local
source path               .
C compiler                gcc
C library                 mingw64
ARCH                      x86 (generic)
big-endian                no
runtime cpu detection     yes
yasm                      yes
MMX enabled               yes
MMXEXT enabled            yes
3DNow! enabled            yes
3DNow! extended enabled   yes
SSE enabled               yes
SSSE3 enabled             yes
AESNI enabled             yes
AVX enabled               yes
XOP enabled               yes
FMA3 enabled              yes
FMA4 enabled              yes
i686 features enabled     yes
CMOV is fast              no
EBX available             yes
EBP available             yes
debug symbols             yes
strip symbols             yes
optimize for size         no
optimizations             yes
static                    yes
shared                    no
postprocessing support    no
network support           yes
threading support         w32threads
safe bitstream reader     yes
texi2html enabled         no
perl enabled              yes
pod2man enabled           yes
makeinfo enabled          yes
makeinfo supports HTML    no
```

2）configure 成功后执行 make，在 MinGW 环境下编译 ffmpeg 是一个比较漫长的过程。

3）执行 make install，到此为止，FFmpeg 在 Windows 上的编译已全部完成，此时我们可以尝试使用 FFmpeg 命令行来验证编译结果。执行“./ffmpeg.exe –h”：

```
ffmpeg version n3.3.2  Copyright (c) 2000-2017 the FFmpeg developers
    built with gcc 4.9.2 (i686-posix-dwarf-rev1, Built by MinGW-W64 project)
    configuration: --enable-gpl
    libavutil      55. 58.100 / 55. 58.100
    libavcodec     57. 89.100 / 57. 89.100
    libavformat    57. 71.100 / 57. 71.100
    libavdevice    57.  6.100 / 57.  6.100
    libavfilter     6. 82.100 /  6. 82.100
    libswscale      4.  6.100 /  4.  6.100
    libswresample   2.  7.100 /  2.  7.100
Hyper fast Audio and Video encoder
usage: ffmpeg [options] [[infile options] -i infile]... {[outfile options]
outfile}...
```

> **注意：**
>
> 以上编译配置方式编译出来的 ffmpeg 仅仅只是最简易的 ffmpeg，并没有 H.264、H.265、加字幕等编码支持，如果需要支持更多的模块和参数，还需要进行更加详细的定制，后面会有详细的介绍。

1.7.2　FFmpeg 之 Linux 平台编译

前面介绍过，很多 Linux 的发行版本源中已经包含了 FFmpeg，如 Ubuntu / Fedora 的镜像源中包含了 FFmpeg 的安装包，但是版本相对来说比较老旧，有些甚至还不支持 H.264、H.265 编码，或者不支持 RTMP 等，为了支持这些协议格式和编码格式，需要自己手动编译 FFmpeg，默认编译 FFmpeg 的时候，需要用到 yasm 汇编器对 FFmpeg 中的汇编部分进行编译。如果不需要用到汇编部分的代码，则可以不安装 yasm 汇编器。如果没有安装 yasm，则执行默认配置的时候，会提示错误：

```
ffmpeg version n3.3.2 Copyright (c) 2000-2017 the FFmpeg developers
    built with Apple LLVM version 8.1.0 (clang-802.0.42)
    configuration: --disable-yasm
    libavutil      55. 58.100 / 55. 58.100
    libavcodec     57. 89.100 / 57. 89.100
    libavformat    57. 71.100 / 57. 71.100
    libavdevice    57.  6.100 / 57.  6.100
    libavfilter     6. 82.100 /  6. 82.100
    libswscale      4.  6.100 /  4.  6.100
    libswresample   2.  7.100 /  2.  7.100
Hyper fast Audio and Video encoder
usage: ffmpeg [options] [[infile options] -i infile]... {[outfile options]
outfile}...

Use -h to get full help or, even better, run 'man ffmpeg'
liuqideMBP:n3.3.2 liuqi$ ../configure
yasm/nasm not found or too old. Use --disable-yasm for a crippled build.

If you think configure made a mistake, make sure you are using the latest
version from Git.  If the latest version fails, report the problem to the
ffmpeg-user@ffmpeg.org mailing list or IRC #ffmpeg on irc.freenode.net.
```

```
    Include the log file "ffbuild/config.log" produced by configure as this will
help
    solve the problem.
```

根据以上的错误提示，可以使用 --disable-yasm 来取消 yasm 编译配置，不过这么做的话就不会编译 FFmpeg 的汇编代码部分，相关的优化也会少一些。如果需要支持汇编优化，那么可以通过安装 yasm 汇编器来解决：

```
wget http://www.tortall.net/projects/yasm/releases/yasm-1.3.0.tar.gz
```

命令行执行后将会下载 yasm 源代码包：

```
--2017-07-17 17:04:09--
http://www.tortall.net/projects/yasm/releases/yasm-1.3.0.tar.gz
Resolving www.tortall.net... 69.55.226.36
Connecting to www.tortall.net|69.55.226.36|:80... connected.
HTTP request sent, awaiting response... 200 OK
Length: 1492156 (1.4M) [application/octet-stream]
Saving to: 'yasm-1.3.0.tar.gz'

yasm-1.3.0.tar.gz  100%[======================>]1.42M  48.4KB/s    in 30s
2017-07-17 17:04:39 (48.9 KB/s) - 'yasm-1.3.0.tar.gz' saved [1492156/1492156]
```

下载 yasm 汇编器后，先进行 configure 操作，然后通过 make 编译，再执行 make install 安装即可。最后再回到 FFmpeg 源代码目录中进行之前的 configure 操作，之前的错误提示就会消失，代码如下：

```
install prefix            /usr/local
source path               /home/git/FFmpeg_down
C compiler                gcc
C library                 glibc
ARCH                      x86 (generic)
big-endian                no
runtime cpu detection     yes
standalone assembly       yes
x86 assembler             yasm
MMX enabled               yes
MMXEXT enabled            yes
3DNow! enabled            yes
3DNow! extended enabled   yes
SSE enabled               yes
SSSE3 enabled             yes
AESNI enabled             yes
AVX enabled               yes
XOP enabled               yes
FMA3 enabled              yes
FMA4 enabled              yes
i686 features enabled     yes
CMOV is fast              yes
EBX available             yes
EBP available             yes
debug symbols             yes
strip symbols             yes
```

```
optimize for size          no
optimizations              yes
static                     yes
shared                     no
postprocessing support     no
network support            yes
threading support          pthreads
safe bitstream reader      yes
texi2html enabled          no
perl enabled               yes
pod2man enabled            yes
makeinfo enabled           yes
makeinfo supports HTML     no
```

1.7.3 FFmpeg之OS X平台编译

有些开发者在OS X平台上使用FFmpeg进行一些音视频编转码或流媒体处理等工作，因此需要生成OS X平台相关的FFmpeg的可执行程序，在OS X平台上编译FFmpeg之前，首先需要安装所需要的编译环境，在OS X平台上使用的编译工具链为LLVM：

```
    Configured with: --prefix=/Applications/Xcode.app/Contents/Developer/usr --with-
gxx-include-dir=/usr/include/c++/4.2.1
    Apple LLVM version 8.1.0 (clang-802.0.42)
    Target: x86_64-apple-darwin16.6.0
    Thread model: posix
    InstalledDir:
    /Applications/Xcode.app/Contents/Developer/Toolchains/XcodeDefault.xctoolchain/
usr/bin
```

另外，还需要安装yasm汇编编译工具，否则在生成Makefile时会报错提示未安装yasm工具。

在LLVM下利用源码安装FFmpeg与其他平台基本相同，尤其是与Linux相同，FFmpeg可从git://source.ffmpeg.org/ffmpeg.git将源代码克隆到本地：

```
credential.helper=osxkeychain
user.email=lingjiujianke@gmail.com
user.name=Steven Liu
core.repositoryformatversion=0
core.filemode=true
core.bare=false
core.logallrefupdates=true
core.ignorecase=true
core.precomposeunicode=true
remote.origin.url=git://source.ffmpeg.org/ffmpeg.git
remote.origin.fetch=+refs/heads/*:refs/remotes/origin/*
branch.master.remote=origin
branch.master.merge=refs/heads/master
branch.cmts.remote=origin
branch.cmts.merge=refs/heads/master
```

源代码下载成功后，开始进入编译阶段，通过如下几步操作即可完成基本的编译工作：

```
install prefix            /usr/local
source path               /Users/liuqi/multimedia/ffmpeg
C compiler                gcc
C library
ARCH                      x86 (generic)
big-endian                no
runtime cpu detection     yes
yasm                      yes
MMX enabled               yes
MMXEXT enabled            yes
3DNow! enabled            yes
3DNow! extended enabled   yes
SSE enabled               yes
SSSE3 enabled             yes
AESNI enabled             yes
AVX enabled               yes
XOP enabled               yes
FMA3 enabled              yes
FMA4 enabled              yes
i686 features enabled     yes
CMOV is fast              yes
EBX available             yes
EBP available             yes
debug symbols             yes
strip symbols             yes
optimize for size         no
optimizations             yes
static                    yes
shared                    no
postprocessing support    no
network support           yes
threading support         pthreads
safe bitstream reader     yes
texi2html enabled         no
perl enabled              yes
pod2man enabled           yes
makeinfo enabled          yes
makeinfo supports HTML    no
```

接下来，只需要执行 make 进行编译与执行 make install 进行安装即可。

1.8 FFmpeg 编码支持与定制

FFmpeg 本身支持一些音视频编码格式、文件封装格式与流媒体传输协议，但是支持的数量依然有限，FFmpeg 所做的只是提供一套基础的框架，所有的编码格式、文件封装格式与流媒体协议均可以作为 FFmpeg 的一个模块挂载在 FFmpeg 框架中。这些模块以第三方的外部库的方式提供支持，可以通过 FFmpeg 源码的 configure 命令查看 FFmpeg 所支持的音视频编码格式、文件封装格式与流媒体传输协议，对于 FFmpeg 不支持的格式，可以通过 configure --help 查看所需要的第三方外部库，然后通过增加对应的编译参数选项进行支持。帮助信息内容输出如下：

```
    External library support:
        Using any of the following switches will allow FFmpeg to link to the
        corresponding external library. All the components depending on that library
         will become enabled, if all their other dependencies are met and they are
not
        explicitly disabled. E.g. --enable-libwavpack will enable linking to
        libwavpack and allow the libwavpack encoder to be built, unless it is
        specifically disabled with --disable-encoder=libwavpack.
        Note that only the system libraries are auto-detected. All the other
external
        libraries must be explicitly enabled.
        Also note that the following help text describes the purpose of the
libraries
        themselves, not all their features will necessarily be usable by FFmpeg.

        --enable-avisynth        enable reading of AviSynth script files [no]
        --disable-bzlib          disable bzlib [autodetect]
        --enable-chromaprint     enable audio fingerprinting with chromaprint [no]
        --enable-frei0r          enable frei0r video filtering [no]
        --enable-gcrypt          enable gcrypt, needed for rtmp(t)e support
                                 if openssl, librtmp or gmp is not used [no]
        --enable-gmp             enable gmp, needed for rtmp(t)e support
                                 if openssl or librtmp is not used [no]
        --enable-gnutls          enable gnutls, needed for https support
                                 if openssl is not used [no]
        --disable-iconv          disable iconv [autodetect]
        --enable-jni             enable JNI support [no]
        --enable-ladspa          enable LADSPA audio filtering [no]
        --enable-libass          enable libass subtitles rendering,
                                 needed for subtitles and ass filter [no]
        --enable-libbluray       enable BluRay reading using libbluray [no]
        --enable-libbs2b         enable bs2b DSP library [no]
        --enable-libcaca         enable textual display using libcaca [no]
        --enable-libcelt         enable CELT decoding via libcelt [no]
        --enable-libcdio         enable audio CD grabbing with libcdio [no]
        --enable-libdc1394       enable IIDC-1394 grabbing using libdc1394
                                 and libraw1394 [no]
        --enable-libfdk-aac      enable AAC de/encoding via libfdk-aac [no]
        --enable-libflite        enable flite (voice synthesis) support via libflite
[no]
        --enable-libfontconfig   enable libfontconfig, useful for drawtext filter
[no]
        --enable-libfreetype     enable libfreetype, needed for drawtext filter [no]
        --enable-libfribidi      enable libfribidi, improves drawtext filter [no]
        --enable-libgme          enable Game Music Emu via libgme [no]
        --enable-libgsm          enable GSM de/encoding via libgsm [no]
        --enable-libiec61883     enable iec61883 via libiec61883 [no]
        --enable-libilbc         enable iLBC de/encoding via libilbc [no]
        --enable-libkvazaar      enable HEVC encoding via libkvazaar [no]
        --enable-libmodplug      enable ModPlug via libmodplug [no]
        --enable-libmp3lame      enable MP3 encoding via libmp3lame [no]
        --enable-libopencore-amrnb  enable AMR-NB de/encoding via libopencore-
amrnb [no]
        --enable-libopencore-amrwb  enable AMR-WB decoding via libopencore-amrwb
[no]
```

```
  --enable-libopencv       enable video filtering via libopencv [no]
  --enable-libopenh264     enable H.264 encoding via OpenH264 [no]
  --enable-libopenjpeg     enable JPEG 2000 de/encoding via OpenJPEG [no]
  --enable-libopenmpt      enable decoding tracked files via libopenmpt [no]
  --enable-libopus         enable Opus de/encoding via libopus [no]
  --enable-libpulse        enable Pulseaudio input via libpulse [no]
  --enable-librsvg         enable SVG rasterization via librsvg [no]
  --enable-librubberband   enable rubberband needed for rubberband filter [no]
  --enable-librtmp         enable RTMP[E] support via librtmp [no]
  --enable-libshine        enable fixed-point MP3 encoding via libshine [no]
  --enable-libsmbclient    enable Samba protocol via libsmbclient [no]
  --enable-libsnappy       enable Snappy compression, needed for hap encoding
[no]
  --enable-libsoxr         enable Include libsoxr resampling [no]
  --enable-libspeex        enable Speex de/encoding via libspeex [no]
  --enable-libssh          enable SFTP protocol via libssh [no]
  --enable-libtesseract    enable Tesseract, needed for ocr filter [no]
  --enable-libtheora       enable Theora encoding via libtheora [no]
  --enable-libtwolame      enable MP2 encoding via libtwolame [no]
  --enable-libv4l2         enable libv4l2/v4l-utils [no]
  --enable-libvidstab      enable video stabilization using vid.stab [no]
  --enable-libvo-amrwbenc enable AMR-WB encoding via libvo-amrwbenc [no]
  --enable-libvorbis       enable Vorbis en/decoding via libvorbis,
                           native implementation exists [no]
  --enable-libvpx          enable VP8 and VP9 de/encoding via libvpx [no]
  --enable-libwavpack      enable wavpack encoding via libwavpack [no]
  --enable-libwebp         enable WebP encoding via libwebp [no]
  --enable-libx264         enable H.264 encoding via x264 [no]
  --enable-libx265         enable HEVC encoding via x265 [no]
  --enable-libxavs         enable AVS encoding via xavs [no]
  --enable-libxcb          enable X11 grabbing using XCB [autodetect]
  --enable-libxcb-shm      enable X11 grabbing shm communication [autodetect]
  --enable-libxcb-xfixes   enable X11 grabbing mouse rendering [autodetect]
  --enable-libxcb-shape    enable X11 grabbing shape rendering [autodetect]
  --enable-libxvid         enable Xvid encoding via xvidcore,
                           native MPEG-4/Xvid encoder exists [no]
  --enable-libxml2         enable XML parsing using the C library libxml2 [no]
  --enable-libzimg         enable z.lib, needed for zscale filter [no]
  --enable-libzmq          enable message passing via libzmq [no]
  --enable-libzvbi         enable teletext support via libzvbi [no]
  --disable-lzma           disable lzma [autodetect]
  --enable-decklink        enable Blackmagic DeckLink I/O support [no]
  --enable-mediacodec      enable Android MediaCodec support [no]
  --enable-netcdf          enable NetCDF, needed for sofalizer filter [no]
  --enable-openal          enable OpenAL 1.1 capture support [no]
  --enable-opencl          enable OpenCL code
  --enable-opengl          enable OpenGL rendering [no]
  --enable-openssl         enable openssl, needed for https support
                           if gnutls is not used [no]
  --disable-schannel       disable SChannel SSP, needed for TLS support on
                           Windows if openssl and gnutls are not used
[autodetect]
  --disable-sdl2            disable sdl2 [autodetect]
  --disable-securetransport disable Secure Transport, needed for TLS support
                            on OS X if openssl and gnutls are not used
```

```
[autodetect]
        --disable-xlib           disable xlib [autodetect]
        --disable-zlib           disable zlib [autodetect]
```

通过以上帮助信息的输出内容可以看到，FFmpeg 所支持的外部库相对来说比较多，主要包含如下列表：

```
bzip2 1.0.6 <http://bzip.org/>
Fontconfig 2.11.94 <http://freedesktop.org/wiki/Software/fontconfig>
Frei0r 20130909-git-10d8360 <http://frei0r.dyne.org/>
GnuTLS 3.3.15 <http://gnutls.org/>
libiconv 1.14 <http://gnu.org/software/libiconv/>
libass 0.12.2 <http://code.google.com/p/libass/>
libbluray 0.8.1 <http://videolan.org/developers/libbluray.html>
libbs2b 3.1.0 <http://bs2b.sourceforge.net/>
libcaca 0.99.beta18 <http://caca.zoy.org/wiki/libcaca>
dcadec 20150506-git-98fb3b6 <https://github.com/foo86/dcadec>
FreeType 2.5.5 <http://freetype.sourceforge.net/>
Game Music Emu 0.6.0 <http://code.google.com/p/game-music-emu/>
GSM 1.0.13-4 <http://packages.debian.org/source/squeeze/libgsm>
iLBC 20141214-git-ef04ebe <https://github.com/dekkers/libilbc/>
Modplug-XMMS 0.8.8.5 <http://modplug-xmms.sourceforge.net/>
LAME 3.99.5 <http://lame.sourceforge.net/>
OpenCORE AMR 0.1.3 <http://sourceforge.net/projects/opencore-amr/>
OpenJPEG 1.5.2 <http://www.openjpeg.org/>
Opus 1.1 <http://opus-codec.org/>
RTMPDump 20140707-git-a1900c3 <http://rtmpdump.mplayerhq.hu/>
Schroedinger 1.0.11 <http://diracvideo.org/>
libsoxr 0.1.1 <http://sourceforge.net/projects/soxr/>
Speex 1.2rc2 <http://speex.org/>
Theora 1.1.1 <http://theora.org/>
TwoLAME 0.3.13 <http://twolame.org/>
vid.stab 0.98 <http://public.hronopik.de/vid.stab/>
VisualOn AAC 0.1.3 <https://github.com/mstorsjo/vo-aacenc>
VisualOn AMR-WB 0.1.2 <https://github.com/mstorsjo/vo-amrwbenc>
Vorbis 1.3.5 <http://vorbis.com/>
vpx 1.4.0 <http://webmproject.org/>
WavPack 4.75.0 <http://wavpack.com/>
WebP 0.4.3 <https://developers.google.com/speed/webp/>
x264 20150223-git-121396c <http://videolan.org/developers/x264.html>
x265 1.7 <http://x265.org/>
XAVS svn-r55 <http://xavs.sourceforge.net/>
Xvid 1.3.3 <http://xvid.org/>
XZ Utils 5.2.1 <http://tukaani.org/xz>
zlib 1.2.8 <http://zlib.net/>
```

这些外部库可以通过 configure 进行定制，在编译好的 FFmpeg 可执行程序中也可以看到编译时定制的 FFmpeg 的外部库：

```
ffmpeg version n3.3.2 Copyright (c) 2000-2017 the FFmpeg developers
    built with Apple LLVM version 8.1.0 (clang-802.0.42)
    configuration: --enable-fontconfig --enable-gpl --enable-libass --enable-
libbluray --enable-libfreetype --enable-libmp3lame --enable-libspeex --enable-
libx264 --enable-libx265 --enable-libfdk-aac --enable-version3 --cc='ccache gcc'
```

```
--enable-nonfree --enable-videotoolbox --enable-audiotoolbox
        libavutil      55. 58.100 / 55. 58.100
        libavcodec     57. 89.100 / 57. 89.100
        libavformat    57. 71.100 / 57. 71.100
        libavdevice    57.  6.100 / 57.  6.100
        libavfilter     6. 82.100 /  6. 82.100
        libswscale      4.  6.100 /  4.  6.100
        libswresample   2.  7.100 /  2.  7.100
        libpostproc    54.  5.100 / 54.  5.100
```

例如需要自己配置FFmpeg支持哪些格式，比如仅支持H.264视频与AAC音频编码，可以调整配置项将其简化如下：

```
../configure --enable-libx264 --enable-libfdk-aac --enable-gpl --enable-nonfree
```

命令行执行后的输出内容如下：

```
install prefix            /usr/local
source path               /Users/liuqi/multimedia/ffmpeg
C compiler                gcc
C library
ARCH                      x86 (generic)
big-endian                no
runtime cpu detection     yes
yasm                      yes
MMX enabled               yes
MMXEXT enabled            yes
3DNow! enabled            yes
3DNow! extended enabled   yes
SSE enabled               yes
SSSE3 enabled             yes
AESNI enabled             yes
AVX enabled               yes
XOP enabled               yes
FMA3 enabled              yes
FMA4 enabled              yes
i686 features enabled     yes
CMOV is fast              yes
EBX available             yes
EBP available             yes
debug symbols             yes
strip symbols             yes
optimize for size         no
optimizations             yes
static                    yes
shared                    no
postprocessing support    yes
network support           yes
threading support         pthreads
safe bitstream reader     yes
texi2html enabled         no
perl enabled              yes
pod2man enabled           yes
makeinfo enabled          yes
makeinfo supports HTML    no
```

如配置后输出的基本信息所示，如果要支持 H.264 与 AAC，则需要系统中包括 libx264 与 fdkaac 的第三方库进行支持，否则会出现错误提示，libfdk 未安装时的错误提示如下：

```
ERROR: libfdk_aac not found

If you think configure made a mistake, make sure you are using the latest
version from Git.  If the latest version fails, report the problem to the
ffmpeg-user@ffmpeg.org mailing list or IRC #ffmpeg on irc.freenode.net.
Include the log file "config.log" produced by configure as this will help
solve the problem.
```

如果没有安装 libx264，则可以看到如下的错误提示：

```
ERROR: libx264 not found

If you think configure made a mistake, make sure you are using the latest
version from Git.  If the latest version fails, report the problem to the
ffmpeg-user@ffmpeg.org mailing list or IRC #ffmpeg on irc.freenode.net.
Include the log file "config.log" produced by configure as this will help
solve the problem.
```

如果需要支持 H.265 编码，则只需要增加 --enable-libx265 即可，其与支持 H.264 基本类似，从前面的 help 信息中可以看到，其他对应的编码与此类似。

> **注意：**
>
> 从 2016 年年初开始，FFmpeg 自身的 AAC 编码器质量逐步好转，至 2016 年年底，libfaac 已经从 FFmpeg 源代码中剔除。

FFmpeg 默认支持的音视频编码格式、文件封装格式和流媒体传输协议相对来说比较多，因此编译出来的 FFmpeg 体积比较大，在有些应用场景中，并不需要 FFmpeg 所支持的一些编码、封装或者协议，可以通过 configure --help 查看一些有用的裁剪操作，输出如下：

```
Individual component options:
  --disable-everything       disable all components listed below
  --disable-encoder=NAME     disable encoder NAME
  --enable-encoder=NAME      enable encoder NAME
  --disable-encoders         disable all encoders
  --disable-decoder=NAME     disable decoder NAME
  --enable-decoder=NAME      enable decoder NAME
  --disable-decoders         disable all decoders
  --disable-hwaccel=NAME     disable hwaccel NAME
  --enable-hwaccel=NAME      enable hwaccel NAME
  --disable-hwaccels         disable all hwaccels
  --disable-muxer=NAME       disable muxer NAME
  --enable-muxer=NAME        enable muxer NAME
  --disable-muxers           disable all muxers
  --disable-demuxer=NAME     disable demuxer NAME
```

```
--enable-demuxer=NAME        enable demuxer NAME
--disable-demuxers           disable all demuxers
--enable-parser=NAME         enable parser NAME
--disable-parser=NAME        disable parser NAME
--disable-parsers            disable all parsers
--enable-bsf=NAME            enable bitstream filter NAME
--disable-bsf=NAME           disable bitstream filter NAME
--disable-bsfs               disable all bitstream filters
--enable-protocol=NAME       enable protocol NAME
--disable-protocol=NAME      disable protocol NAME
--disable-protocols          disable all protocols
--enable-indev=NAME          enable input device NAME
--disable-indev=NAME         disable input device NAME
--disable-indevs             disable input devices
--enable-outdev=NAME         enable output device NAME
--disable-outdev=NAME        disable output device NAME
--disable-outdevs            disable output devices
--disable-devices            disable all devices
--enable-filter=NAME         enable filter NAME
--disable-filter=NAME        disable filter NAME
--disable-filters            disable all filters
```

可以通过这些选项关闭不需要用到的编码、封装与协议等模块，验证方法如下：

```
./configure --disable-encoders --disable-decoders --disable-hwaccels --disable-muxers --disable-demuxers --disable-parsers --disable-bsfs --disable-protocols --disable-indevs --disable-devices --disable-filters
```

关闭所有的模块之后，可以看到FFmpeg的编译配置项输出信息几乎为空，输出信息具体如下：

```
External libraries:
iconv          sdl2               videotoolbox       zlib
sdl            securetransport    xlib

External libraries providing hardware acceleration:
audiotoolbox vda                  videotoolbox_hwaccel

Libraries:
avcodec        avfilter           avutil             swscale
avdevice       avformat           swresample

Programs:
ffmpeg         ffplay             ffprobe            ffserver

Enabled decoders:
Enabled encoders:
Enabled hwaccels:
Enabled parsers:
Enabled demuxers:
asf            mov                mpegts             rm               rtsp

Enabled muxers:
ffm
```

```
Enabled protocols:
http          rtp              tcp              udp

Enabled filters:
aformat       crop             null             trim
anull         format           rotate           vflip
atrim         hflip            transpose

Enabled bsfs:
Enabled indevs:
Enabled outdevs:
License: LGPL version 2.1 or later
Creating configuration files ...
```

而且在关闭所有的模块之后，可以根据定制支持自己所需要的模块，例如希望支持 H.264 视频编码、AAC 音频编码、封装为 MP4，可以通过如下方式进行支持：

```
./configure --disable-filters --disable-encoders --disable-decoders --disable-hwaccels --disable-muxers --disable-demuxers --disable-parsers --disable-bsfs --disable-protocols --disable-indevs --disable-devices  --enable-libx264 --enable-libfdk-aac --enable-gpl --enable-nonfree --enable-muxer=mp4
```

配置后输出的编译配置信息如下：

```
External libraries:
iconv         libx264       sdl2            videotoolbox      zlib
libfdk_aac    sdl           securetransport xlib

External libraries providing hardware acceleration:
audiotoolbox vda            videotoolbox_hwaccel

Libraries:
avcodec       avfilter      avutil          swresample
avdevice      avformat      postproc        swscale

Programs:
ffmpeg        ffplay        ffprobe         ffserver

Enabled decoders:
Enabled encoders:
Enabled hwaccels:
Enabled parsers:
Enabled demuxers:
asf           mov           mpegts          rm                rtsp

Enabled muxers:
ffm           mov           mp4

Enabled protocols:
http          rtp           tcp             udp

Enabled filters:
aformat       crop          null            trim
anull         format        rotate          vflip
atrim         hflip         transpose
```

```
Enabled bsfs:
Enabled indevs:
Enabled outdevs:
License: nonfree and unredistributable
Creating configuration files ...
```

从以上的输出内容可以看到，FFmpeg已经支持了H.264编码、AAC编码与MP4封装格式。这样通过编译之后生成的FFmpeg即是配置裁剪过的FFmpeg，体积会比默认编译的FFmpeg小很多。

1.8.1 FFmpeg的编码器支持

FFmpeg源代码中可以包含的编码非常多，常见的和不常见的都可以在编译配置列表中见到，可以通过使用编译配置命令./configure --list-encoders参数来查看：

```
a64multi            flashsv             libwavpack      pcm_s16be           s302m
a64multi5           flashsv2            libwebp         pcm_s16be_planar    sgi
aac                 flv                 libwebp_anim    pcm_s16le           snow
aac_at              g723_1              libx262         pcm_s16le_planar    sonic
ac3                 gif                 libx264         pcm_s24be           sonic_ls
ac3_fixed           h261                libx264rgb      pcm_s24daud         srt
adpcm_adx           h263                libx265         pcm_s24le           ssa
adpcm_g722          h263p               libxavs         pcm_s24le_planar    subrip
adpcm_g726          h264_nvenc          libxvid         pcm_s32be           sunrast
adpcm_ima_qt        h264_omx            ljpeg           pcm_s32le           svq1
adpcm_ima_wav       h264_qsv            mjpeg           pcm_s32le_planar    targa
adpcm_ms            h264_vaapi          mjpeg_vaapi     pcm_s64be           text
adpcm_swf           h264_videotoolbox   mlp             pcm_s64le           tiff
adpcm_yamaha        hap                 movtext         pcm_s8              truehd
alac                hevc_nvenc          mp2             pcm_s8_planar       tta
alac_at             hevc_qsv            mp2fixed        pcm_u16be           utvideo
alias_pix           hevc_vaapi          mpeg1video      pcm_u16le           v210
amv                 huffyuv             mpeg2_qsv       pcm_u24be           v308
apng                ilbc_at             mpeg2_vaapi     pcm_u24le           v408
ass                 jpeg2000            mpeg2video      pcm_u32be           v410
asv1                jpegls              mpeg4           pcm_u32le           vc2
asv2                libfdk_aac          msmpeg4v2       pcm_u8              vorbis
avrp                libgsm              msmpeg4v3       pcx                 vp8_vaapi
avui                libgsm_ms           msvideo1        pgm                 wavpack
ayuv                libilbc             nellymoser      pgmyuv              webvtt
bmp                 libkvazaar          nvenc           png                 wmav1
cinepak             libmp3lame          nvenc_h264      ppm                 wmav2
cljr                libopencore_amrnb   nvenc_hevc      prores              wmv1
comfortnoise        libopenh264         opus            prores_aw           wmv2
dca                 libopenjpeg         pam             prores_ks           wrapped_avframe
dnxhd               libopus             pbm             qtrle               xbm
dpx                 libshine            pcm_alaw        r10k                xface
dvbsub              libspeex            pcm_alaw_at     r210                xsub
dvdsub              libtheora           pcm_f32be       ra_144              xwd
dvvideo             libtwolame          pcm_f32le       rawvideo            y41p
eac3                libvo_amrwbenc      pcm_f64be       roq                 yuv4
ffv1                libvorbis           pcm_f64le       roq_dpcm            zlib
```

```
    ffvhuff         libvpx_vp8        pcm_mulaw     rv10            zmbv
    flac            libvpx_vp9         pcm_mulaw_at   rv20
```

从上面的输出信息中可以看出，FFmpeg 支持的编码器比较全面，比如 AAC、AC3、H.264、H.265、MPEG4、MPEG2VIDEO、PCM、FLV1 的编码器支持。

1.8.2 FFmpeg 的解码器支持

FFmpeg 源代码本身包含了很多的解码支持，解码主要是在输入的时候进行解码，也可以理解为将压缩过的编码进行解压缩，关于解码的支持，可以通过 ./configure –list-decoders 命令来进行查看：

```
    aac                 atrac1          eightbps         kmvc         mpl2
    aac_at              atrac3          eightsvx_exp     lagarith     msa1
    aac_fixed           atrac3al        eightsvx_fib     libcelt      mscc
    aac_latm            atrac3p         escape124        libfdk_aac   msmpeg4_
crystalhd
    aasc                atrac3pal       escape130        libgsm       msmpeg4v1
    ac3                 aura            evrc             libgsm_ms    msmpeg4v2
    ac3_at              aura2           exr              libilbc      msmpeg4v3
    ac3_fixed           avrn            ffv1             libopencore_amrnb  msrle
    adpcm_4xm           avrp            ffvhuff          libopencore_amrwb  mss1
    adpcm_adx           avs             ffwavesynth      libopenh264  mss2
    adpcm_afc           avui            fic              libopenjpeg  msvideo1
    adpcm_aica          ayuv            flac             libopus      mszh
    adpcm_ct            bethsoftvid     flashsv          librsvg      mts2
    adpcm_dtk           bfi             flashsv2         libspeex     mvc1
    adpcm_ea            bink            flic             libvorbis    mvc2
    adpcm_ea_maxis_xa   binkaudio_dct   flv              libvpx_vp8   mxpeg
    adpcm_ea_r1         binkaudio_rdft  fmvc             libvpx_vp9   nellymoser
    adpcm_ea_r2         bintext         fourxm           libzvbi_teletext   nuv
    adpcm_ea_r3         bitpacked       fraps            loco         on2avc
    adpcm_ea_xas        bmp             frwu             m101         opus
    adpcm_g722          bmv_audio       g2m              mace3        paf_audio
    adpcm_g726          bmv_video       g723_1           mace6        paf_video
    adpcm_g726le        brender_pix     g729             magicyuv     pam
    adpcm_ima_amv       c93             gif              mdec         pbm
    adpcm_ima_apc       cavs            gsm              metasound    pcm_alaw
    adpcm_ima_dat4      ccaption        gsm_ms           microdvd     pcm_alaw_at
    adpcm_ima_dk3       cdgraphics      gsm_ms_at        mimic        pcm_bluray
    adpcm_ima_dk4       cdxl            h261             mjpeg        pcm_dvd
    adpcm_ima_ea_eacs   cfhd            h263             mjpeg_cuvid  pcm_f16le
    adpcm_ima_ea_sead   cinepak         h263i            mjpegb       pcm_f24le
    adpcm_ima_iss       clearvideo      h263p            mlp          pcm_f32be
    adpcm_ima_oki       cljr            h264             mmvideo      pcm_f32le
    adpcm_ima_qt        cllc            h264_crystalhd   motionpixels pcm_f64be
    adpcm_ima_qt_at     comfortnoise    h264_cuvid       movtext      pcm_f64le
    adpcm_ima_rad       cook            h264_mediacodec  mp1          pcm_lxf
    adpcm_ima_smjpeg    cpia            h264_mmal        mp1_at       pcm_mulaw
    adpcm_ima_wav       cscd            h264_qsv         mp1float     pcm_mulaw_at
    adpcm_ima_ws        cyuv            h264_vda         mp2          pcm_s16be
    adpcm_ms            dca             h264_vdpau       mp2_at       pcm_s16be_
planar
```

```
    adpcm_mtaf          dds             hap                 mp2float        pcm_s16le
    adpcm_psx           dfa             hevc                mp3             pcm_s16le_
planar
    adpcm_sbpro_2       dirac           hevc_cuvid          mp3_at          pcm_s24be
    adpcm_sbpro_3       dnxhd           hevc_mediacodec     mp3adu          pcm_s24daud
    adpcm_sbpro_4       dpx             hevc_qsv            mp3adufloat     pcm_s24le
    adpcm_swf           dsd_lsbf        hnm4_video          mp3float        pcm_s24le_
planar
    adpcm_thp           dsd_lsbf_planar hq_hqa              mp3on4          pcm_s32be
    adpcm_thp_le        dsd_msbf        hqx                 mp3on4float     pcm_s32le
    adpcm_vima          dsd_msbf_planar huffyuv             mpc7            pcm_s32le_
planar
    adpcm_xa            dsicinaudio     iac                 mpc8            pcm_s64be
    adpcm_yamaha        dsicinvideo     idcin               mpeg1_cuvid     pcm_s64le
    aic                 dss_sp          idf                 mpeg1_vdpau     pcm_s8
    alac                dst             iff_ilbm            mpeg1video      pcm_s8_planar
    alac_at             dvaudio         ilbc_at             mpeg2_crystalhd     pcm_
u16be
    alias_pix           dvbsub          imc                 mpeg2_cuvid     pcm_u16le
    als                 dvdsub          indeo2              mpeg2_mmal      pcm_u24be
    amr_nb_at           dvvideo         indeo3              mpeg2_qsv       pcm_u24le
    amrnb               dxa             indeo4              mpeg2video      pcm_u32be
    amrwb               dxtory          indeo5              mpeg4           pcm_u32le
    amv                 dxv             interplay_acm       mpeg4_crystalhd     pcm_u8
    anm                 eac3            interplay_dpcm      mpeg4_cuvid     pcm_zork
    ansi                eac3_at         interplay_video     mpeg4_mediacodec    pcx
    ape                 eacmv           jacosub             mpeg4_mmal      pgm
    apng                eamad           jpeg2000            mpeg4_vdpau     pgmyuv
    ass                 eatgq           jpegls              mpeg_vdpau      pgssub
    asv1                eatgv           jv                  mpeg_xvmc       pictor
    asv2                eatqi           kgv1                mpegvideo       pixlet
    pjs                 s302m           targa               vc1_mmal        wmavoice
    png                 sami            targa_y216          vc1_qsv         wmv1
    ppm                 sanm            tdsc                vc1_vdpau       wmv2
    prores              scpr            text                vc1image        wmv3
    prores_lgpl         screenpresso    theora              vcr1            wmv3_crystalhd
    psd                 sdx2_dpcm       thp                 vmdaudio        wmv3_vdpau
    ptx                 sgi             tiertexseqvideo     vmdvideo        wmv3image
    qcelp               sgirle          tiff                vmnc            wnv1
    qdm2                sheervideo      tmv                 vorbis          ws_snd1
    qdm2_at             shorten         truehd              vp3             xan_dpcm
    qdmc                sipr            truemotion1         vp5             xan_wc3
    qdmc_at             smackaud        truemotion2         vp6             xan_wc4
    qdraw               smacker         truemotion2rt       vp6a            xbin
    qpeg                smc             truespeech          vp6f            xbm
    qtrle               smvjpeg         tscc                vp7             xface
    r10k                snow            tscc2               vp8             xl
    r210                sol_dpcm        tta                 vp8_cuvid       xma1
    ra_144              sonic           twinvq              vp8_mediacodec      xma2
    ra_288              sp5x            txd                 vp8_qsv         xpm
    ralf                speedhq         ulti                vp9             xsub
    rawvideo            srgc            utvideo             vp9_cuvid       xwd
    realtext            srt             v210                vp9_mediacodec      y41p
    rl2                 ssa             v210x               vplayer         ylc
    roq                 stl             v308                vqa             yop
```

```
roq_dpcm        subrip          v408              wavpack        yuv4
rpza            subviewer       v410              webp           zero12v
rscc            subviewer1      vb                webvtt         zerocodec
rv10            sunrast         vble              wmalossless    zlib
rv20            svq1            vc1               wmapro         zmbv
rv30            svq3            vc1_crystalhd     wmav1
rv40            tak             vc1_cuvid         wmav2
```

从上面的输出信息中可以看到 FFmpeg 所支持的解码器模块 decoders 支持了 MPEG4、H.264、H.265（HEVC）、MP3 等格式。

1.8.3　FFmpeg 的封装支持

FFmpeg 的封装（Muxing）是指将压缩后的编码封装到一个容器格式中，如果要查看 FFmpeg 源代码中都可以支持哪些容器格式，可以通过命令 ./configure --list-muxers 来查看：

```
a64             filmstrip       matroska_audio    pcm_f32be      smjpeg
ac3             flac            md5               pcm_f32le      smoothstreaming
adts            flv             microdvd          pcm_f64be      sox
adx             framecrc        mjpeg             pcm_f64le      spdif
aiff            framehash       mkvtimestamp_v2   pcm_mulaw      spx
amr             framemd5        mlp               pcm_s16be      srt
apng            g722            mmf               pcm_s16le      stream_segment
asf             g723_1          mov               pcm_s24be      swf
asf_stream      gif             mp2               pcm_s24le      tee
ass             gsm             mp3               pcm_s32be      tg2
ast             gxf             mp4               pcm_s32le      tgp
au              h261            mpeg1system       pcm_s8         truehd
avi             h263            mpeg1vcd          pcm_u16be      tta
avm2            h264            mpeg1video        pcm_u16le      uncodedframecrc
bit             hash            mpeg2dvd          pcm_u24be      vc1
caf             hds             mpeg2svcd         pcm_u24le      vc1t
cavsvideo       hevc            mpeg2video        pcm_u32be      voc
chromaprint     hls             mpeg2vob          pcm_u32le      w64
crc             ico             mpegts            pcm_u8         wav
dash            ilbc            mpjpeg            psp            webm
data            image2          mxf               rawvideo       webm_chunk
daud            image2pipe      mxf_d10           rm             webm_dash_manifest
dirac           ipod            mxf_opatom        roq            webp
dnxhd           ircam           null              rso            webvtt
dts             ismv            nut               rtp            wtv
dv              ivf             oga               rtp_mpegts     wv
eac3            jacosub         ogg               rtsp           yuv4mpegpipe
f4v             latm            ogv               sap
ffm             lrc             oma               scc
ffmetadata      m4v             opus              segment
fifo            matroska        pcm_alaw          singlejpeg
```

从封装（又称复用）格式所支持的信息中可以看到，FFmpeg 支持生成裸流文件，如 H.264、AAC、PCM，也支持一些常见的格式，如 MP3、MP4、FLV、M3U8、WEBM 等。

1.8.4 FFmpeg的解封装支持

FFmpeg的解封装（Demuxing）是指将读入的容器格式拆解开，将里面压缩的音频流、视频流、字幕流、数据流等提取出来，如果要查看FFmpeg的源代码中都可以支持哪些输入的容器格式，可以通过命令 ./configure --list-demuxers 来查看：

```
    aa             dv                  image_sgi_pipe       nsv         smjpeg
    aac            dvbsub              image_sunrast_pipe   nut         smush
    ac3            dvbtxt              image_svg_pipe       nuv         sol
    acm            dxa                 image_tiff_pipe      ogg         sox
    act            ea                  image_webp_pipe      oma         spdif
    adf            ea_cdata            image_xpm_pipe       paf         srt
    adp            eac3                ingenient            pcm_alaw    stl
    ads            epaf                ipmovie              pcm_f32be   str
    adx            ffm                 ircam                pcm_f32le   subviewer
    aea            ffmetadata          iss                  pcm_f64be   subviewer1
    afc            filmstrip           iv8                  pcm_f64le   sup
    aiff           flac                ivf                  pcm_mulaw   svag
    aix            flic                ivr                  pcm_s16be   swf
    amr            flv                 jacosub              pcm_s16le   tak
    anm            fourxm              jv                   pcm_s24be   tedcaptions
    apc            frm                 libgme               pcm_s24le   thp
    ape            fsb                 libmodplug           pcm_s32be   threedostr
    apng           g722                libopenmpt           pcm_s32le   tiertexseq
    aqtitle        g723_1              live_flv             pcm_s8      tmv
    asf            g729                lmlm4                pcm_u16be   truehd
    asf_o          genh                loas                 pcm_u16le   tta
    ass            gif                 lrc                  pcm_u24be   tty
    ast            gsm                 lvf                  pcm_u24le   txd
    au             gxf                 lxf                  pcm_u32be   v210
    avi            h261                m4v                  pcm_u32le   v210x
    avisynth       h263                matroska             pcm_u8      vag
    avr            h264                mgsts                pjs         vc1
    avs            hevc                microdvd             pmp         vc1t
    bethsoftvid    hls                 mjpeg                pva         vivo
    bfi            hnm                 mjpeg_2000           pvf         vmd
    bfstm          ico                 mlp                  qcp         vobsub
    bink           idcin               mlv                  r3d         voc
    bintext        idf                 mm                   rawvideo    vpk
    bit            iff                 mmf                  realtext    vplayer
    bmv            ilbc                mov                  redspark    vqf
    boa            image2              mp3                  rl2         w64
    brstm          image2_alias_pix    mpc                  rm          wav
    c93            image2_brender_pix  mpc8                 roq         wc3
    caf            image2pipe          mpegps               rpl         webm_dash_
manifest
    cavsvideo      image_bmp_pipe      mpegts               rsd         webvtt
    cdg            image_dds_pipe      mpegtsraw            rso         wsaud
    cdxl           image_dpx_pipe      mpegvideo            rtp         wsd
    cine           image_exr_pipe      mpjpeg               rtsp        wsvqa
    concat         image_j2k_pipe      mpl2                 sami        wtv
    dash           image_jpeg_pipe     mpsub                sap         wv
    data           image_jpegls_pipe   msf                  sbg         wve
    daud           image_pam_pipe      msnwc_tcp            scc         xa
```

```
dcstr       image_pbm_pipe      mtaf          sdp        xbin
dfa         image_pcx_pipe      mtv           sdr2       xmv
dirac       image_pgm_pipe      musx          sds        xvag
dnxhd       image_pgmyuv_pipe   mv            sdx        xwma
dsf         image_pictor_pipe   mvi           segafilm   yop
dsicin      image_png_pipe      mxf           shorten    yuv4mpegpipe
dss         image_ppm_pipe      mxg           siff
dts         image_psd_pipe      nc            sln
dtshd       image_qdraw_pipe    nistsphere    smacker
```

从解封装（Demuxer，又称解复用）格式支持信息中可以看到，FFmpeg 源代码中已经支持的 demuxer 非常多，包含图片（image）、MP3、FLV、MP4、MOV、AVI 等。

1.8.5 FFmpeg 的通信协议支持

FFmpeg 不仅仅支持本地的多媒体处理，而且还支持网络流媒体的处理，支持的网络流媒体协议相对来说也很全面，可以通过命令 ./configure --list-protocols 查看：

```
async         gopher        librtmpte       rtmps      tls_gnutls
bluray        hls           libsmbclient    rtmpt      tls_openssl
cache         http          libssh          rtmpte     tls_schannel
concat        httpproxy     md5             rtmpts     tls_securetransport
crypto        https         mmsh            rtp        udp
data          icecast       mmst            sctp       udplite
ffrtmpcrypt   librtmp       pipe            srtp       unix
ffrtmphttp    librtmpe      prompeg         subfile
file          librtmps      rtmp            tcp
ftp           librtmpt      rtmpe           tee
```

从协议的相关信息列表中可以看到，FFmpeg 支持的流媒体协议比较多，包括 MMS、HTTP、HTTPS、HLS（M3U8）、RTMP、RTP，甚至支持 TCP、UDP，其也支持使用 file 协议的本地文件操作和使用 concat 协议支持的多个文件串流操作，后面的章节中会有详细的介绍。

1.9 小结

本章重点介绍了 FFmpeg 的获取、安装、容器封装与解封装的格式支持、音视频编码与解码的格式支持，以及流媒体传输协议的支持。综合来说，FFmpeg 所支持的容器、编解码、协议相对来说比较全面，是一款功能强大的多媒体处理工具和开发套件。

第 2 章 FFmpeg 工具使用基础

FFmpeg 中常用的工具主要是 ffmpeg、ffprobe、ffplay，它们分别用作多媒体的编解码工具、内容分析工具和播放器，本章将重点介绍这三个工具的常用命令。

本章主要介绍如下几个方面。

- 2.1 节将重点介绍 ffmpeg 命令，介绍 ffmpeg 常用的参数用法并举例说明，例如如何查看 ffmpeg 的帮助信息，如何通过 ffmpeg 的帮助信息快速了解转码参数并快速上手使用。
- 2.2 节将重点介绍 ffprobe 命令，介绍 ffprobe 进行音视频数据分析的常用参数，并通过实例介绍如何分析视频文件的流信息、包信息、帧信息、导出数据等。
- 2.3 节将重点介绍 ffplay 命令，介绍 ffplay 常用的参数使用及示例，例如，如何使用 ffplay 定制化窗口播放视频、输出音频可视化数据、输出视频可视化数据等。

2.1 ffmpeg 常用命令

ffmpeg 在做音视频编解码时非常方便，所以在很多场景下转码使用的是 ffmpeg，通过 `ffmpeg --help` 可以看到 ffmpeg 常见的命令大概分为 6 个部分，具体如下。

- ffmpeg 信息查询部分
- 公共操作参数部分
- 文件主要操作参数部分
- 视频操作参数部分
- 音频操作参数部分
- 字幕操作参数部分

ffmpeg 信息查询部分的主要参数具体如下：

```
usage: ffmpeg [options] [[infile options] -i infile]... {[outfile options] outfile}...
```

```
    Getting help:
        -h      -- print basic options
        -h long -- print more options
        -h full -- print all options (including all format and codec specific
options, very long)
         -h type=name -- print all options for the named decoder/encoder/demuxer/
muxer/filter
        See man ffmpeg for detailed description of the options.

    Print help / information / capabilities:
    -L                  show license
    -h topic            show help
    -? topic            show help
    -help topic         show help
    --help topic        show help
    -version            show version
    -buildconf          show build configuration
    -formats            show available formats
    -muxers             show available muxers
    -demuxers           show available demuxers
    -devices            show available devices
    -codecs             show available codecs
    -decoders           show available decoders
    -encoders           show available encoders
    -bsfs               show available bit stream filters
    -protocols          show available protocols
    -filters            show available filters
    -pix_fmts           show available pixel formats
    -layouts            show standard channel layouts
    -sample_fmts        show available audio sample formats
    -colors             show available color names
    -sources device     list sources of the input device
    -sinks device       list sinks of the output device
    -hwaccels           show available HW acceleration methods
```

通过 `ffmpeg --help` 查看到的 help 信息是 ffmpeg 命令的基础信息，如果想获得高级参数部分，那么可以通过使用 `ffmpeg --help long` 参数来查看，如果希望获得全部的帮助信息，那么可以通过使用 `ffmpeg --help full` 参数来获得。

通过 -L 参数，可以看到 ffmpeg 目前所支持的 license 协议；通过 -version 可以查看 ffmpeg 的版本，包括子模块的详细版本信息，如 libavformat、libavcodec、libavutil、libavfilter、libswscale、libswresample 的版本：

```
    ffmpeg version n3.3.2 Copyright (c) 2000-2017 the FFmpeg developers
        built with Apple LLVM version 8.1.0 (clang-802.0.42)
        configuration: --enable-fontconfig --enable-gpl --enable-libass --enable-
libbluray --enable-libfreetype --enable-libmp3lame --enable-libspeex --enable-
libx264 --enable-libx265 --enable-libfdk-aac --enable-version3 --cc='ccache gcc'
--enable-nonfree --enable-videotoolbox --enable-audiotoolbox
        libavutil      55. 58.100 / 55. 58.100
        libavcodec     57. 89.100 / 57. 89.100
        libavformat    57. 71.100 / 57. 71.100
        libavdevice    57.  6.100 / 57.  6.100
        libavfilter     6. 82.100 /  6. 82.100
```

```
libswscale      4.  6.100 /  4.  6.100
libswresample   2.  7.100 /  2.  7.100
libpostproc    54.  5.100 / 54.  5.100
```

使用ffmpeg转码，有时候可能会遇到无法解析的视频文件或者无法生成视频文件，报错提示不支持生成对应的视频文件，这时候就需要查看当前使用的ffmpeg是否支持对应的视频文件格式，需要使用 `ffmpeg -formats` 参数来查看：

```
File formats:
 D. = Demuxing supported
 .E = Muxing supported
 --
 D  3dostr          3DO STR
 E 3g2              3GP2 (3GPP2 file format)
 E 3gp              3GP (3GPP file format)
 D  4xm             4X Technologies
 E a64              a64 - video for Commodore 64
 D  aa              Audible AA format files
 D  aac             raw ADTS AAC (Advanced Audio Coding)
 DE ac3             raw AC-3
 D  acm             Interplay ACM
…… 因篇幅太长省略
 DE webvtt          WebVTT subtitle
 D  xa              Maxis XA
 D  xbin            eXtended BINary text (XBIN)
 D  xmv             Microsoft XMV
 D  xvag            Sony PS3 XVAG
 D  xwma            Microsoft xWMA
 D  yop             Psygnosis YOP
 DE yuv4mpegpipe    YUV4MPEG pipe
```

根据上面输出的信息可以看到，输出的内容分为3个部分，具体如下。

- 第一列是多媒体文件封装格式的Demuxing支持与Muxing支持
- 第二列是多媒体文件格式
- 第三列是文件格式的详细说明

使用ffmpeg命令时，可能会出现ffmpeg不支持某种编码格式或者某种解码格式的错误提示信息，这种错误常见于并未将该编码器或者解码器集成到ffmpeg中，若想查看ffmpeg是否支持H.264编码或者解码，可以通过 `ffmpeg -codecs` 查看全部信息，也可以通过 `ffmpeg -encoders` 查看ffmpeg是否支持H.264编码器，或者通过 `ffmpeg -decoders` 查看ffmpeg是否支持H.264解码器。

ffmpeg -decoders命令行执行后，输出如下：

```
Decoders:
 V..... = Video
 A..... = Audio
 S..... = Subtitle
 .F.... = Frame-level multithreading
 ..S... = Slice-level multithreading
 ...X.. = Codec is experimental
```

```
 ....B. = Supports draw_horiz_band
 .....D = Supports direct rendering method 1
 ------
 V....D alias_pix            Alias/Wavefront PIX image
 V....D amv                  AMV Video
 V....D anm                  Deluxe Paint Animation
 V....D ansi                 ASCII/ANSI art
 VF...D apng                 APNG (Animated Portable Network Graphics) image
 V....D avs                  AVS (Audio Video Standard) video
…… 因篇幅太长省略
 S..... subrip               SubRip subtitle
 S..... subviewer            SubViewer subtitle
 S..... subviewer1           SubViewer1 subtitle
 S..... text                 Raw text subtitle
 S..... vplayer              VPlayer subtitle
 S..... webvtt               WebVTT subtitle
 S..... xsub                 XSUB
```

输出信息中包含了三部分内容，具体如下。

- 第一列包含 6 个字段，第一个字段用来表示此编码器为音频、视频还是字幕，第二个字段表示帧级别的多线程支持，第三个字段表示分片级别的多线程，第四个字段表示该编码为试验版本，第五个字段表示 draw horiz band 模式支持，第六个字段表示直接渲染模式支持
- 第二列是编码格式
- 第三列是编码格式的详细说明

ffmpeg -encoders 命令执行后，输出如下：

```
Encoders:
 V..... = Video
 A..... = Audio
 S..... = Subtitle
 .F.... = Frame-level multithreading
 ..S... = Slice-level multithreading
 ...X.. = Codec is experimental
 ....B. = Supports draw_horiz_band
 .....D = Supports direct rendering method 1
 ------
 V..... apng                    APNG (Animated Portable Network Graphics) image
 V..... asv1                    ASUS V1
 V..... cljr                    Cirrus Logic AccuPak
…… 因篇幅过长省略
 V..... flv                     FLV / Sorenson Spark / Sorenson H.263 (Flash
Video) (codec flv1)
 V..... gif                     GIF (Graphics Interchange Format)
 V..... h261                    H.261
 V..... h263                    H.263 / H.263-1996
 V.S... h263p                   H.263+ / H.263-1998 / H.263 version 2
 V..... libx264                 libx264 H.264 / AVC / MPEG-4 AVC / MPEG-4 part 10
(codec h264)
 V..... h264_videotoolbox       VideoToolbox H.264 Encoder (codec h264)
 V..... libx265                 libx265 H.265 / HEVC (codec hevc)
```

输出信息中同样包含了三部分内容，具体如下。

- 第一列包含 6 个字段，第一个字段用来表示此编码器为音频、视频还是字幕，第二个字段表示帧级别的多线程支持，第三个字段表示分片级别的多线程，第四个字段表示该编码为试验版本，第五个字段表示 draw horiz band 模式支持，第六个字段表示直接渲染模式支持
- 第二列是编码格式
- 第三列是编码格式的详细说明

除了查看 ffmpeg 支持的封装（Muxer）格式与解封装（Demuxer）格式、编码（Encoder）类型与解码（Decoder）类型，还可以通过 `ffmpeg -filters` 查看 ffmpeg 支持哪些滤镜：

```
Filters:
  T.. = Timeline support
  .S. = Slice threading
  ..C = Command support
  A = Audio input/output
  V = Video input/output
  N = Dynamic number and/or type of input/output
  | = Source or sink filter
 ... abench            A->A     Benchmark part of a filtergraph.
 ... acompressor       A->A     Audio compressor.
 ... acrossfade        AA->A    Cross fade two input audio streams.
 ... acrusher          A->A     Reduce audio bit resolution.
 T.. adelay            A->A     Delay one or more audio channels.
 ... aecho             A->A     Add echoing to the audio.
…… 因篇幅过长省略
 ... showwaves         A->V     Convert input audio to a video output.
 ... showwavespic      A->V     Convert input audio to a video output single
picture.
 ... spectrumsynth     VV->A    Convert input spectrum videos to audio output.
 ..C amovie            |->N     Read audio from a movie source.
 ..C movie             |->N     Read from a movie source.
 ... abuffer           |->A     Buffer audio frames, and make them accessible
to the filterchain.
 ... buffer            |->V     Buffer video frames, and make them accessible
to the filterchain.
 ... afifo             A->A     Buffer input frames and send them when they are
requested.
 ... fifo              V->V     Buffer input images and send them when they are
requested.
```

输出信息的内容分为四列，具体如下。

- 第一列总共有 3 个字段，第一个字段是时间轴支持，第二个字段是分片线程处理支持，第三个字段是命令支持
- 第二列是滤镜名
- 第三列是转换方式，如音频转音频，视频转视频，创建音频，创建视频等操作
- 第四列是滤镜作用说明

通过 `ffmpeg --help full` 命令，可以查看 ffmpeg 支持的所有封装（demuxer、muxer）格式，编解码器（encoders、decoders）和滤镜处理器（filters）。如果要了解 ffmpeg 支持的具体某一种 demuxer、muxer 类型，可以通过 `ffmpeg -h` 查看该类型的详细参数，包括 encoder、decoder 所支持的操作参数，filter 所支持的参数，下面就列举几个对应的例子。

1）查看 FLV 封装器的参数支持（ffmpeg -h muxer=flv）：

```
Muxer flv [FLV (Flash Video)]:
        Common extensions: flv.
        Mime type: video/x-flv.
        Default video codec: flv1.
        Default audio codec: mp3.
flv muxer AVOptions:
    -flvflags   <flags>        E……. FLV muxer flags (default 0)
    aac_seq_header_detect      E……. Put AAC sequence header based on stream
data
    no_sequence_end            E……. disable sequence end for FLV
    no_metadata                E……. disable metadata for FLV
    no_duration_filesize       E……. disable duration and filesize zero value
metadata for FLV
    add_keyframe_index         E……. Add keyframe index metadata
```

从输出的帮助信息中可以看到，FLV 的 muxer 的信息包含两大部分，具体如下。

- 第一部分为 FLV 封装的默认配置描述，如扩展名、MIME 类型、默认的视频编码格式、默认的音频编码格式
- 第二部分为 FLV 封装时可以支持的配置参数及相关说明

2）查看 flv 解封装器的参数支持（ffmpeg -h demuxer=flv）：

```
Demuxer flv [FLV (Flash Video)]:
        Common extensions: flv.
flvdec AVOptions:
    -flv_metadata      <boolean>        .D.V.... Allocate streams according to
the onMetaData array (default false)
    -missing_streams   <int>            .D.V..XR  (from 0 to 255) (default 0)
```

从帮助信息中可以看到，FLV 的 demuxer 的信息包含两大部分，具体如下。

- 第一部分为 FLV 解封装默认的扩展文件名
- 第二部分为 FLV 解封装设置的参数及相关说明

3）查看 H.264（AVC）的编码参数支持（ffmpeg -h encoder=h264）：

```
Encoder libx264 [libx264 H.264 / AVC / MPEG-4 AVC / MPEG-4 part 10]:
        General capabilities: delay threads
        Threading capabilities: auto
        Supported pixel formats: yuv420p yuvj420p yuv422p yuvj422p yuv444p
yuvj444p nv12 nv16 nv21
    libx264 AVOptions:
        -preset          <string>     E..V.... Set the encoding preset (cf. x264
--fullhelp) (default "medium")
        -tune            <string>     E..V.... Tune the encoding params (cf. x264
--fullhelp)
```

```
        -profile          <string>     E..V.... Set profile restrictions (cf. x264
--fullhelp)
        -fastfirstpass    <boolean>    E..V.... Use fast settings when encoding first
pass (default true)
        -level            <string>     E..V.... Specify level (as defined by Annex A)
        -passlogfile      <string>     E..V.... Filename for 2 pass stats
        -wpredp           <string>     E..V.... Weighted prediction for P-frames
        -a53cc            <boolean>    E..V.... Use A53 Closed Captions (if
available) (default true)
        -x264opts         <string>     E..V.... x264 options
        -crf              <float>      E..V.... Select the quality for constant
quality mode (from -1 to FLT_MAX) (default -1)
```

从帮助信息可以看到，H.264（AVC）的编码参数包含两大部分，具体如下。

- 第一部分为 H.264 所支持的基本编码方式、支持的多线程编码方式（例如帧级别多线程编码或 Slice 级别多线程编码）、编码器所支持的像素的色彩格式
- 第二部分为编码的具体配置参数及相关说明

4）查看 H.264（AVC）的解码参数支持（ffmpeg -h decoder=h264）：

```
Decoder h264 [H.264 / AVC / MPEG-4 AVC / MPEG-4 part 10]:
        General capabilities: dr1 delay threads
        Threading capabilities: frame and slice
H264 Decoder AVOptions:
    -enable_er           <boolean>    .D.V.... Enable error resilience on damaged
frames (unsafe) (default auto)
```

从帮助信息可以看到，H.264（AVC）的解码参数查看包含两大部分，具体如下。

- 第一部分为解码 H.264 时可以采用的常规支持、多线程方式支持（帧级别多线程解码或 Slice 级别多线程解码）
- 第二部分为解码 H.264 时可以采用的解码参数及相关说明

5）查看 colorkey 滤镜的参数支持（`ffmpeg -h filter=colorkey`），输出内容如下：

```
Filter colorkey
    Turns a certain color into transparency. Operates on RGB colors.
        slice threading supported
        Inputs:
           #0: default (video)
        Outputs:
           #0: default (video)
colorkey AVOptions:
    color     <color>  ..FV.... set the colorkey key color (default "black")
  similarity <float>  ..FV.... set the colorkey similarity value (from 0.01 to 1)
(default 0.01)
     blend     <float>  ..FV.... set the colorkey key blend value (from 0 to 1)
(default 0)
This filter has support for timeline through the 'enable' option.
```

从帮助信息中可以看到，colorkey 滤镜参数查看信息包含两大部分，具体如下。

- colorkey 所支持的色彩格式信息，colorkey 所支持的多线程处理方式，输入或输出

支持

- colorkey 所支持的参数及说明

关于 ffmpeg 的帮助信息查询部分已介绍完毕，下面详细介绍 ffmpeg 的封装转换。

2.1.1 ffmpeg 的封装转换

ffmpeg 的封装转换（转封装）功能包含在 AVFormat 模块中，通过 libavformat 库进行 Mux 和 Demux 操作；多媒体文件的格式有很多种，这些格式中的很多参数在 Mux 与 Demux 的操作参数中是公用的，下面就来详细介绍一下这些公用的参数。

通过查看 `ffmpeg --help full` 信息，找到 AVFormatContext 参数部分，该参数下的所有参数均为封装转换可使用的参数。表 2-1 列出了 ffmpeg AVFormatContext 的主要参数及说明。

表 2-1 ffmpeg AVFormatContext 主要参数帮助

参数	类型	说明
avioflags	标记	format 的缓冲设置，默认为 0，就是有缓冲
	direct	无缓冲状态
probesize	整数	在进行媒体数据处理前获得文件内容的大小，可用在预读取文件头时提高速度，也可以设置足够大的值来读取到足够多的音视频数据信息
fflags	标记	
	flush_packets	立即将 packets 数据刷新写入文件中
	genpts	输出时按照正常规则产生 pts
	nofillin	不填写可以精确计算缺失的值
	igndts	忽略 dts
	discardcorrupt	丢弃损坏的帧
	sortdts	尝试以 dts 的顺序为准输出
	keepside	不合并数据
	fastseek	快速 seek（定位）操作，但是不够精确
	latm	设置 RTP MP4_LATM 生效
	nobuffer	直接读取或写出，不存入 buffer，用于在直播采集时降低延迟
	bitexact	不写入随机或者不稳定的数据
seek2any	整数	支持随意位置 seek，这个 seek 不以 keyframe 为参考
analyzeduration	整数	指定解析媒体需要的音视频的时长，这里设置的越大，解析的音视频流信息越准，如果为了播放达到秒开效果，这个可以设置小一些，但是获得的流信息会有不准确的问题
codec_whitelist	列表	设置可以解析的 codec 的白名单
format_whitelist	列表	设置可以解析的 format 的白名单
output_ts_offset	整数	设置输出文件的起始时间

这些都是通用的封装、解封装操作时使用的参数，后续章节中介绍转封装操作、解封装操作、封装操作时，上述参数可以与对应的命令行参数搭配使用。

2.1.2　ffmpeg 的转码参数

ffmpeg 编解码部分的功能主要是通过模块 AVCodec 来完成的，通过 libavcodec 库进行 Encode 与 Decode 操作。多媒体编码格式的种类有很多，但是还是有很多通用的基本操作参数设置，下面就来详细介绍一下这些公用的参数。

通过命令 ffmpeg --help full 可以看到 AVCodecContext 参数列表信息，具体见表 2-2，该选项下面的所有参数均为编解码可以使用的参数。

表 2-2　ffmpeg AVCodecContext 主要参数帮助

参数	类型	说明
b	整数	设置音频与视频码率，可以认为是音视频加起来的码率，默认为 200kbit/s 使用这个参数可以根据 b:v 设置视频码率，b:a 设置音频码率
ab	整数	设置音频的码率，默认是 128kbit/s
g	整数	设置视频 GOP（可以理解为关键帧间隔）大小，默认是 12 帧一个 GOP
ar	整数	设置音频采样率，默认为 0
ac	整数	设置音频通道数，默认为 0
bf	整数	设置连续编码为 B 帧的个数，默认为 0
maxrate	整数	最大码率设置，与 bufsize 一同使用即可，默认为 0
minrate	整数	最小码率设置，配合 maxrate 与 bufsize 可以设置为 CBR 模式，平时很少使用，默认为 0
bufsize	整数	设置控制码率的 buffer 的大小，默认为 0
keyint_min	整数	设置关键帧最小间隔，默认为 25
sc_threshold	整数	设置场景切换支持，默认为 0
me_threshold	整数	设置运动估计阈值，默认为 0
mb_threshold	整数	设置宏块阈值，默认为 0
profile	整数	设置音视频的 profile，默认为 −99
level	整数	设置音视频的 level，默认为 −99
timecode_frame_start	整数	设置 GOP 帧的开始时间，需要在 non-drop-frame 默认情况下使用
channel_layout	整数	设置音频通道的布局格式
threads	整数	设置编解码工作的线程数

ffmpeg 还有一些更细化的参数，本节中并未详细提及，可以根据本节中提到的查看方法查看 ffmpeg 的帮助文件以查看更多的内容，本节中介绍的是重点及常用的通用参数，后续章节中介绍编码操作时，上述参数可以配合对应的例子使用。

2.1.3　ffmpeg 的基本转码原理

ffmpeg 工具的主要用途为编码、解码、转码以及媒体格式转换，ffmpeg 常用于进行转码操作，使用 ffmpeg 转码的主要原理如图 1-4 所示。

通过前两节介绍的参数，可以设置转码的相关参数，如果转码操作涉及封装的改变，则可以通过设置 AVCodec 与 AVFormat 的操作参数进行封装与编码的改变，下面列举一个例子：

```
./ffmpeg -i ~/Movies/input1.rmvb -vcodec mpeg4 -b:v 200k -r 15 -an output.mp4
```

命令行执行后输出的基本信息如下：

```
ffmpeg version n3.3.2 Copyright (c) 2000-2017 the FFmpeg developers
    built with Apple LLVM version 8.1.0 (clang-802.0.42)
    configuration: —enable-fontconfig —enable-gpl —enable-libass —enable-
libbluray —enable-libfreetype —enable-libmp3lame —enable-libspeex —enable-libx264
—enable-libx265 —enable-libfdk-aac —enable-version3 —cc='ccache gcc' —enable-
nonfree —enable-videotoolbox —enable-audiotoolbox
    libavutil      55. 58.100 / 55. 58.100
    libavcodec     57. 89.100 / 57. 89.100
    libavformat    57. 71.100 / 57. 71.100
    libavdevice    57.  6.100 / 57.  6.100
    libavfilter     6. 82.100 /  6. 82.100
    libswscale      4.  6.100 /  4.  6.100
    libswresample   2.  7.100 /  2.  7.100
    libpostproc    54.  5.100 / 54.  5.100
Input #0, rm, from '/Users/liuqi/Movies/input1.rmvb':
    Metadata:
        Modification Date: 5/3/2008 11:15:56
    Duration: 01:40:53.44, start: 0.000000, bitrate: 408 kb/s
        Stream #0:0: Audio: cook (cook / 0x6B6F6F63), 22050 Hz, stereo, fltp,
20 kb/s
        Stream #0:1: Video: rv40 (RV40 / 0x30345652), yuv420p, 608x320, 377 kb/s,
23.98 fps, 23.98 tbr, 1k tbn, 1k tbc
Stream mapping:
    Stream #0:1 -> #0:0 (rv40 (native) -> mpeg4 (native))
Press [q] to stop, [?] for help
Output #0, mp4, to 'output.mp4':
    Metadata:
        encoder         : Lavf57.71.100
        Stream #0:0: Video: mpeg4 ( [0][0][0] / 0x0020), yuv420p, 608x320, q=2-
31, 200 kb/s, 15 fps, 15360 tbn, 15 tbc
        Metadata:
            encoder         : Lavc57.89.100 mpeg4
        Side data:
            cpb: bitrate max/min/avg: 0/0/200000 buffer size: 0 vbv_delay: -1
frame= 376 fps=0.0 q=7.0 Lsize=822kB time=00:00:25.00 bitrate= 269.3kbits/s
speed=64.3x
```

从输出信息中可以看到，以上输出的参数中使用了前面介绍过的参数，具体如下。

- 转封装格式从 RMVB 格式转换为 MP4 格式
- 视频编码从 RV40 转换为 MPEG4 格式
- 视频码率从原来的 377kbit/s 转换为 200kbit/s
- 视频帧率从原来的 23.98fps 转换为 15fps
- 转码后的文件中不包括音频（-an 参数）

可以分析出，这个例子的流程与前面提到的流程相同，首先解封装，需要解的封装为 RMVB；然后解码，其中视频编码为 RV40，音频编码为 COOK；然后解码后的视频编码为 MPEG4；最后封装为一个没有音频的 MP4 文件。更多详细的例子在后面的章节中将会有详细的介绍。

2.2 ffprobe 常用命令

在 FFmpeg 套件中，除了 ffmpeg 作为多媒体处理工具之外，还有 ffprobe 多媒体信息查看工具，ffprobe 主要用来查看多媒体文件的信息，下面就来看一下 ffprobe 中常见的基本命令。

ffprobe 常用的参数比较多，可以通过 ffprobe --help 来查看详细的帮助信息：

```
    usage: ffprobe [OPTIONS] [INPUT_FILE]

    Main options:
    -L                        show license
    -h topic                  show help
    -? topic                  show help
    -help topic               show help
    --help topic              show help
    -version                  show version
    -buildconf                show build configuration
    -formats                  show available formats
    -muxers                   show available muxers
    -demuxers                 show available demuxers
    -devices                  show available devices
    -codecs                   show available codecs
    -decoders                 show available decoders
    -encoders                 show available encoders
    -bsfs                     show available bit stream filters
    -protocols                show available protocols
    -filters                  show available filters
    -pix_fmts                 show available pixel formats
    -layouts                  show standard channel layouts
    -sample_fmts              show available audio sample formats
    -colors                   show available color names
    -loglevel loglevel        set logging level
    -v loglevel               set logging level
    -report                   generate a report
    -max_alloc bytes          set maximum size of a single allocated block
    -cpuflags flags           force specific cpu flags
    -hide_banner hide_banner  do not show program banner
    -sources device           list sources of the input device
    -sinks device             list sinks of the output device
    -f format                 force format
    -unit                     show unit of the displayed values
    -prefix                   use SI prefixes for the displayed values
    -byte_binary_prefix       use binary prefixes for byte units
    -sexagesimal              use sexagesimal format HOURS:MM:SS.MICROSECONDS for
time units
    -pretty                   prettify the format of displayed values, make it more
human readable
    -print_format format   set the output printing format (available formats are:
```

```
default, compact, csv, flat, ini, json, xml)
    -of format                  alias for -print_format
    -select_streams stream_specifier  select the specified streams
    -sections                   print sections structure and section information, and
exit
    -show_data                  show packets data
    -show_data_hash             show packets data hash
    -show_error                 show probing error
    -show_format                show format/container info
    -show_frames                show frames info
    -show_format_entry entry    show a particular entry from the format/container
info
    -show_entries entry_list    show a set of specified entries
    -show_log                   show log
    -show_packets               show packets info
    -show_programs              show programs info
    -show_streams               show streams info
    -show_chapters              show chapters info
    -count_frames               count the number of frames per stream
    -count_packets              count the number of packets per stream
    -show_program_version       show ffprobe version
    -show_library_versions      show library versions
    -show_versions              show program and library versions
    -show_pixel_formats         show pixel format descriptions
    -show_private_data          show private data
    -private                    same as show_private_data
    -bitexact                   force bitexact output
    -read_intervals read_intervals   set read intervals
    -default                    generic catch all option
    -i input_file               read specified file
```

这些输出的帮助信息既是 ffprobe 常用的操作参数，也是 ffprobe 的基础参数。例如查看 log，查看每一个音频数据包信息或者视频数据包信息，查看节目信息，查看流信息，查看每一个流有多少帧以及每一个流有多少个音视频包，查看视频像素点的格式等。下面就来根据以上的输出参数重点列举几个例子。

使用 ffprobe -show_packets input.flv 查看多媒体数据包信息：

```
[PACKET]
codec_type=video
stream_index=0
pts=80
pts_time=0.080000
dts=0
dts_time=0.000000
duration=N/A
duration_time=N/A
size=60858
pos=475
flags=K_
[/PACKET]
```

通过 show_packets 查看的多媒体数据包信息使用 PACKET 标签括起来，其中包含的信息主要如表 2-3 所示。

表 2-3　packet 字段说明

字段	说明
codec_type	多媒体类型，如视频包、音频包等
stream_index	多媒体的 stream 索引
pts	多媒体的显示时间值
pts_time	根据不同格式计算过后的多媒体的显示时间
dts	多媒体解码时间值
dts_time	根据不同格式计算过后的多媒体解码时间
duration	多媒体包占用的时间值
duration_time	根据不同格式计算过后的多媒体包所占用的时间值
size	多媒体包的大小
pos	多媒体包所在的文件偏移位置
flags	多媒体包标记，如关键包与非关键包的标记

除了以上字段和信息之外，还可以通过 `ffprobe -show_data -show_packets input.flv` 组合参数来查看包中的具体数据：

```
[PACKET]
codec_type=video
stream_index=0
pts=120
pts_time=0.120000
dts=120
dts_time=0.120000
duration=40
duration_time=0.040000
size=263
pos=20994
flags=__
data=
00000000: 0000 0103 019e 6174 4107 ac85 be46 3d0a  ......atA....F=.
00000010: 6c38 18c7 dd94 d449 0abf 97d3 0ed8 6f4c  l8.....I......oL
00000020: 199b 08e3 69cc 09bc 502a 3709 c5a8 797a  ....i...P*7...yz
……因篇幅太长省略
000000c0: 2d67 5f15 6d82 a411 ce0f 23db 3c83 c3bc  -g_.m.....#.<...
000000f0: 75b9 472a 0f61 8312 de06 4516 1e17 09af  u.G*.a....E.....
00000100: 43da 5200 bf1a f9                        C.R....
[/PACKET]
```

从输出的内容中可以看到多媒体包中包含的数据，初始信息为 0000 0103 019e 6174，那么我们可以根据上述输出内容中的 pos，也就是文件偏移位置来查看，pos 的值为 20 994，将其转换为十六进制，位置为 0x00005202，刚好等于 FLVTAG 的数据在 flv 文件的偏移位置，可以使用 Linux 下的 xxd input.flv 命令进行查看：

```
00005200: 171a 0900 010c 0000 7800 0000 0027 0100  ........x....'..
00005210: 0000 0000 0103 019e 6174 4107 ac85 be46  ........atA....F
00005220: 3d0a 6c38 18c7 dd94 d449 0abf 97d3 0ed8  =.l8.....I......
00005230: 6f4c 199b 08e3 69cc 09bc 502a 3709 c5a8  oL....i...P*7...
```

```
00005240: 797a dc01 40b1 4b6b ccd8 e9a1 7ea4 0340  yz..@.Kk....~..@
00005250: 70dc 2fce 861c 0168 c813 287c 0410 dfff  p./....h..(|....
00005260: ae0d 4f25 01d1 594b 96a6 79f4 0a1e 9ab4  ..O%..YK..y.....
00005270: 6e1d 946f 494d f72c 86d1 03f1 a420 ef38  n..oIM.,..... .8
00005280: d759 ce25 a113 db4a 79c1 a04b a91b 908e  .Y.%...Jy..K....
00005290: 063d cea8 383d b4f4 d190 be3a 6943 1698  .=..8=.....:iC..
```

通过 ffprobe 读取 packets 来进行对应的数据分析，使用 show_packets 与 show_data 配合可以进行更加精确的分析。

除了 packets 与 data 之外，ffprobe 还可以分析多媒体的封装格式，通过 `ffprobe -show_format output.mp4` 命令可以查看多媒体的封装格式，其使用 FORMAT 标签括起来显示：

```
[FORMAT]
filename=output.mp4
nb_streams=1
nb_programs=0
format_name=mov,mp4,m4a,3gp,3g2,mj2
format_long_name=QuickTime / MOV
start_time=0.000000
duration=10.080000
size=212111
bit_rate=168342
probe_score=100
[/FORMAT]
```

下面对输出信息关键字段进行说明，具体见表 2-4。

表 2-4　format 字段说明

字段	说明
filename	文件名
nb_streams	媒体中包含的流的个数
nb_programs	节目数（相关的概念在 2.3 节中会有详细的介绍）
format_name	使用的封装模块的名称
format_long_name	封装的完整名称
start_time	媒体文件的起始时间
duration	媒体文件的总时间长度
size	媒体文件的大小
bit_rate	媒体文件的码率

参考表 2-4 介绍的字段来解析输出，可以看到这个视频文件只有 1 个流通道，起始时间是 0.000 000，总时间长度为 10.080 000，文件大小为 212 111 字节，码率为 168 342bit/s，这个文件的格式有可能是 MOV、MP4、M4A、3GP、3G2 或者 MJ2，之所以 ffprobe 会这么输出，是因为这几种封装格式在 ffmpeg 中所识别的标签基本相同，所以才会有这么多种显示方式，而其他几种封装格式不一定是这样的，下面我们再来看一个 WMV 的封装格式：

```
[FORMAT]
filename=input.wmv
nb_streams=1
nb_programs=0
format_name=asf
format_long_name=ASF (Advanced / Active Streaming Format)
start_time=0.000000
duration=10.080000
size=1306549
bit_rate=1036943
probe_score=100
[/FORMAT]
```

这个 input.wmv 文件中包含一个流通道，文件封装格式为 ASF。

通过 `ffprobe -show_frames input.flv` 命令可以查看视频文件中的帧信息，输出的帧信息将使用 FRAME 标签括起来：

```
[FRAME]
media_type=video
stream_index=0
key_frame=1
pkt_pts=80
pkt_pts_time=0.080000
pkt_dts=80
pkt_dts_time=0.080000
best_effort_timestamp=80
best_effort_timestamp_time=0.080000
pkt_duration=N/A
pkt_duration_time=N/A
pkt_pos=344
pkt_size=8341
width=1280
height=714
pix_fmt=yuv420p
sample_aspect_ratio=1:1
pict_type=I
coded_picture_number=0
display_picture_number=0
interlaced_frame=0
top_field_first=0
repeat_pict=0
[/FRAME]
```

通过 -show_frames 参数可以查看每一帧的信息，下面就来介绍一下其中重要的信息，具体见表 2-5。

表 2-5 frame 字段说明

属性	说明	值
media_type	帧的类型（视频、音频、字幕等）	video
stream_index	帧所在的索引区域	0
key_frame	是否为关键帧	1
pkt_pts	Frame 包的 pts	0

（续）

属性	说明	值
pkt_pts_time	Frame 包的 pts 的时间显示	0.080000
pkt_dts	Frame 包的 dts	80
pkt_dts_time	Frame 包的 dts 的时间显示	0.080000
pkt_duration	Frame 包的时长	N/A
pkt_duration_time	Frame 包的时长时间显示	N/A
pkt_pos	Frame 包所在文件的偏移位置	344
width	帧显示的宽度	1280
height	帧显示的高度	714
pix_fmt	帧的图像色彩格式	yuv420p
pict_type	帧类型	I

在 Windows 下常用的 Elecard StreamEye 工具中打开查看 MP4 时，会很直观地看到帧类型显示，用 ffprobe 的 pict_type 同样可以看到视频的帧是 I 帧、P 帧或者 B 帧；每一帧的大小同样也可以通过 ffprobe 的 pkt_size 查看到。

通过 -show_streams 参数可以查看到多媒体文件中的流信息，流的信息将使用 STREAM 标签括起来：

```
[STREAM]
index=0
codec_name=h264
codec_long_name=H.264 / AVC / MPEG-4 AVC / MPEG-4 part 10
profile=High
codec_type=video
codec_time_base=1/50
codec_tag_string=[0][0][0][0]
codec_tag=0x0000
width=1280
height=714
coded_width=1280
coded_height=714
has_b_frames=2
sample_aspect_ratio=1:1
display_aspect_ratio=640:357
pix_fmt=yuv420p
level=31
```

如以上输出内容所示，从中可以看到流的信息，具体属性及说明见表 2-6。

表 2-6　stream 字段说明

属性	说明	值
index	流所在的索引区域	0
codec_name	编码名	h264
codec_long_name	编码全名	MPEG-4 part 10
profile	编码的 profile	High

（续）

属性	说明	值
level	编码的 level	31
has_b_frames	包含 B 帧信息	2
codec_type	编码类型	video
codec_time_base	编码的时间戳计算基础单位	1/50
pix_fmt	图像显示的色彩格式	yuv420p
coded_width	图像的宽度	1280
coded_height	图像的高度	714
codec_tag_string	编码的标签数据	[0][0][0][0]

除了以上这些信息，还有更多信息，具体如下：

```
field_order=progressive
timecode=N/A
refs=1
is_avc=true
nal_length_size=4
r_frame_rate=25/1
avg_frame_rate=25/1
time_base=1/1000
start_pts=80
start_time=0.080000
duration_ts=N/A
duration=N/A
bit_rate=200000
max_bit_rate=N/A
bits_per_raw_sample=8
nb_frames=N/A
```

下面再来介绍一下多输出的这些信息，具体说明见表 2-7。

表 2-7　stream 字段其他说明

属性	说明	值
r_frame_rate	实际帧率	25/1
avg_frame_rate	平均帧率	25/1
time_base	时间基数（用来进行 timestamp 计算）	1/1000
bit_rate	码率	200000
max_bit_rate	最大码率	N/A
nb_frames	帧数	N/A

ffprobe 使用前面的参数可以获得 key-value 格式的显示方式，但是阅读起来因习惯不同，可能有的人会认为方便，有的人认为不方便；如果要进行格式化的显示，这样就需要用到 ffprobe -print_format 或者 ffprobe -of 参数来进行相应的格式输出，而 -print_format 支持多种格式输出，包括 XML、INI、JSON、CSV、FLAT 等。下面列举几种常见的格式输出的例子。

通过 ffprobe -of xml -show_streams input.flv 得到的 XML 输出格式如下所示：

```
<?xml version="1.0" encoding="UTF-8"?>
<ffprobe>
    <streams>
        <stream index="0" codec_name="h264" codec_long_name="H.264 / AVC / MPEG-4 AVC / MPEG-4 part 10" profile="High" codec_type="video" codec_time_base="1/50" codec_tag_string="[0][0][0][0]" codec_tag="0x0000" width="1280" height="714" coded_width="1280" coded_height="714" has_b_frames="2" sample_aspect_ratio="1:1" display_aspect_ratio="640:357" pix_fmt="yuv420p" level="31" chroma_location="left" field_order="progressive" refs="1" is_avc="true" nal_length_size="4" r_frame_rate="25/1" avg_frame_rate="25/1" time_base="1/1000" start_pts="80" start_time="0.080000" bit_rate="200000" bits_per_raw_sample="8">
            <disposition default="0" dub="0" original="0" comment="0" lyrics= "0" karaoke="0" forced="0" hearing_impaired="0" visual_impaired="0" clean_effects="0" attached_pic="0" timed_thumbnails="0"/>
        </stream>
    </streams>
</ffprobe>
```

从输出的内容可以看出，输出的内容格式为 XML 格式，如果原有的业务本身就可以解析 XML 格式，那么就不需要更改解析引擎，直接将输出内容输出为 XML 格式即可，解析引擎解析 Packet 信息时会很方便。

通过 ffprobe -of ini -show_streams input.flv 得到的 INI 格式的输出如下所示：

```
[streams.stream.0]
index=0
codec_name=h264
codec_long_name=H.264 / AVC / MPEG-4 AVC / MPEG-4 part 10
profile=High
codec_type=video
codec_time_base=1/50
codec_tag_string=[0][0][0][0]
codec_tag=0x0000
width=1280
height=714
coded_width=1280
coded_height=714
has_b_frames=2
```

从输出内容可以看到输出的内容格式为 INI 格式，这种格式可以用于擅长解析 INI 格式的项目中。

通过 ffprobe -of flat -show_streams input.flv 输出 FLAT 格式：

```
streams.stream.0.index=0
streams.stream.0.codec_name="h264"
streams.stream.0.codec_long_name="H.264 / AVC / MPEG-4 AVC / MPEG-4 part 10"
streams.stream.0.profile="High"
streams.stream.0.codec_type="video"
streams.stream.0.codec_time_base="1/50"
streams.stream.0.codec_tag_string="[0][0][0][0]"
streams.stream.0.codec_tag="0x0000"
```

```
streams.stream.0.width=1280
streams.stream.0.height=714
```

从输出的内容可以看到，输出的信息为FLAT格式的输出，从Packet的stream_index的值可以直接得知Packet属于哪个Stream，从而获得Stream对应的Packet的信息。

通过ffprobe -of json -show_packets input.flv输出JSON格式：

```
{
    "packets": [
        {
            "codec_type": "video",
            "stream_index": 0,
            "pts": 80,
            "pts_time": "0.080000",
            "dts": 0,
            "dts_time": "0.000000",
            "size": "8341",
            "pos": "344",
            "flags": "K_"
        },
        {
            "codec_type": "video",
            "stream_index": 0,
            "pts": 240,
            "pts_time": "0.240000",
            "dts": 40,
            "dts_time": "0.040000",
            "duration": 40,
            "duration_time": "0.040000",
            "size": "6351",
            "pos": "8705",
            "flags": "__"
        },
```

从输出内容可以看到，内容信息还是Packet的信息，但是输出的形式为JSON的格式，这种格式的数据可以用在以JSON解析为主的业务中。

通过ffprobe -of csv -show_packets input.flv输出CSV格式：

```
packet,video,0,80,0.080000,0,0.000000,N/A,N/A,N/A,N/A,8341,344,K_
packet,video,0,240,0.240000,40,0.040000,40,0.040000,N/A,N/A,6351,8705,__
packet,video,0,160,0.160000,80,0.080000,40,0.040000,N/A,N/A,5898,15076,__
packet,video,0,120,0.120000,120,0.120000,40,0.040000,N/A,N/A,263,20994,__
packet,video,0,200,0.200000,160,0.160000,40,0.040000,N/A,N/A,4922,21277,__
packet,video,0,280,0.280000,200,0.200000,40,0.040000,N/A,N/A,3746,26219,__
packet,video,0,320,0.320000,240,0.240000,40,0.040000,N/A,N/A,2305,29985,__
packet,video,0,360,0.360000,280,0.280000,40,0.040000,N/A,N/A,1767,32310,__
packet,video,0,440,0.440000,320,0.320000,40,0.040000,N/A,N/A,1329,34097,__
packet,video,0,400,0.400000,360,0.360000,40,0.040000,N/A,N/A,202,35446,__
```

通过各种格式的输出，可以使用对应的绘图方式绘制出可视化图形。

CSV格式输出后可使用Excel打开表格形式，如图2-1所示。

	A	B	C	D	E	F	G	H	I	J	K	L	M	N
1	packet	video	0	80	0.08	0	0	N/A	N/A	N/A	N/A	8341	344	K_
2	packet	video	0	240	0.24	40	0.04	40	0.04	N/A	N/A	6351	8705	_
3	packet	video	0	160	0.16	80	0.08	40	0.04	N/A	N/A	5898	15076	_
4	packet	video	0	120	0.12	120	0.12	40	0.04	N/A	N/A	263	20994	_
5	packet	video	0	200	0.2	160	0.16	40	0.04	N/A	N/A	4922	21277	_
6	packet	video	0	280	0.28	200	0.2	40	0.04	N/A	N/A	3746	26219	_
7	packet	video	0	320	0.32	240	0.24	40	0.04	N/A	N/A	2305	29985	_
8	packet	video	0	360	0.36	280	0.28	40	0.04	N/A	N/A	1767	32310	_
9	packet	video	0	440	0.44	320	0.32	40	0.04	N/A	N/A	1329	34097	_
10	packet	video	0	400	0.4	360	0.36	40	0.04	N/A	N/A	202	35446	_
11	packet	video	0	520	0.52	400	0.4	40	0.04	N/A	N/A	2058	35668	_
12	packet	video	0	480	0.48	440	0.44	40	0.04	N/A	N/A	137	37746	_
13	packet	video	0	680	0.68	480	0.48	40	0.04	N/A	N/A	1031	37903	_
14	packet	video	0	600	0.6	520	0.52	40	0.04	N/A	N/A	73	38954	_

图 2-1　使用 Excel 查看媒体信息 CSV 格式的输出

将表格中的数据以图形的方式绘制出来，如图 2-2 所示。

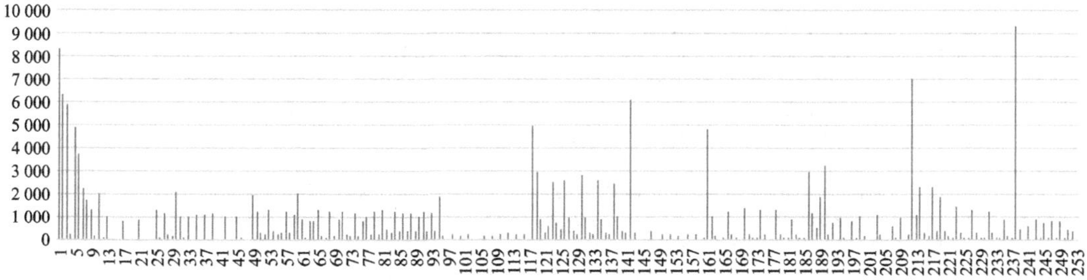

图 2-2　Excel 查看媒体信息 CSV 转换图表格式输出

可以看到，图 2-3 所示的图形与 Elecard StreamEye 的可视化图基本相同。

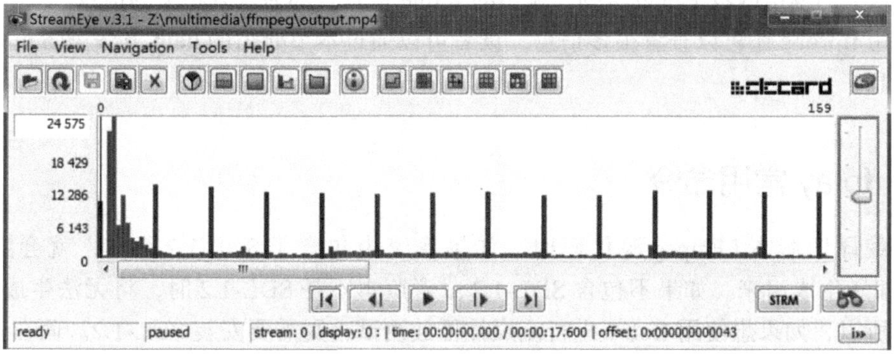

图 2-3　Elecard StreamEye 查看流媒体帧信息可视化图

使用 select_streams 可以只查看音频（a）、视频（v）、字幕（s）的信息，例如配合 show_frames 查看视频的 frames 信息：

```
ffprobe -show_frames -select_streams v -of xml input.mp4
```

命令行执行后可以看到输出的信息如下：

```
<?xml version="1.0" encoding="UTF-8"?>
<ffprobe>
    <frames>
        <frame media_type="video" stream_index="0" key_frame="1" pkt_pts= "0"
pkt_pts_time="0.000000" pkt_dts="0" pkt_dts_time="0.000000" best_effort_timestamp=
"0" best_effort_timestamp_time="0.000000" pkt_duration="640" pkt_duration_time=
"0.040000" pkt_pos="48" pkt_size="8341" width="1280" height="714" pix_fmt="yuv420p"
sample_aspect_ratio="1:1" pict_type="I" coded_picture_number="0" display_picture_
number= "0" interlaced_frame="0" top_field_first="0" repeat_pict="0"/>
        <frame media_type="video" stream_index="0" key_frame="0" pkt_pts="640"
pkt_pts_time="0.040000" pkt_dts="640" pkt_dts_time="0.040000" best_effort_timestamp=
"640" best_effort_timestamp_time="0.040000" pkt_duration="640" pkt_duration_
time="0.040000" pkt_pos="20638" pkt_size="263" width="1280" height="714" pix_
fmt="yuv420p" sample_aspect_ratio="1:1" pict_type="B" coded_picture_number="3"
display_picture_number="0" interlaced_frame="0" top_field_first="0" repeat_
pict="0"/>
        <frame media_type="video" stream_index="0" key_frame="0" pkt_pts="1280"
pkt_pts_time="0.080000" pkt_dts="1280" pkt_dts_time="0.080000" best_effort_
timestamp="1280" best_effort_timestamp_time="0.080000" pkt_duration="640" pkt_
duration_time="0.040000" pkt_pos="14740" pkt_size="5898" width="1280" height="714"
pix_fmt="yuv420p" sample_aspect_ratio="1:1" pict_type="B" coded_picture_number="2"
display_picture_number="0" interlaced_frame="0" top_field_first="0" repeat_
pict="0"/>
        <frame media_type="video" stream_index="0" key_frame="0" pkt_pts="1920"
pkt_pts_time="0.120000" pkt_dts="1920" pkt_dts_time="0.120000" best_effort_
timestamp="1920" best_effort_timestamp_time="0.120000" pkt_duration="640" pkt_
duration_time="0.040000" pkt_pos="20901" pkt_size="4922" width="1280" height="714"
pix_fmt="yuv420p" sample_aspect_ratio="1:1" pict_type="B" coded_picture_number="4"
display_picture_number="0" interlaced_frame="0" top_field_first="0" repeat_
pict="0"/>
```

从以上的输出内容中可以看到，输出的 frame 信息全部为视频相关的信息。

使用 ffprobe 还可以查看很多信息，读者可以通过本节介绍的 help 方法查看更多更详细的信息。

2.3　ffplay 常用命令

在编译旧版本 FFmpeg 源代码时，如果系统中包含了 SDL-1.2 版本，就会默认将 ffplay 编译生成出来，如果不包含 SDL-1.2 或者版本不是 SDL-1.2 时，将无法生成 ffplay 文件，所以，如果想使用 ffplay 进行流媒体播放测试，则需要安装 SDL-1.2。而在新版本的 FFmpeg 源代码中，需要 SDL-2.0 之后的版本才能有效生成 ffplay。

在 FFmpeg 中通常使用 ffplay 作为播放器，其实 ffplay 同样也可以作为很多音视频数据的图形化分析工具，通过 ffplay 可以看到视频图像的运动估计方向、音频数据的波形等，本节将会介绍更多的参数并举例说明。

2.3.1　ffplay 常用参数

ffplay 不仅仅是播放器，同时也是测试 ffmpeg 的 codec 引擎、format 引擎，以及 filter

引擎的工具，并且还可以进行可视化的媒体参数分析，其可以通过 ffplay --help 进行查看：

```
Simple media player
usage: ffplay [options] input_file
Main options:
-L                          show license
-h topic                    show help
-? topic                    show help
-help topic                 show help
--help topic                show help
-version                    show version
-buildconf                  show build configuration
-formats                    show available formats
-muxers                     show available muxers
-demuxers                   show available demuxers
-devices                    show available devices
-codecs                     show available codecs
-decoders                   show available decoders
-encoders                   show available encoders
-bsfs                       show available bit stream filters
-protocols                  show available protocols
-filters                    show available filters
-pix_fmts                   show available pixel formats
-layouts                    show standard channel layouts
-sample_fmts                show available audio sample formats
-colors                     show available color names
-loglevel loglevel          set logging level
-v loglevel                 set logging level
-report                     generate a report
-max_alloc bytes            set maximum size of a single allocated block
-sources device             list sources of the input device
-sinks device               list sinks of the output device
-x width                    force displayed width
-y height                   force displayed height
-s size                     set frame size (WxH or abbreviation)
-fs                         force full screen
-an                         disable audio
-vn                         disable video
-sn                         disable subtitling
-ss pos                     seek to a given position in seconds
-t duration                 play  "duration" seconds of audio/video
-bytes val                  seek by bytes 0=off 1=on -1=auto
-nodisp                     disable graphical display
-noborder                   borderless window
-volume volume              set startup volume 0=min 100=max
-f fmt                      force format
-window_title window title  set window title
-af filter_graph            set audio filters
-showmode mode              select show mode (0 = video, 1 = waves, 2 = RDFT)
-i input_file               read specified file
-codec decoder_name         force decoder
-autorotate                 automatically rotate video
```

如上述帮助信息的输出所示，大多数都是前面已经介绍过的参数，这里就不再一一赘述，一些未介绍的参数说明见表 2-8。

表 2-8　ffplay 基础帮助信息

参数	说明
x	强制设置视频显示窗口的宽度
y	强制设置视频显示窗口的高度
s	设置视频显示的宽高
fs	强制全屏显示
an	屏蔽音频
vn	屏蔽视频
sn	屏蔽字幕
ss	根据设置的秒进行定位拖动
t	设置播放视频 / 音频的长度
bytes	设置定位拖动的策略，0 为不可拖动，1 为可拖动，-1 为自动
nodisp	关闭图形化显示窗口
f	强制使用设置的格式进行解析
window_title	设置显示窗口的标题
af	设置音频的滤镜
codec	强制使用设置的 codec 进行解码
autorotate	自动旋转视频

常见参数可以手动进行尝试，下面列举几个示例。

- 如果希望从视频的第 30 秒开始播放，播放 10 秒钟的文件，则可以使用如下命令：

```
ffplay -ss 30 -t 10 input.mp4
```

- 如果希望视频播放时播放器的窗口显示标题为自定义标题，则可以使用如下命令：

```
ffplay -window_title "Hello World, This is a sample" output.mp4
```

上述命令的显示窗口如图 2-4 所示。

图 2-4　ffplay 设置播放器 title 效果图

- 如果希望使用 ffplay 打开网络直播流，则可以使用如下命令：

```
ffplay -window_title "播放测试"  rtmp://up.v.test.com/live/stream
```

命令执行后显示窗口如图 2-5 所示。

图 2-5　ffplay 播放实时网络直播视频流

根据图 2-5 所示，可以看到播放器播放的窗口标题已经显示为自定义设置的内容。

基本参数介绍完毕，下面进一步介绍 ffplay 的高级参数。

2.3.2　ffplay 高级参数

通过使用 `ffplay --help` 参数可以看到比较多的帮助信息，其中包含了高级参数介绍，下面就来详细介绍一下，具体见表 2-9。

表 2-9　ffplay 高级参数

参数	说明
ast	设置将要播放的音频流
vst	设置将要播放的视频流
sst	设置将要播放的字幕流
stats	输出多媒体播放状态
fast	非标准化规范的多媒体兼容优化
sync	音视频同步设置可根据音频时间、视频时间或者外部扩展时间进行参考
autoexit	多媒体播放完毕之后自动退出 ffplay，ffplay 默认播放完毕之后不退出播放器
exitonkeydown	当有按键按下事件产生时退出 ffplay
exitonmousedown	当有鼠标按键事件产生时退出 ffplay
loop	设置多媒体文件循环播放的次数
framedrop	当 CPU 资源占用过高时，自动丢帧
infbuf	设置无极限的播放器 buffer，这个选项常见于实时流媒体播放场景

（续）

参数	说明
vf	视频滤镜设置
acodec	强制使用设置的音频解码器
vcodec	强制使用设置的视频解码器
scodec	强制使用设置的字幕解码器

下面将这些参数与前面介绍过的一些参数进行组合，列举几个示例。

例如从 20 秒播放一个视频，播放时长为 10 秒钟，播放完成后自动退出 ffplay，播放器的窗口标题为“Hello World”，为了确认播放时长正确，可以通过系统命令 time 查看命令运行时长：

```
time ffplay -window_title "Hello World" -ss 20 -t 10 -autoexit output.mp4
```

该命令执行完毕输出如下：

```
real        0m10.783s
user        0m8.401s
sys   0m0.915s
```

从输出的内容分析来看，实际消耗时间为 10.783 秒，用户空间消耗 8.401 秒，情况基本相符。

例如强制使用 H.264 解码器解码 MPEG4 的视频，将会报错：

```
ffplay -vcodec h264 output.mp4
```

命令行执行之后的输出信息如下：

```
Input #0, mov,mp4,m4a,3gp,3g2,mj2, from 'output.mp4':     0B f=0/0
    Metadata:
        major_brand     : isom
        minor_version   : 512
        compatible_brands: isomiso2mp41
        encoder         : Lavf57.66.102
    Duration: 00:00:10.08, start: 0.000000, bitrate: 1069 kb/s
          Stream #0:0(und): Video: mpeg4 (Simple Profile) (mp4v / 0x7634706D),
yuv420p, 1280x714 [SAR 1:1 DAR 640:357], 1068 kb/s, 25 fps, 25 tbr, 12800 tbn, 25
tbc (default)
        Metadata:
            handler_name    : VideoHandler
[h264 @ 0x7fdf8980be00] Invalid NAL unit 0, skipping.
        Last message repeated 4 times
[h264 @ 0x7fdf8980be00] no frame!
[h264 @ 0x7fdf888af000] Invalid NAL unit 0, skipping.
[h264 @ 0x7fdf888af000] no frame!
[h264 @ 0x7fdf8880a400] Invalid NAL unit 0, skipping.
```

从输出的信息可以看到，使用 H.264 的解码器解码 MPEG4 时会得到 no frame 的错误，视频也解析不出来。

前面举过的例子中，我们看到的比较多的是单节目的流，下面列举一个多节目的流，常见于广电行业的视频：

```
Input #0, mpegts, from '/Users/liuqi/Movies/movie/ChinaTV-11.ts':
    Duration: 00:01:50.84, start: 42860.475344, bitrate: 37840 kb/s
    Program 12
        Metadata:
            service_name    : BBB1
            service_provider: BBB
         Stream #0:0[0x3dc]: Video: mpeg2video (Main) ([2][0][0][0] / 0x0002),
yuv420p(tv, top first), 544x480 [SAR 20:17 DAR 4:3], Closed Captions, 29.97 fps,
29.97 tbr, 90k tbn, 59.94 tbc
         Stream #0:1[0x3dd](eng): Audio: mp2 ([4][0][0][0] / 0x0004), 48000 Hz,
mono, s16p, 128 kb/s
    Program 13
        Metadata:
            service_name    : BBB 9
            service_provider: BBB
         Stream #0:4[0x3f0]: Video: mpeg2video (Main) ([2][0][0][0] / 0x0002),
yuv420p(tv, top first), 544x480 [SAR 20:17 DAR 4:3], Closed Captions, 29.97 fps,
29.97 tbr, 90k tbn, 59.94 tbc
        Stream #0:5[0x3f1](eng): Audio: mp2 ([4][0][0][0] / 0x0004), 48000 Hz,
mono, s16p, 128 kb/s
    Program 14
        Metadata:
            service_name    : BBB12
            service_provider: BBB
         Stream #0:6[0x404]: Video: mpeg2video (Main) ([2][0][0][0] / 0x0002),
yuv420p(tv, top first), 544x480 [SAR 20:17 DAR 4:3], Closed Captions, 29.97 fps,
29.97 tbr, 90k tbn, 59.94 tbc
        Stream #0:7[0x405](eng): Audio: mp2 ([4][0][0][0] / 0x0004), 48000 Hz,
mono, s16p, 128 kb/s
    Program 15
        Metadata:
            service_name    : BBB Low
            service_provider: BBB
         Stream #0:8[0x418]: Video: mpeg2video (Main) ([2][0][0][0] / 0x0002),
yuv420p(tv, top first), 544x480 [SAR 20:17 DAR 4:3], Closed Captions, 29.97 fps,
29.97 tbr, 90k tbn, 59.94 tbc
        Stream #0:9[0x419](eng): Audio: mp2 ([4][0][0][0] / 0x0004), 48000 Hz,
mono, s16p, 128 kb/s
```

当视频流中出现多个 Program 时，播放 Program 与常规的播放方式有所不同，需要指定对应的流，可以通过 vst、ast、sst 参数来指定，例如希望播放 Program 13 中的音视频流，视频流编号为 4，音频流编号为 5，则可以通过如下命令行进行指定：

```
ffplay -vst 4 -ast 5 ~/Movies/movie/ChinaTV-11.ts
```

播放效果如图 2-6 所示。

通过 Program 13 中的信息可以看到该流的名称为 service_name，对应的值是 BBB 9，而指定音视频流播放之后播放出来的图像也能够与之对应。

图 2-6　ffplay 选择跨 program 的流播放

如果使用 ffplay 播放视频时希望加载字幕文件，则可以通过加载 ASS 或者 SRT 字幕文件来解决，下面列举一个加载 SRT 字幕的例子，首先编辑 SRT 字幕文件，内容如下：

```
1
00:00:01.000 --> 00:00:30.000
Test Subtitle by Steven Liu

2
00:00:30.001 --> 00:00:60.000
Hello Test Subtitle

3
00:01:01.000 --> 00:01:10.000
Test Subtitle by Steven Liu

4
00:01:11.000 --> 00:01:30.000
Test Subtitle by Steven Liu
```

然后通过 filter 将字幕文件加载到播放数据中，使用命令如下：

```
ffplay -window_title "Test Movie" -vf "subtitles=input.srt" output.mp4
```

通过这条命令可以看到播放的效果如图 2-7 所示。

图 2-7　ffplay 播放加载字幕流与视频

从图 2-8 中可以看出，视频中已经将 SRT 格式的文字字幕加入到视频中并展现了出来。

2.3.3　ffplay 的数据可视化分析应用

使用 ffplay 除了可以播放视频流媒体文件之外，还可以作为可视化的视频流媒体分析工具，例如播放音频文件时，如果不确定文件的声音是否正常，则可以直接使用 ffplay 播放音频文件，播放的时候其将会把解码后的音频数据以音频波形的形式显示出来，命令行执行后的效果如图 2-8 所示，命令如下：

```
ffplay -showmode 1 output.mp3
```

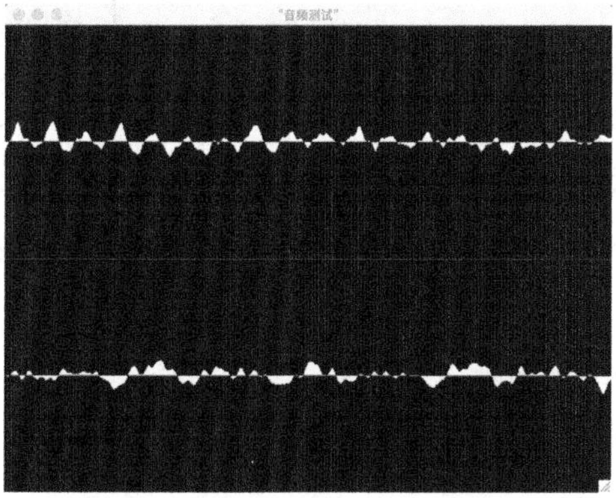

图 2-8　ffplay 播放音频波形示例

从图 2-9 中可以看到，音频播放时的波形可以通过振幅显示出来，可以用来查看音频的播放情况。

例如，当播放视频时想要体验解码器是如何解码每个宏块的，可以使用如下命令：

```
ffplay -debug vis_mb_type -window_title "show vis_mb_type" -ss 20 -t 10
-autoexit output.mp4
```

显示窗口内容如图 2-9（见彩插）所示。

图 2-9　ffplay 播放视频显示宏块展示示例

在输出的视频信息中，可以看到不同颜色的方块，下面就来说明一下这些颜色分别代表什么信息，具体见表 2-10（见彩插）。

表 2-10　宏块显示颜色说明

颜色	宏块类型条件	说明
■	IS_PCM (MB_TYPE_INTRA_PCM)	无损（原始采样不包含预测信息）
■	(IS_INTRA && IS_ACPRED) || IS_INTRA16x16	16 × 16 帧内预测
■	IS_INTRA4x4	4 × 4 帧内预测
■	IS_DIRECT	无运动向量处理（B 帧分片）
■	IS_GMC && IS_SKIP	16 × 16 跳宏块（P 或 B 帧分片）
■	IS_GMC	全局运动补偿（与 H.264 无关）
■	!USES_LIST(1)	参考过去的信息（P 或 B 帧分片）
■	!USES_LIST(0)	参考未来的信息（B 帧分片）
■	USES_LIST(0) && USES_LIST(1)	参考过去和未来的信息（B 帧分片）

例如通过 ffplay 查看 B 帧预测与 P 帧预测信息，希望将信息在窗口中显示出来，可使用如下命令：

```
ffplay -vismv pf output.mp4
```

显示效果如图 2-10 所示。

图 2-10　ffplay 播放视频显示运动估计信息示例

根据图 2-10 中的箭头可以看到 P 帧运动估计的信息，而 vismv 参数则是用来显示图像解码时的运动向量信息的，可以设置三种类型的运动向量信息显示，具体见表 2-11。

表 2-11　运动向量显示参数

参数	说明
pf	P 帧向前运动估计显示
bf	B 帧向前运动估计显示
bb	B 帧向后运动估计显示

这个 vismv 参数将会在未来被替换掉，未来更多的是使用 codecview 这个滤镜来进行设置，如图 2-10 所示，也可以通过下面这条命令来完成：

```
ffplay -flags2 +export_mvs -ss 40 output.mp4 -vf codecview=mv=pf+bf+bb
```

2.4　小结

本章对 FFmpeg 中的 ffmpeg、ffprobe 和 ffplay 进行了详细的介绍，可简要总结如下。

- ffmpeg 主要用于音视频编解码
- ffprobe 主要用于音视频内容分析
- ffplay 主要用于音视频播放、可视化分析

通过对以上三个应用程序的介绍，相信大家已经了解了多媒体信息中基本信息的获取方式，并且学习到了一定的使用规则。至此，FFmpeg 工具使用的基础部分已经介绍完毕。

第 3 章 FFmpeg 转封装

第 2 章介绍过 FFmpeg 的功能分为媒体格式转封装、音视频编解码、传输协议转换、支持 Filter 处理等。本章将重点介绍如何使用 FFmpeg 进行媒体格式的转封装，前面已经介绍过 FFmpeg 支持的媒体封装格式的多样性与全面性，本章就不一一介绍了，而是着重针对常见的媒体封装格式进行详细的介绍。

本章介绍的内容主要如下。

- 3.1 节介绍 MP4 的格式标准以及对应的格式解析方式、如何获取 MP4 格式文件解析时需要的数据，并简单地介绍 MP4 的可视化分析工具、如何使用 FFmpeg 封装 MP4 文件等。
- 3.2 节介绍 FLV 的格式标准以及对应的格式解析方式、如何获取 FLV 格式文件解析时需要的数据，并简单地介绍 FLV 的可视化分析工具、如何使用 FFmpeg 封装 FLV 文件等。
- 3.3 节介绍 M3U8 的格式标准以及使用 FFmpeg 封装 M3U8 的方法。
- 3.4 节和 3.5 节介绍 FFmpeg 切片的基本操作，既可以使用 segment 封装操作，也可以使用 FFmpeg 公共参数操作。
- 3.6 节主要分析转封装的资源使用。

3.1 音视频文件转 MP4 格式

在互联网常见的格式中，跨平台最好的应该是 MP4 文件，因为 MP4 文件既可以在 PC 平台的 Flashplayer 中播放，又可以在移动平台的 Android、iOS 等平台中进行播放，而且使用系统默认的播放器即可播放，因此我们说 MP4 格式是最常见的多媒体文件格式。本章首先重点介绍 MP4 封装的基本格式。

3.1.1 MP4 格式标准介绍

MP4 格式标准为 ISO-14496 Part 12、ISO-14496 Part 14，标准内容并不是特别多，下面就来着重介绍一些重要的信息。

如果要了解 MP4 的格式信息，首先要清楚几个概念，具体如下。

- MP4 文件由许多个 Box 与 FullBox 组成
- 每个 Box 由 Header 和 Data 两部分组成
- FullBox 是 Box 的扩展，其在 Box 结构的基础上，在 Header 中增加 8 位 version 标志和 24 位的 flags 标志
- Header 包含了整个 Box 的长度的大小（size）和类型（type），当 size 等于 0 时，代表这个 Box 是文件的最后一个 Box。当 size 等于 1 时，说明 Box 长度需要更多的位来描述，在后面会定义一个 64 位的 largesize 用来描述 Box 的长度。当 Type 为 uuid 时，说明这个 Box 中的数据是用户自定义扩展类型
- Data 为 Box 的实际数据，可以是纯数据，也可以是更多的子 Box
- 当一个 Box 中 Data 是一系列的子 Box 时，这个 Box 又可以称为 Container（容器）Box

MP4 文件中 Box 的组成可以用表 3-1 所示的列表进行排列，表 3-1 中标记“√”的 Box 为必要 Box，否则为可选 Box。

表 3-1 MP4 常用参考标准排列方式

容器名						必选	描述
一级	二级	三级	四级	五级	六级	—	—
ftyp						√	文件类型
pdin							下载进度信息
moov						√	音视频数据的 metadata 信息
	mvhd					√	电影文件头
	trak					√	流的 track
		tkhd				√	流信息的 track 头
		tref					track 参考容器
		edts					edit list 容器
			elst				edit list 元素信息
		mdia				√	track 里面的 media 信息
			mdhd			√	media 信息头
			hdlr			√	media 信息的句柄
			minf			√	media 信息容器
				vmhd			视频 media 头（只存在于视频的 track）
				smhd			音频 media 头（只存在于音频的 track）
				hmhd			提示 meida 头（只存在于提示的 track）
				nmhd			空 media 头（其他的 track）

（续）

容器名						必选	描述
一级	二级	三级	四级	五级	六级	—	—
				dinf		√	数据信息容器
					dref	√	数据参考容器，track 中 media 的参考信息
				stbl		√	采样表容器，容器做时间与数据所在位置的描述
					stsd	√	采样描述（codec 类型与初始化信息）
					stts	√	（decoding）采样时间
					ctts		（composition）采样时间
					stsc	√	chunk 采样，数据片段信息
					stsz		采样大小
					stz2		采样大小详细描述
					stco	√	Chunk 偏移信息，数据偏移信息
					co64		64 位 Chunk 偏移信息
					stss		同步采样表
					stsh		采样同步表
					padb		采样 padding
					stdp		采样退化优先描述
					sdtp		独立于可支配采样描述
					sbgp		采样组
					sgpd		采样组描述
					subs		子采样信息
	mvex						视频扩展容器
		mehd					视频扩展容器头
		trex				√	track 扩展信息
	ipmc						IPMP 控制容器
moof							视频分片
	mfhd					√	视频分片头
	traf						track 分片
		tfhd				√	track 分片头
		trun					track 分片 run 信息
		sdtp					独立和可支配的采样
		sbgp					采样组
		subs					子采样信息
mfra							视频分片访问控制信息
	tfra						track 分片访问控制信息
	mfro					√	拼分片访问控制偏移量
mdat							media 数据容器
free							空闲区域
skip							空闲区域

（续）

容器名						必选	描述
一级	二级	三级	四级	五级	六级	—	—
	udta						用户数据
		cprt					copyright 信息
meta							元数据
	hdlr					√	定义元数据的句柄
	dinf						数据信息容器
		dref					元数据的源参考信息
	ipmc						IPMP 控制容器
	iloc						所在位置信息容器
	ipro						样本保护容器
		sinf					计划信息保护容器
			frma				原格式容器
			imif				IPMP 信息容器
			schm				计划类型容器
			schi				计划信息容器
	iinf						容器所在项目信息
	xml						XML 容器
	bxml						binary XML 容器
	pitm						主要参考容器
	fiin						文件发送信息
		paen					partition 入口
			fpar				文件片段容器
			fecr				FEC reservoir
		segr					文件发送 session 组信息
		gitn					组 id 转名称信息
		tsel					track 选择信息
meco							追加的 metadata 信息
	mere						metabox 关系

在 MP4 文件中，Box 的结构与表 3-1 所描述的一般没有太大的差别，当然，因为 MP4 的标准中描述的 moov 与 mdat 的存放位置前后并没有进行强制要求，所以有些时候 moov 这个 Box 在 mdat 的后面，有些时候 moov 被存放在 mdat 的前面。在互联网的视频点播中，如果希望 MP4 文件被快速打开，则需要将 moov 存放在 mdat 的前面；如果放在后面，则需要将 MP4 文件下载完成后才可以进行播放。

解析 MP4 多媒体文件时需要一些关键的信息，下面就来介绍一下主要的信息。

1. moov 容器

表 3-1 中已经介绍过，moov 容器定义了一个 MP4 文件中的数据信息，类型是 moov，是一个容器 Atom，其至少必须包含以下三种 Atom 中的一种：

- mvhd 标签，Movie Header Atom，存放未压缩过的影片信息的头容器
- cmov 标签，Compressed Movie Atom，压缩过的电影信息容器，此容器不常用
- rmra 标签，Reference Movie Atom，参考电影信息容器，此容器不常用

也可以包含其他容器信息，例如影片剪辑信息 Clipping atom(clip)、一个或几个 trakAtom(trak)、一个 Color Table Atom(ctab) 和一个 User Data Atom(udta)。

其中，mvhd 中定义了多媒体文件的 time scale、duration 以及 display characteristics。而 trak 中定义了多媒体文件中的一个 track 的信息，track 是多媒体文件中可以独立操作的媒体单位，例如一个音频流就是一个 track、一个视频流就是一个 track。

使用二进制查看工具打开一个 MP4 文件查看其内容，可以了解前面所讲到的 MP4 文件容器信息：

```
00000000: 0000 0020 6674 7970 6973 6f6d 0000 0200  ... ftypisom....
00000010: 6973 6f6d 6973 6f32 6176 6331 6d70 3431  isomiso2avc1mp41
00000020: 0000 22bb 6d6f 6f76 0000 006c 6d76 6864  ..".moov...lmvhd
00000030: 0000 0000 0000 0000 0000 0000 0000 03e8  ................
00000040: 0000 2716 0001 0000 0100 0000 0000 0000  ..'.............
00000050: 0000 0000 0001 0000 0000 0000 0000 0000  ................
00000060: 0000 0000 0001 0000 0000 0000 0000 0000  ................
```

关于读取这个 moov 容器的方式，可以参考表 3-2。

表 3-2　moov 参数

字段	长度 / 字节	描述
尺寸	4	这个 movie header atom 的字节数
类型	4	moov

通过解析该 moov 容器的字节长度，可以看到，该容器共包含 0x000022bb（8891）字节，容器的类型为 moov；接着继续在这个 moov 容器中往下解析，下一个容器的大小为 0x0000006c（108）字节，类型为 mvhd；然后继续在 moov 容器中往下解析：

```
00000090: 0000 0003 0000 11de 7472 616b 0000 005c  ........trak...\
000000a0: 746b 6864 0000 0003 0000 0000 0000 0000  tkhd............
000000b0: 0000 0001 0000 0000 0000 2710 0000 0000  ..........'.....
000000c0: 0000 0000 0000 0000 0000 0000 0001 0000  ................
000000d0: 0000 0000 0000 0000 0000 0000 0001 0000  ................
000000e0: 0000 0000 0000 0000 0000 0000 4000 0000  ............@...
000000f0: 0500 0000 02ca 0000 0000 0030 6564 7473  ...........0edts
00000100: 0000 0028 656c 7374 0000 0000 0000 0002  ...(elst........
00000110: 0000 0050 ffff ffff 0001 0000 0000 2710  ...P..........'.
00000120: 0000 07d0 0001 0000 0000 114a 6d64 6961  ..........Jmdia
00000130: 0000 0020 6d64 6864 0000 0000 0000 0000  ... mdhd........
00000140: 0000 0000 0000 61a8 0003 d090 55c4 0000  ......a.....U...
00000150: 0000 002d 6864 6c72 0000 0000 0000 0000  ...-hdlr........
00000160: 7669 6465 0000 0000 0000 0000 0000 0000  vide............
00000170: 5669 6465 6f48 616e 646c 6572 0000 0010  VideoHandler....
00000180: f56d 696e 6600 0000 1476 6d68 6400 0000  .minf....vmhd...
```

分析完 mvhd 之后，从上面的输出中可以看到下一个 moov 中的容器是一个 trak 标签，

这个 trak 容器的大小是 0x000011de（4574）字节，类型是 trak。解析完该 trak 之后，又进入到 moov 容器中解析下一个 trak，下一个 trak 的解析方式与这个 trak 的解析方式相同，可以看到下面文件内容的 trak 的大小为 0x00001007（4103）字节：

```
00001270: 067f 0000 1007 7472 616b 0000 005c 746b  ......trak...\tk
00001280: 6864 0000 0003 0000 0000 0000 0000 0000  hd..............
00001290: 0002 0000 0000 0000 2716 0000 0000 0000  ........'.......
000012a0: 0000 0000 0001 0100 0000 0001 0000 0000  ................
000012b0: 0000 0000 0000 0000 0000 0001 0000 0000  ................
000012c0: 0000 0000 0000 0000 0000 4000 0000 0000  ..........@.....
000012d0: 0000 0000 0000 0000 0024 6564 7473 0000  .........$edts..
000012e0: 001c 656c 7374 0000 0000 0000 0001 0000  ..elst..........
000012f0: 2716 0000 0000 0001 0000 0000 0f7f 6d64  '.............md
00001300: 6961 0000 0020 6d64 6864 0000 0000 0000  ia... mdhd......
00001310: 0000 0000 0000 0000 bb80 0007 5400 55c4  ............T.U.
00001320: 0000 0000 002d 6864 6c72 0000 0000 0000  .....-hdlr......
00001330: 0000 736f 756e 0000 0000 0000 0000 0000  ..soun..........
00001340: 0000 536f 756e 6448 616e 646c 6572 0000  ..SoundHandler..
00001350: 000f 2a6d 696e 6600 0000 1073 6d68 6400  ..*minf....smhd.
00001360: 0000 0000 0000 0000 0000 2464 696e 6600  ..........$dinf.
```

解析完这个音频的 trak 之后，接下来可以看到还有一个 moov 容器中的子容器，就是 udta 容器，这个 udta 容器的解析方式与前面解析 trak 的方式基本相同，可以从下面的文件数据中看到，udta 的大小为 0x00000062（98）字节：

```
00002270: e600 2c03 d900 2c12 e000 0000 6275 6474  ..,...,.....budt
00002280: 6100 0000 5a6d 6574 6100 0000 0000 0000  a...Zmeta.......
00002290: 2168 646c 7200 0000 0000 0000 006d 6469  !hdlr........mdi
000022a0: 7261 7070 6c00 0000 0000 0000 0000 0000  rappl...........
000022b0: 002d 696c 7374 0000 0025 a974 6f6f 0000  .-ilst...%.too..
000022c0: 001d 6461 7461 0000 0001 0000 0000 4c61  ..data........La
000022d0: 7666 3537 2e36 362e 3130 3200 0000 0866  vf57.66.102....f
000022e0: 7265 6500 2bf2 9e6d 6461 7400 0003 3d06  ree.+..mdat...=.
```

根据前面描述过的信息可以得知，udta+ 视频 trak+ 音频 trak+mvhd+moov 描述大小之后得出来的总大小，刚好为 8891 字节，与前面得出来的 moov 的大小相等。

前面描述了针对 moov 容器下面的子容器的解析，接下来继续解析 moov 子容器中的子容器。

2. 解析 mvhd 子容器

```
00000020: 0000 22bb 6d6f 6f76 0000 006c 6d76 6864  ..".moov...lmvhd
00000030: 0000 0000 0000 0000 0000 0000 0000 03e8  ................
00000040: 0000 2716 0001 0000 0100 0000 0000 0000  ..'.............
00000050: 0000 0000 0001 0000 0000 0000 0000 0000  ................
00000060: 0000 0000 0001 0000 0000 0000 0000 0000  ................
00000070: 0000 0000 4000 0000 0000 0000 0000 0000  ....@...........
00000080: 0000 0000 0000 0000 0000 0000 0000 0000  ................
00000090: 0000 0003 0000 11de 7472 616b 0000 005c  ........trak...\
```

从文件内容中可以看到，mvhd 容器的大小为 0x0000006c 字节，mvhd 的解析方式如表 3-3 所示。

表 3-3　mvhd 参数

字段	长度 / 字节	描述
尺寸	4	movie header atom 的字节数
类型	4	mvhd
版本	1	movie header atom 的版本
标志	3	扩展的 movie header 标志，这里为 0
生成时间	4	Movie atom 的起始时间。基准时间是 1904-1-1 0:00 AM
修订时间	4	Movie atom 的修订时间。基准时间是 1904-1-1 0:00 AM
Time scale	4	时间计算单位，就像是系统时间单位换位为 60 秒一样
Duration	4	通过这个值可以得到影片的播放长度时间值
播放速度	4	播放此 movie 的速度。1.0 为正常播放速度（16.16 的浮点表示）
播放音量	2	播放此 movie 的音量。1.0 为最大音量（8.8 的浮点表示）
保留	10	这里为 0
矩阵结构	36	该矩阵定义了此 movie 中两个坐标空间的映射关系
预览时间	4	开始预览此 movie 的时间
预览 duration	4	以 movie 的 time scale 为单位，预览的 duration
Poster time	4	Poster 的时间值
Selection time	4	当前选择时间的开始时间值
Selection duration	4	当前选择时间的计算后的时间值
当前时间	4	当前时间
下一个 track ID	4	下一个待添加 track 的 ID 值。0 不是一个有效的 ID 值

按照表 3-3 所示的方式对文件数据解析出来的 mvhd 的内容所对应的信息如表 3-4 所示。

表 3-4　mvhd 参数值

字段	结论值
尺寸	0x0000006c
类型	mvhd
版本	0x00
标志	0x000000
生成时间	0x00000000
修订时间	0x00000000
Time scale	0x000003E8 (1000)
Duration	0x00002716 (10006)
播放速度	0x00010000（1.0）
播放音量	0x0100(1.0)
保留	0x00 00 00 00 00 00 00 00 00 00
矩阵结构	0x00010000,0,0,0,0x00010000,0,0,0,0x40000000
预览时间	0x00000000
预览 duration	0x00000000

（续）

字段	结论值
Poster time	0x00000000
Selection time	0x00000000
Selection duration	0x00000000
当前时间	0x00000000
下一个 track ID	0x00000003

解析 mvhd 之后，可以看到下一个 track ID 为 0x00000003，接下来就开始解析 trak，解析 trak 的时候同样也包含了多个子容器。

3. 解析 trak 子容器

trak 容器中定义了媒体文件中的一个 track 的信息，一个媒体文件中可以包含多个 trak，每个 trak 都是独立的，具有自己的时间和空间占用的信息，每个 trak 容器都有与它关联的 media 容器描述信息。trak 容器的主要使用目的具体如下。

- 包含媒体数据的引用和描述（media track）
- 包含 modifier track 信息
- 流媒体协议的打包信息（hint track），hint track 可以引用或者复制对应的媒体采样数据

hint track 和 modifier track 必须保证完整性，同时要与至少一个 media track 一起存在。

一个 trak 容器中要求必须要有一个 Track Header Atom(tkhd)、一个 Media Atom(mdia)，其他的 Atom 都是可选的，例如如下的 atom 选项。

- Track 剪辑容器：Track Clipping Atom(clip)
- Track 画板容器：Track Matte Atom(matt)
- Edit 容器：Edit Atom(edts)
- Track 参考容器：Track Reference Atom(tref)
- Track 配置加载容器：Track Load Settings Atom(load)
- Track 输出映射容器：Track Input Map Atom(imap)
- 用户数据容器：User Data Atom(udta)

解析的方式如表 3-5 所示。

表 3-5 Track 数据通用参数表

字段	长度 / 字节	描述
尺寸	4	这个 Atom 的大小
类型	4	tkhd、mdia、clip、matt 等

参考表 3-5 的占用情况，然后打开 MP4 文件查看文件中的二进制数据，如下：

```
00000090: 0000 0003 0000 11de 7472 616b 0000 005c  ........trak...\
000000a0: 746b 6864 0000 0003 0000 0000 0000 0000  tkhd...........
000000b0: 0000 0001 0000 0000 0000 2710 0000 0000  ..........'.....
```

```
000000c0: 0000 0000 0000 0000 0000 0000 0001 0000  ................
000000d0: 0000 0000 0000 0000 0000 0000 0001 0000  ................
000000e0: 0000 0000 0000 0000 0000 0000 4000 0000  ............@...
000000f0: 0500 0000 02ca 0000 0000 0030 6564 7473  ...........0edts
00000100: 0000 0028 656c 7374 0000 0000 0000 0002  ...(elst........
00000110: 0000 0050 ffff ffff 0001 0000 0000 2710  ...P..........'.
00000120: 0000 07d0 0001 0000 0000 114a 6d64 6961  ...........Jmdia
00000130: 0000 0020 6d64 6864 0000 0000 0000 0000  ... mdhd........
00000140: 0000 0000 0000 61a8 0003 d090 55c4 0000  ......a.....U...
00000150: 0000 002d 6864 6c72 0000 0000 0000 0000  ...-hdlr........
00000160: 7669 6465 0000 0000 0000 0000 0000 0000  vide............
```

从文件的数据内容中可以看到，这个 trak 的大小为 0x000011de（4574）字节，下面的子容器的大小为 0x0000005c（92）字节，这个子容器的类型为 tkhd；跳过 92 字节后，接下来读到的 trak 子容器的大小为 0x00000030（48）字节，这个子容器的类型为 edts；跳过 48 字节后，接下来读到的 trak 子容器的大小为 0x0000114a（4426）字节，这个子容器的类型为 mdia；通过分析可以得到 trak+tkhd+edts+mdia 子容器的大小加起来刚好为 4574 字节，trak 读取完毕。

4. 解析 tkhd 容器

解析 tkhd 容器的方式请参考表 3-6。

表 3-6 tkhd 参数

字段	长度 / 字节	描述
尺寸	4	这个 Atom 的字节数
类型	4	tkhd
版本	1	这个 Atom 的版本
标志	3	有效的标志分别如下： • 0x0001：track 生效 • 0x0002：track 被用在 Movie 中 • 0x0004：track 被用在 Movie 预览中 • 0x0008：track 被用在 Movie 的 Poster 中
生成时间	4	Movie Atom 的起始时间。基准时间是 1904-1-1 0:00 AM
修订时间	4	Movie Atom 的修订时间。基准时间是 1904-1-1 0:00 AM
Track ID	4	唯一标志该 track 的一个非零值
保留	4	这里为 0
Duration	4	track 的 Duration，在电影的时间戳中。与 track 的 edts list 进行的时间戳会建立关联，然后进行时间戳计算，得到对应的 track 的播放时间坐标
保留	8	这里为 0
Layer	2	视频层，默认为 0，值小的在上层
Alternate group	2	track 分组信息，默认为 0，表示该 track 未与其他 track 有群组关系
音量	2	播放此 track 的音量。1.0 为正常音量
保留	2	这里为 0
矩阵结构	36	该矩阵定义了此 track 中两个坐标空间的映射关系

（续）

字段	长度 / 字节	描述
宽度	4	如果该 track 是 video track，那么此值为图像的宽度（16.16 浮点表示）
高度	4	如果该 track 是 video track，那么此值为图像的高度（16.16 浮点表示）

下面具体看一个 tkhd 的内容，然后根据表 3-6 的内容做一个信息的对应，这个 tkhd 对应的值如表 3-7 所示。

表 3-7 视频 tkhd 参数值

字段	长度 / 字节	值
尺寸	4	0x0000005c（92）
类型	4	tkhd
版本	1	00
标志	3	0x000003（该 track 生效并且用在这个影片中）
生成时间	4	0x00000000
修订时间	4	0x00000000
Track ID	4	0x00000001
保留	4	0x00000000
Duration	4	0x00002710（10000）
保留	8	0x00 00 00 00 00 00 00 00
Layer	2	0x0000
Alternate group	2	0x0000
音量	2	0x0000
保留	2	0x0000
矩阵结构	36	00 01 00 00 00 00 00 00　00 00 00 00 00 00 00 00 00 01 00 00 00 00 00 00　00 00 00 00 00 00 00 00 40 00 00 00
宽度	4	0x05000000（1280.00）
高度	4	0x02ca0000（714.00）

表 3-7 为解析视频 trak 容器的 tkhd，下面再分析一个音频的 tkhd：

```
00001270: 067f 0000 1007 7472 616b 0000 005c 746b  ......trak...\tk
00001280: 6864 0000 0003 0000 0000 0000 0000 0000  hd..............
00001290: 0002 0000 0000 0000 2716 0000 0000 0000  ........'.......
000012a0: 0000 0000 0001 0100 0000 0001 0000 0000  ................
000012b0: 0000 0000 0000 0000 0000 0001 0000 0000  ................
000012c0: 0000 0000 0000 0000 0000 4000 0000 0000  ..........@.....
000012d0: 0000 0000 0000 0000 0024 6564 7473 0000  .........$edts..
000012e0: 001c 656c 7374 0000 0000 0000 0001 0000  ..elst..........
000012f0: 2716 0000 0000 0001 0000 0000 0f7f 6d64  '.............md
00001300: 6961 0000 0020 6d64 6864 0000 0000 0000  ia... mdhd......
00001310: 0000 0000 0000 0000 bb80 0007 5400 55c4  ............T.U.
00001320: 0000 0000 002d 6864 6c72 0000 0000 0000  .....-hdlr......
00001330: 0000 736f 756e 0000 0000 0000 0000 0000  ..soun..........
```

解析 trak 的方法前面已经讲过，现在重点解析音频的 tkhd，并用表格的形式将数据表示出来，具体见表 3-8。

表 3-8　音频 tkhd 参数值

字段	长度 / 字节	值
尺寸	4	0x0000005c（92）
类型	4	tkhd
版本	1	00
标志	3	0x000003（该 track 生效并且用在这个影片中）
生成时间	4	0x00000000
修订时间	4	0x00000000
Track ID	4	0x00000002
保留	4	0x00000000
Duration	4	0x00002716（10006）
保留	8	0x00 00 00 00 00 00 00 00
Layer	2	0x0000
Alternate group	2	0x0001
音量	2	0x0100
保留	2	0x0000
矩阵结构	36	00 01 00 00 00 00 00 00　00 00 00 00 00 00 00 00 00 01 00 00 00 00 00 00　00 00 00 00 00 00 00 00 40 00 00 00
宽度	4	0x00000000（00.00）
高度	4	0x00000000（00.00）

从上述两个例子中可以看出，音频与视频的 trak 的 tkhd 的大小相同，里面的内容会随着音视频 trak 类型的不同而有所不同。至此 trak 的 tkhd 解析完毕。

5. 解析 mdia 容器

解析完 tkhd 之后，接下来就可以分析一下 trak 容器的子容器了。Media Atom 的类型是 mdia，其必须包含如下容器。

- 一个媒体头：Media Header Atom（mdhd）
- 一个句柄参考：Handler Reference（hdlr）
- 一个媒体信息：Media Infomation（minf）和用户数据 User Data Atom（udta）

这个容器的解析方式如表 3-9 所示。

表 3-9　mdia 容器参数

字段	长度 / 字节	描述
尺寸	4	这个 Atom 的大小
类型	4	mdia

下面先来参考一下 MP4 文件的数据：

```
00000120: 0000 07d0 0001 0000 0000 114a 6d64 6961  ...........Jmdia
00000130: 0000 0020 6d64 6864 0000 0000 0000 0000  ... mdhd........
00000140: 0000 0000 0000 61a8 0003 d090 55c4 0000  ......a.....U...
00000150: 0000 002d 6864 6c72 0000 0000 0000 0000  ...-hdlr........
00000160: 7669 6465 0000 0000 0000 0000 0000 0000  vide............
```

```
00000170: 5669 6465 6f48 616e 646c 6572 0000 0010  VideoHandler....
00000180: f56d 696e 6600 0000 1476 6d68 6400 0000  .minf....vmhd...
00000190: 0100 0000 0000 0000 0000 0000 2464 696e  ............$din
000001a0: 6600 0000 1c64 7265 6600 0000 0000 0000  f....dref.......
000001b0: 0100 0000 0c75 726c 2000 0000 0100 0010  .....url .......
000001c0: b573 7462 6c00 0000 a973 7473 6400 0000  .stbl....stsd...
000001d0: 0000 0000 0100 0000 9961 7663 3100 0000  .........avc1...
```

从文件的内容可以看到这个 mdia 容器的大小为 0x0000114a（4426）字节，mdia 容器下面包含了三大子容器，分别为 mdhd、hdlr 和 minf，其中 mdhd 的大小为 0x00000020（32）字节；hdlr 大小为 0x0000002d（45）字节；minf 大小为 0x000010f5（4341）字节；mdia 容器信息 +mdhd+hdlr+minf 容器大小刚好为 4426 字节；至此 mdia 容器解析完毕。

6. 解析 mdhd 容器

mdhd 容器被包含在各个 track 中，描述 Media 的 Header，其包含的信息如表 3-10 所示。

表 3-10 mdhd 容器参数

字段	长度 / 字节	描述
尺寸	4	这个 Atom 的字节数
类型	4	mdhd
版本	1	这个 Atom 的版本
标志	3	这里为 0
生成时间	4	Movie atom 的起始时间。基准时间是 1904-1-1 0:00 AM
修订时间	4	Movie atom 的修订时间。基准时间是 1904-1-1 0:00 AM
Time scale	4	时间计算单位
Duration	4	这个媒体 Track 的 duration 时长
语言	2	媒体的语言码
质量	2	媒体的回放质量

根据 ISO14496-Part12 标准中的描述可以知道，当版本字段为 0 时，解析与当前版本字段为 1 时的解析稍微有所不同，这里介绍的为常见的解析方式。

下面根据表格的解析方式将对应的数据解析出来：

```
00000120: 0000 07d0 0001 0000 0000 114a 6d64 6961  ...........Jmdia
00000130: 0000 0020 6d64 6864 0000 0000 0000 0000  ... mdhd........
00000140: 0000 0000 0000 61a8 0003 d090 55c4 0000  ......a.....U...
00000150: 0000 002d 6864 6c72 0000 0000 0000 0000  ...-hdlr........
```

从打开文件的内容中可以将对应的数据逐一解析出来，具体见表 3-11。

表 3-11 mdhd 参数值

字段	长度 / 字节	值
尺寸	4	0x00000020（32）
类型	4	mdhd
版本	1	0x00

（续）

字段	长度 / 字节	值
标志	3	0x000000
生成时间	4	0x00000000
修订时间	4	0x00000000
Time scale	4	0x000061a8（25000）
Duration	4	0x0003d090（250000）
语言	2	0x55c4
质量	2	0x0000

从表 3-11 可以看出这个 Media Header 的大小是 32 字节，类型是 mdhd，版本为 0，生成时间与媒体修改时间都为 0，计算单位时间是 25 000，媒体时间戳长度为 250 000，语言编码是 0x55C4（具体代表的语言可以参考标准 ISO 639-2/T），至此 mdhd 标签解析完毕。

注意：

音频时长可以根据 Duration / TimeScale 的方式来计算，根据本例中的数据可以计算出音频的时间长度为 10 秒钟。

7. 解析 hdlr 容器

hdlr 容器中描述了媒体流的播放过程，该容器中包含的内容如表 3-12 所示。

表 3-12　hdlr 容器参数

字段	长度 / 字节	描述
尺寸	4	这个 Atom 的字节数
类型	4	hdlr
版本	1	这个 Atom 的版本
标志	3	这里为 0
Handle 的类型	4	handler 的类型。当前只有两种类型 • 'mhlr'：media handlers • 'dhlr'：data handlers
Handle 的子类型	4	media handler or data handler 的类型。如果 component type 是 mhlr，那么这个字段定义的就是数据的类型，例如，'vide' 是 video 数据，'soun' 是 sound 数据；如果 component type 是 dhlr，那么这个字段定义的就是数据引用的类型，例如，'alis' 是文件的别名
保留	12	保留字段，默认为 0
Component name	可变	这个 component 的名字，也就是生成此 media 的 media handler。该字段的长度可以为 0

根据表 3-12 的读取方式，读取示例文件中的内容数据，数据如下：

```
00000140: 0000 0000 0000 61a8 0003 d090 55c4 0000  ......a.....U...
```

```
00000150: 0000 002d 6864 6c72 0000 0000 0000 0000  ...-hdlr........
00000160: 7669 6465 0000 0000 0000 0000 0000 0000  vide............
00000170: 5669 6465 6f48 616e 646c 6572 0000 0010  VideoHandler....
00000180: f56d 696e 6600 0000 1476 6d68 6400 0000  .minf....vmhd...
```

根据文件内容看到的信息，可以将内容读取出来，对应的值如表 3-13 所示。

表 3-13 hdlr 参数值

字段	长度 / 字节	值
尺寸	4	0x0000002d（45）
类型	4	hdlr
版本	1	0x00
标志	3	0x00
Handle 的预定义字段	4	0x00000000
Handle 的子类型	4	Vide
保留	12	0x0000 0000 0000 0000 0000 0000
Component name	可变	VideoHandler '\0'

从表 3-13 中解析出来的对应值可以看出来，这是一个视频的 track 对应的数据，对应组件的名称为 VideoHandler 和一个 0x00 结尾，hdlr 容器解析完毕。

8. 解析 minf 容器

minf 容器中包含了很多重要的子容器，例如音视频采样等信息相关的容器，minf 容器中的信息将作为音视频数据的映射存在，其内容信息具体如下。

- 视频信息头：Video Media Information Header（vmhd 子容器）
- 音频信息头：Sound Media Information Header（smhd 子容器）
- 数据信息：Data Information（dinf 子容器）
- 采样表：Sample Table（stbl 子容器）

前面已经介绍过解析 minf 的方式，下面就来详细介绍一下解析 vmhd、smhd、dinf 以及 stbl 容器的方式。

9. 解析 vmhd 容器

vmhd 容器内容的格式如表 3-14 所示。

表 3-14 vmhd 参数

字段	长度 / 字节	描述
尺寸	4	这个 Atom 的字节数
类型	4	vmhd
版本	1	这个 Atom 的版本
标志	3	固定为 0x000001
图形模式	2	传输模式，传输模式指定的布尔值
Opcolor	6	颜色值，RGB 颜色值

根据这个表格读取容器中的内容进行解析，其数据如下：

```
00000170: 5669 6465 6f48 616e 646c 6572 0000 0010  VideoHandler....
00000180: f56d 696e 6600 0000 1476 6d68 6400 0000  .minf....vmhd...
00000190: 0100 0000 0000 0000 0000 0000 2464 696e  ............$din
000001a0: 6600 0000 1c64 7265 6600 0000 0000 0000  f....dref.......
```

根据文件中的内容将数据解析出来，对应的值如表 3-15 所示。

表 3-15　vmhd 参数值

字段	长度 / 字节	值
尺寸	4	0x00000014
类型	4	vmhd
版本	1	0x00
标志	3	0x000001
图形模式	2	0x0000
Opcolor	6	0x0000 0000 0000

表 3-15 所示为视频的 Header 的解析，下面就来看一下音频的 Header 的解析。

10. 解析 smhd 容器

smhd 容器的格式如表 3-16 所示。

表 3-16　smhd 参数

字段	长度 / 字节	描述
尺寸	4	这个 Atom 的字节数
类型	4	smhd
版本	1	这个 Atom 的版本
标志	3	固定为 0
均衡	2	音频的均衡是用来控制计算机的两个扬声器的声音混合效果，一般是 0
保留	2	保留字段，默认为 0

根据表 3-16 解析文件中的音频对应的数据，解析数据如下：

```
00001350: 000f 2a6d 696e 6600 0000 1073 6d68 6400  ..*minf....smhd.
00001360: 0000 0000 0000 0000 0000 2464 696e 6600  ..........$dinf.
00001370: 0000 1c64 7265 6600 0000 0000 0000 0100  ...dref.........
```

根据文件内容将数据解析出来之后，对应的值如表 3-17 所示。

表 3-17　smhd 参数值

字段	长度 / 字节	值
尺寸	4	0x00000010
类型	4	smhd
版本	1	0x00
标志	3	0x000000
均衡	2	0x0000
保留	2	0x0000

11. 解析 dinf 容器

dinf 容器是一个用于描述数据信息的容器，其定义的是音视频数据的信息，这是一个容器，它包含子容器 dref。下面就来列举一个解析 dinf 及其子容器 dref 的例子，dref 的解析方式如表 3-18 所示。

表 3-18　dinf 参数

字段	长度 / 字节	描述
尺寸	4	这个 Atom 的字节数
类型	4	dref
版本	1	这个 Atom 的版本
标志	3	固定为 0
条目数目	4	data references 的数目
数据参考		每个 data reference 都像容器的格式一样，包含以下数据成员
尺寸	4	这个 Atom 的字节数
类型	4	url/alis/rsrc
版本	1	这个 data reference 的版本
标志	3	目前只有一个标志：0x0001
数据	可变	data reference 信息

12. 解析 stbl 容器

stbl 容器又称为采样参数列表的容器（Sample Table Atom），该容器包含转化媒体时间到实际的 sample 的信息，也说明了解释 sample 的信息，例如，视频数据是否需要解压缩、解压缩算法是什么等信息。其所包含的子容器具体如下。

- 采样描述容器：Sample Description Atom（stsd）
- 采样时间容器：Time To Sample Atom（stts）
- 采样同步容器：Sync Sample Atom（stss）
- Chunk 采样容器：Sample To Chunk Atom（stsc）
- 采样大小容器：Sample Size Atom（stsz）
- Chunk 偏移容器：Chunk Offset Atom（stco）
- Shadow 同步容器：Shadow Sync Atom（stsh）

stbl 包含 track 中 media sample 的所有时间和数据索引，利用这个容器中的 sample 信息，就可以定位 sample 的媒体时间，决定其类型、大小，以及如何在其他容器中找到紧邻的 sample。如果 Sample Table Atom 所在的 track 没有引用任何数据，那么它就不是一个有用的 media track，不需要包含任何子 Atom。

如果 Sample Table Atom 所在的 track 引用了数据，那么其必须包含以下子 Atom。

- 采样描述容器
- 采样大小容器
- Chunk 采样容器

- Chunk 偏移容器

所有的子表都有相同的 sample 数目。

stbl 是必不可少的一个 Atom，而且必须包含至少一个条目，因为它包含了数据引用 Atom 检索 media sample 的目录信息。没有 sample description，就不可能计算出 media sample 存储的位置。Sync Sample Atom 是可选的，如果没有，则表明所有的 sample 都是 sync sample。

13. 解析 edts 容器

edts 容器定义了创建 Movie 媒体文件中一个 track 的一部分媒体，所有的 edts 数据都在一个表里，包括每一部分的时间偏移量和长度，如果没有该表，那么这个 track 就会立即开始播放，一个空的 edts 数据用来定位到 track 的起始时间偏移位置，如表 3-19 所示。

表 3-19　edts 参数

字段	长度 / 字节	描述
尺寸	4	这个 Atom 的字节数
类型	4	edts

Trak 中的 edts 数据如下：

```
000000f0: 0500 0000 02ca 0000 0000 0030 6564 7473  ...........0edts
00000100: 0000 0028 656c 7374 0000 0000 0000 0002  ...(elst........
00000110: 0000 0050 ffff ffff 0001 0000 0000 2710  ...P..........'.
00000120: 0000 07d0 0001 0000 0000 114a 6d64 6961  ...........Jmdia
```

这个 Edts Atom 的大小为 0x00000030（48）字节，类型为 edts；其中包含了 elst 子容器，elst 子容器的大小为 0x00000028（40）字节，edts 容器 +elst 子容器的大小为 48 字节，至此，edts 容器解析完毕。

至此，MP4 文件的格式解析标准已经介绍完毕，按照以上的解析方式，读者将会根据对应的解析方式解析 MP4 文件，然后读取 MP4 中的音视频数据和对应的媒体信息。由于使用二进制查看工具解析 MP4 文件需要逐字节地解析，比较耗费时间和精力，我们可以借助分析工具来进行辅助解析。接下来将介绍 MP4 文件常用的查看工具以及 FFmpeg 对 MP4 文件的支持情况。

3.1.2　MP4 分析工具

可用来分析 MP4 封装格式的工具比较多，除了 FFmpeg 之外，还有一些常用的工具，如 Elecard StreamEye、mp4box、mp4info 等；下面简要介绍一下这几款常见的工具。

1. Elecard StreamEye

Elecard StreamEye 是一款非常强大的视频信息查看工具，能够查看帧的排列信息，将 I 帧、P 帧、B 帧以不同颜色的柱状展现出来，而且柱的长短将根据帧的大小展示；还能够通过 Elecard StreamEye 分析 MP4 的封装的内容信息，包括流的信息、宏块的信息、文件头的信息、图像的信息以及文件的信息等；还能够根据每一帧的顺序逐帧查看，可以看到每一帧的详细信息与状态，Elecard StreamEye 查看 MP4 的内容信息如图 3-1 所示。

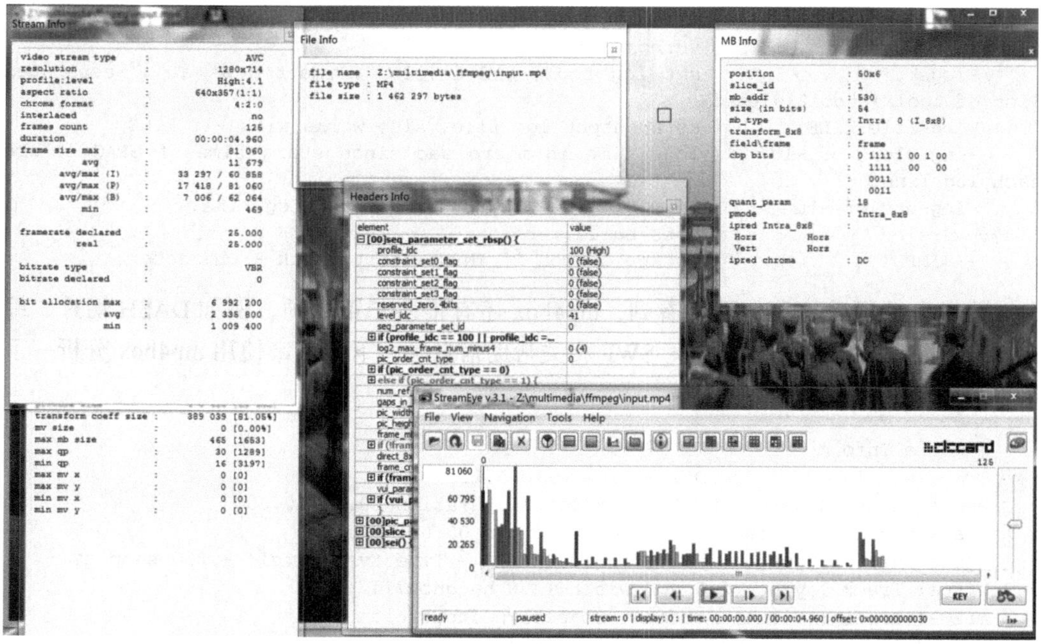

图 3-1　Elecard StreamEye 查看 MP4 信息图例

2. mp4box

mp4box 是 GPAC 项目中的一个组件，可以通过 mp4box 针对媒体文件进行合成、拆解等操作，其操作信息大概如下：

```
MP4Box [option] input [option]
 -h general              general options help
 -h hint                 hinting options help
 -h dash                 DASH segmenter help
 -h import               import options help
 -h encode               encode options help
 -h meta                 meta handling options help
 -h extract              extraction options help
 -h dump                 dump options help
 -h swf                  Flash (SWF) options help
 -h crypt                ISMA E&A options help
 -h format               supported formats help
 -h rtp                  file streamer help
 -h live                 BIFS streamer help
 -h all                  all options are printed
 -nodes                  lists supported MPEG4 nodes
 -node NodeName          gets MPEG4 node syntax and QP info
 -xnodes                 lists supported X3D nodes
 -xnode NodeName         gets X3D node syntax
 -snodes                 lists supported SVG nodes
 -languages              lists supported ISO 639 languages
 -boxes                  lists all supported ISOBMF boxes and their syntax
 -quiet                  quiet mode
```

```
    -noprog                 disables progress
    -v                      verbose mode
    -logs                   set log tools and levels, formatted as a ':'-separated
list of toolX[:toolZ]@levelX
    -log-file FILE          sets output log file. Also works with -lf FILE
    -log-clock or -lc       logs time in micro sec since start time of GPAC before
each log line.
    -log-utc or -lu         logs UTC time in ms before each log line.
    -version                gets build version
    -- INPUT                escape option if INPUT starts with - character
```

从以上的帮助信息中可以看到，mp4box还有很多子帮助项，例如DASH切片、编码、metadata、BIFS流、ISMA、SWF相关帮助信息等。下面就来使用mp4box分析一下output.mp4的信息，内容如下：

```
* Movie Info *
Track # 1 Info - TrackID 1 - TimeScale 25000
Media Duration 00:00:10.000 - Indicated Duration 00:00:10.000
Track has 2 edit lists: track duration is 00:00:10.080
Media Info: Language "Undetermined (und)" - Type "vide:avc1" - 250 samples
Visual Track layout: x=0 y=0 width=1280 height=714
MPEG-4 Config: Visual Stream - ObjectTypeIndication 0x21
AVC/H264 Video - Visual Size 1280 x 714
    AVC Info: 1 SPS - 1 PPS - Profile High @ Level 4.1
    NAL Unit length bits: 32
    Pixel Aspect Ratio 1:1 - Indicated track size 1280 x 714
    Chroma format YUV 4:2:0 - Luma bit depth 8 - chroma bit depth 8
    SPS#1 hash: 1B6511945AA7E9C7DE258A277BF95A423D4FC5B9
    PPS#1 hash: DC73BC45117A5611E4C7638CE58777ED2E22E887
Self-synchronized
    RFC6381 Codec Parameters: avc1.640029
    Average GOP length: 41 samples

Track # 2 Info - TrackID 2 - TimeScale 48000
Media Duration 00:00:10.005 - Indicated Duration 00:00:10.005
Track has 1 edit lists: track duration is 00:00:10.006
Media Info: Language "Undetermined (und)" - Type "soun:mp4a" - 469 samples
MPEG-4 Config: Audio Stream - ObjectTypeIndication 0x40
MPEG-4 Audio AAC LC - 2 Channel(s) - SampleRate 48000
Synchronized on stream 1
    RFC6381 Codec Parameters: mp4a.40.2
Alternate Group ID 1
    All samples are sync
```

从输出的内容中可以看到，对应的解析信息如Timescale、Duration等，与前面介绍的MP4原理一节中所看到的解析的MP4文件所得到的数据相同。

3. mp4info

mp4info也是一个不错的MP4分析工具，而且是可视化的工具（见图3-2），可以将MP4文件中的各Box解析出来，并将其中的数据展现出来，分析MP4文件内容时使用mp4info将会更方便。

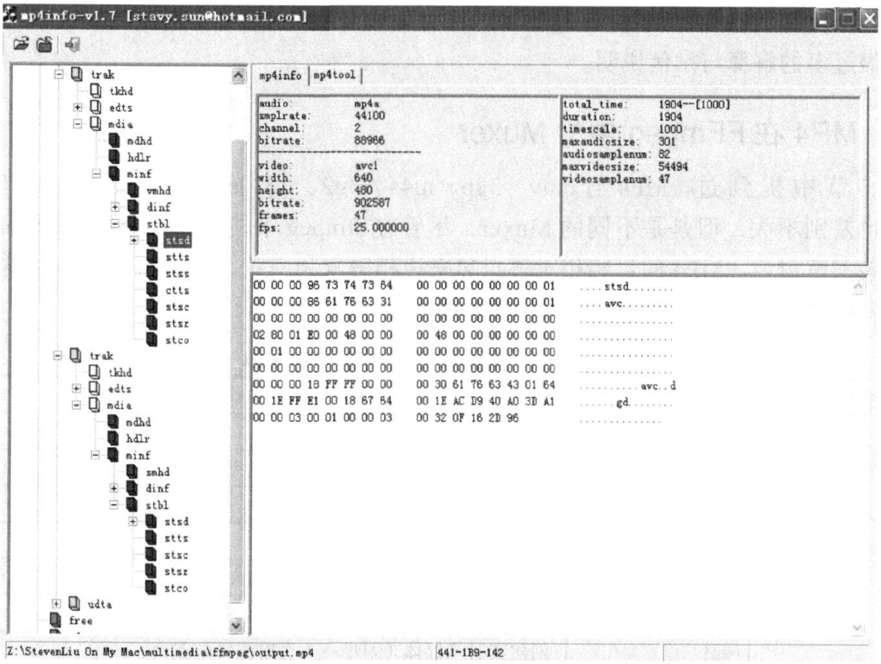

图 3-2 mp4info 查看 MP4 文件容器信息

如图 3-2 所示，通过 mp4info 可以解析 MP4 文件容器，解析到 Atom 的格式可以直接展现出来，相关的 Atom 解析信息比之前逐字节的读取解析相对方便、易用很多。

3.1.3 MP4 在 FFmpeg 中的 Demuxer

根据前面介绍过的查看 FFmpeg 的 MP4 文件的 Demuxer 的方法，使用命令行 ffmpeg -h demuxer=mp4 查看 MP4 文件的 Demuxer 信息：

```
Demuxer mov,mp4,m4a,3gp,3g2,mj2 [QuickTime / MOV]:
Common extensions: mov,mp4,m4a,3gp,3g2,mj2.
```

如输出内容所示，通过查看 FFmpeg 的 help 信息，可以看到 MP4 的 Demuxer 与 mov、3gp、m4a、3g2、mj2 的 Demuxer 相同，解析 MP4 文件的参数如表 3-20 所示。

表 3-20 ffmpeg 解封装 MP4 常用参数

参数	类型	说明
use_absolute_path	布尔	可以通过绝对路径加载外部的 track，可能会有安全因素的影响，默认不开启
seek_streams_individually	布尔	根据单独流进行 seek，默认开启
ignore_editlist	布尔	忽略 EditList Atom 信息，默认不开启
ignore_chapters	布尔	忽略 Chapters 信息，默认不开启
enable_drefs	布尔	外部 track 支持，默认不开启

在解析 MP4 文件时，通过 FFmpeg 解析时也可以通过参数 ignore_editlist 忽略

EditList Atom 对 MP4 进行解析；关于 MP4 的 Demuxer 操作通常使用默认配置即可，这里将不会做过多的解释与举例说明。

3.1.4　MP4 在 FFmpeg 中的 Muxer

3.1.3 节中提到过，MP4 与 mov、3gp、m4a、3g2、mj2 的 Demuxer 相同，它们的 Muxer 也差别不大，但是是不同的 Muxer，尽管在 ffmpeg 中使用的都是同一套 format 进行的封装与解封装。MP4 的封装相对解封装来说稍微复杂一些，因为要封装的时候可选参数多一些，可以通过表 3-21 来了解相关的参数。

表 3-21　FFmpeg 封装 MP4 常用参数

参数	值	说明
movflags		MP4 Muxer 标记
	rtphint	增加 RTP 的 hint track
	empty_moov	初始化空的 moov box
	frag_keyframe	在视频关键帧处切片
	separate_moof	每一个 Track 写独立的 moof / mdat box
	frag_custom	每一个 caller 请求时 Flush 一个片段
	isml	创建实时流媒体（创建一个直播流发布点）
	faststart	将 moov box 移动到文件的头部
	omit_tfhd_offset	忽略 tfhd 容器中的基础数据偏移
	disable_chpl	关闭 Nero Chapter 容器
	default_base_moof	在 tfhd 容器中设置 default-base-is-moof 标记
	dash	兼容 DASH 格式的 mp4 分片
	frag_discont	分片不连续式设置 discontinuous 信号
	delay_moov	延迟写入 moov 信息，直到第一个分片切出来，或者第一片被刷掉
	global_sidx	在文件的开头设置公共的 sidx 索引
	write_colr	写入 colr 容器
	write_gama	写被弃用的 gama 容器
moov_size	正整数	设置 moov 容器大小的最大值
rtpflags		设置 rtp 传输相关的标记
	latm	使用 MP4A-LATM 方式传输 AAC 音频
	rfc2190	使用 RFC2190 传输 H.264H.263
	skip_rtcp	忽略使用 RTCP
	h264_mode0	使用 RTP 传输 mode0 的 H264
	send_bye	当传输结束时发送 RTCP 的 BYE 包
skip_iods	布尔型	不写入 iods 容器
iods_audio_profile	0 ~ 255	设置 iods 的音频 profile 容器
iods_video_profile	0 ~ 255	设置 iods 的视频 profile 容器
frag_duration	正整数	切片最大的 duration
min_frag_duration	正整数	切片最小的 duration

（续）

参数	值	说明
frag_size	正整数	切片最大的大小
ism_lookahead	正整数	预读取 ISM 文件的数量
video_track_timescale	正整数	设置所有视频的时间计算方式
brand	字符串	写 major brand
use_editlist	布尔型	使用 edit list
fragment_index	正整数	下一个分片编号
mov_gamma	0 ～ 10	Gama 容器的 gama 值
frag_interleave	正整数	交错分片样本
encryption_scheme	字符串	配置加密的方案
encryption_key	二进制	秘钥
encryption_kid	二进制	秘钥标识符

从参数的列表中可以看到，MP4 的 muxer 支持的参数比较复杂，例如支持在视频关键帧处切片、支持设置 moov 容器大小的最大值、支持设置 encrypt 加密等。下面就对常见的参数进行举例说明。

1. faststart 参数使用案例

正常情况下 ffmpeg 生成 moov 是在 mdat 写完成之后再写入，可以通过参数 faststart 将 moov 容器移动至 mdat 的前面，下面参考一个例子：

```
./ffmpeg -i input.flv -c copy -f mp4 output.mp4
```

然后使用 mp4info 查看 output.mp4 的容器出现顺序，如图 3-3 所示。

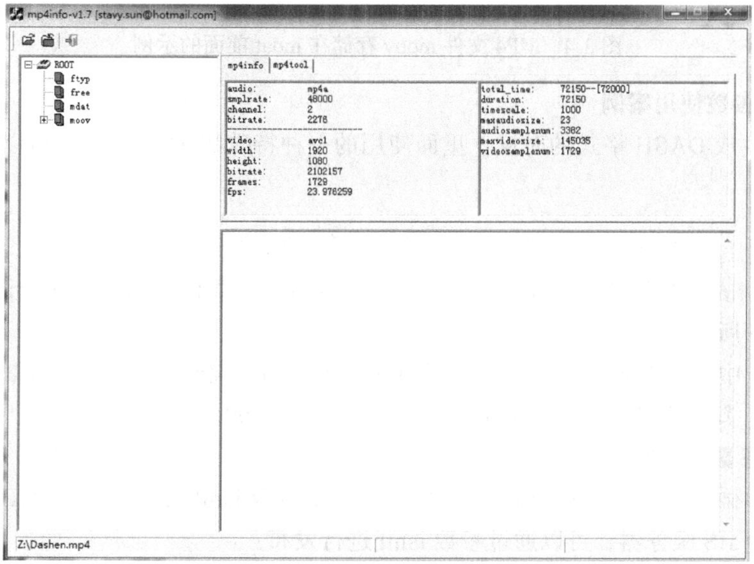

图 3-3　MP4 文件默认 moov 存储位置示例

从图 3-3 中可以看到 moov 容器是在 mdat 的下面，如果使用参数 faststart 就会在生成完上述的结构之后将 moov 移动到 mdat 前面：

```
./ffmpeg -i input.flv -c copy -f mp4 -movflags faststart output.mp4
```

然后使用 mp4info 查看 MP4 的容器顺序，可以看到 moov 被移动到了 mdat 前面，如图 3-4 所示。

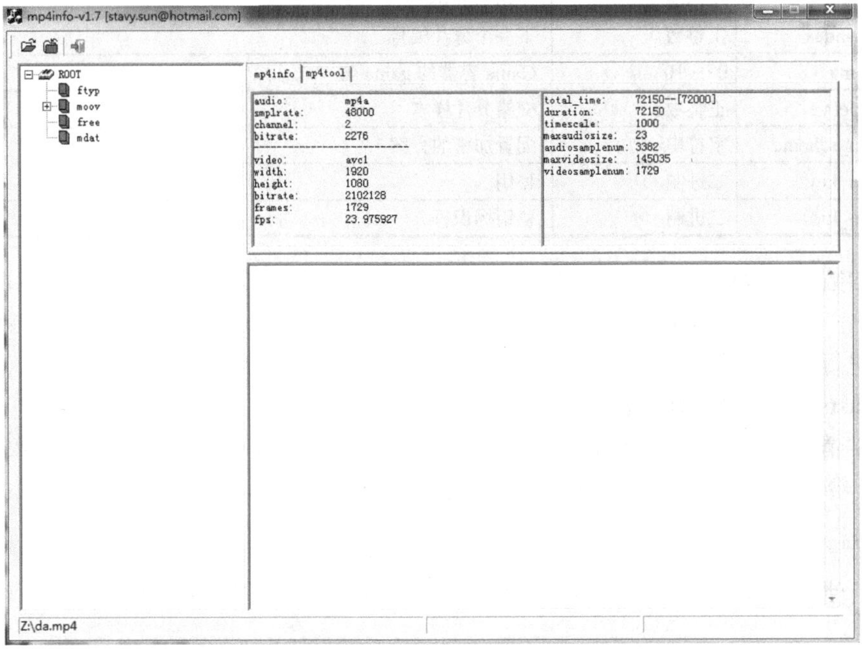

图 3-4 MP4 文件 moov 存储在 mdat 前面的示例

2. dash 参数使用案例

当使用生成 DASH 格式的时候，里面使用的一种特殊的 MP4 格式，可以通过 dash 参数来生成：

```
./ffmpeg -i input.flv -c copy -f mp4 -movflags dash output.mp4
```

使用 mp4info 查看容器的格式信息，稍微有些特殊，具体的信息已在前面有过详细介绍，如图 3-5 所示。

从图 3-5 中可以看到，这个 DASH 格式的 MP4 文件存储的容器信息与常规的 MP4 格式有些差别，其主要以三种容器为主：sidx、moof 和 mdat。

3. isml 参数使用案例

ISMV 为微软发布的一个流媒体格式，通过参数 isml 可以发布 ISML 直播流，将 ISMV 推流至 IIS 服务器，可以通过参数 isml 进行发布：

```
./ffmpeg -re -i input.mp4 -c copy -movflags isml+frag_keyframe -f ismv Stream
```

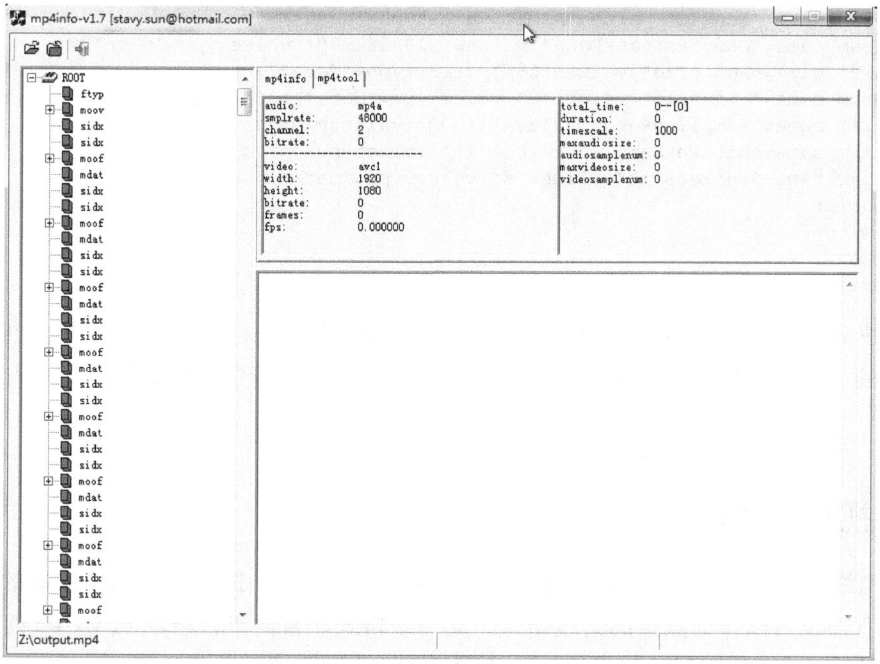

图 3-5　DASH 格式 MP4 文件存储示例

观察 stream 的格式，大致如下：

```
^@^@^@^Tftypisml^@^@^B^@piff^@^@^F<uuid??^K0?^T^Q/^H^@  ^L?f^@^@^@^@<?xml
version="1.0" encoding="utf-8"?>
<smil xmlns="http://www.w3.org/2001/SMIL20/Language">
<head>
<meta name="creator" content="Lavf57.71.100" />
</head>
<body>
<switch>
<video systemBitrate="2183592">
<param name="systemBitrate" value="2183592" valuetype="data"/>
<param name="trackID" value="1" valuetype="data"/>
<param name="systemLanguage" value="und" valuetype="data"/>
<param name="trackName" value="video_und" valuetype="data"/>
<param name="CodecPrivateData" value="0000000167640029ACD9805005BF9301100000030
0100000030328F18319A00000000168E97B2C8B" valuetype="data"/>
<param name="FourCC" value="H264" valuetype="data"/>
<param name="MaxWidth" value="1280" valuetype="data"/>
<param name="MaxHeight" value="714" valuetype="data"/>
<param name="DisplayWidth" value="1280" valuetype="data"/>
<param name="DisplayHeight" value="714" valuetype="data"/>
</video>
<audio systemBitrate="120463">
<param name="systemBitrate" value="120463" valuetype="data"/>
<param name="trackID" value="2" valuetype="data"/>
<param name="systemLanguage" value="und" valuetype="data"/>
<param name="trackName" value="audio_und" valuetype="data"/>
```

```
<param name="FourCC" value="AACL" valuetype="data"/>
<param name="CodecPrivateData" value="119056E500" valuetype="data"/>
<param name="AudioTag" value="255" valuetype="data"/>
<param name="Channels" value="2" valuetype="data"/>
<param name="SamplingRate" value="48000" valuetype="data"/>
<param name="BitsPerSample" value="16" valuetype="data"/>
<param name="PacketSize" value="4" valuetype="data"/>
</audio>
</switch>
</body>
</smil>
```

生成的文件格式的原理类似于 HLS，使用 XML 格式进行索引，索引内容中主要包含了音频流的关键信息，例如视频宽、高以及码率等关键信息，然后刷新切片内容进行直播。

3.2 视频文件转 FLV

在网络的直播与点播场景中，FLV 也是一种常见的格式，FLV 是 Adobe 发布的一种可以作为直播也可以作为点播的封装格式，其封装格式非常简单，均以 FLVTAG 的形式存在，并且每一个 TAG 都是独立存在的，接下来就来详细介绍一下 FLV 标准。

3.2.1 FLV 格式标准介绍

FLV 文件格式分为两部分：一部分为 FLV 文件头，另一部分为 FLV 文件内容。

1. FLV 文件头格式解析

FLV 文件头格式解析见表 3-22。

表 3-22　FLV 文件头

字段	占用位数	说明
签名字段（Signature）	8	字符“F”(0x46)
签名字段（Signature）	8	字符“L”(0x4C)
签名字段（Signature）	8	字符“V”(0x56)
版本（Version）	8	文件版本（例如 0x01 为 FLV 版本 1）
保留标记类型（TypeFlagsReserved）	5	固定为 0
音频标记类型（TypeFlagsAudio）	1	1 为显示音频标签
保留标记类型（TypeFlagsReserved）	1	固定为 0
视频标记类型（TypeFlagsVideo）	1	1 为显示视频标签
数据偏移（DataOffset）	32	这个头的字节

根据表 3-22 可以看出 FLV 文件头格式中签名字段占用了三字节，最终组成的三个字符分别为“FLV”；然后是文件的版本，常见的为 1；接下来的一个字节前边 5 位为 0，接着音频展示设置为 1，然后下一位为 0，再下一位为视频展示设置为 1。如果是一个音视频都展示的 FLV 文件，那么这个字节会设置为 0x05（00000101）。然后是 4 字节的数据，

为 FLV 文件头数据的偏移位置。下面就以一个 FLV 文件具体分析一下：

```
00000000: 464c 5601 0500 0000 0900 0000 0012 0001  FLV.............
00000010: 7400 0000 0000 0000 0200 0a6f 6e4d 6574  t..........onMet
00000020: 6144 6174 6108 0000 0010 0008 6475 7261  aData.......dura
00000030: 7469 6f6e 0040 2428 f5c2 8f5c 2900 0577  tion.@$(...\)..w
```

从 FLV 文件数据内容可以分析出来如下结果。

- 3 字节的标签："F""L""V"
- 1 字节的 FLV 文件版本：0x01
- 5 位的保留标记类型：00000b
- 1 位的音频显示标记类型：1b
- 1 位的保留标记类型：0b
- 1 位的视频显示标记类型：1b
- 4 字节的文件头数据偏移：0x00000009

至此，FLV 的文件头解析完毕。

2. FLV 文件内容格式解析

FLV 文件内容格式解析见表 3-23。

表 3-23 FLV 文件 TAG 排列方式

字段	类型大小	说明
上一个 TAG 的大小（PreTagSize0）	4 字节（32 位）	一直是 0
TAG1	FLVTAG（FLVTAG 是一个类型）	第一个 TAG
上一个 TAG 的大小（PreTagSize1）	4 字节（32 位）	上一个 TAG 字节的大小，包括 TAG 的 Header + Body，TAG 的 Header 大小为 11 字节，所以这个字段大小为 11 字节 + TAG 的 Body 的大小
TAG2	上一个 TAG 的大小（PreTagSize0）	第二个 TAG
……	……	……
上一个 TAG 的大小（PreTagSizeN-1）	4 字节（32 位）	

从表 3-23 中可以看到 FLV 文件内容的格式主要为 FLVTAG，FLVTAG 分为两部分，分别为 TAGHeader 部分与 TAGBody 部分，表 3-23 中提到了 TAG 的类型为 FLVTAG，那么下面就来介绍一下 FLVTAG 的格式。

3. FLVTAG 格式解析

FLVTAG 格式解析见表 3-24。

表 3-24 FLVTAG 格式

字段	类型大小	说明
保留（Reserved）	2 位	为 FMS 保留，应该是 0
滤镜（Filter）	1 位	主要用来做文件内容加密处理 0：不预处理 1：预处理

（续）

字段	类型大小	说明
TAG类型（TagType）	5位	8（0x08）：音频TAG 9（0x09）：视频TAG 18（0x12）：脚本数据（Script Data，例如Metadata）
数据的大小（DataSize）	24位	TAG的DATA部分的大小
时间戳（Timestamp）	24位	以毫秒为单位的展示时间0x000000
扩展时间戳（TimestampExtended）	8位	针对时间戳增加的补充时间戳
流ID（StreamID）	24位	一直是0
TAG的Data（Data）	音频数据/视频数据/脚本数据	音视频媒体数据，包含startcode

从表3-24中可以看到FLVTAG的Header部分信息如下。

- 保留位占用2位，最大为11b
- 滤镜位占用1位，最大为1b
- TAG类型占用5位；最大为11111b，与保留位、滤镜位共用一个字节，常见的为0x08、0x09、0x12；在处理时，一般默认将保留位与滤镜位设置为0
- 数据大小占用24位（3字节），最大为0xFFFFFF（16 777 215）字节
- 时间戳大小占用24位（3字节），最大为0xFFFFFF（16 777 215）毫秒，转换为秒等于16 777秒，转换为分钟为279分钟，转换为小时为4.66小时，所以如果使用FLV的格式，采用这个时间戳最大可以存储至4.66小时
- 扩展时间戳大小占用8位（1字节），最大为0xFF（255），扩展时间戳使得FLV原有的时间戳得到了扩展，不仅仅局限于4.66个小时，还可以存储得更久，1193个小时，以天为单位转换过来大约为49.7天
- 流ID占用24位（3字节），最大为0xFFFFFF；不过FLV中一直将其存储为0

紧接着在FLVTAG的header之后存储的数据为TAG的data，大小为FLVTAG的Header中DataSize中存储的大小，存储的数据分为视频数据、音频数据及脚本数据，下面就来分别介绍这三种数据的格式。

4. VideoTag数据解析

如果从FLVTAG的Header中读取到TagType为0x09，则该TAG为视频数据TAG，FLV支持多种视频格式，下面就来看一下视频数据VideoData部分的相关说明，见表3-25。

表3-25　VideoTag数据格式

字段	数据类型	说明
帧类型（FrameType）	4位	视频帧的类型，下面的值为主要定义： • 1：为关键帧（H.264使用，可以seek的帧） • 2：为P或B帧（H.264使用，不可以seek的帧） • 3：仅应用于H.263 • 4：生成关键帧（服务器端使用） • 5：视频信息/命令帧

（续）

字段	数据类型	说明
编码标识（CodecID）	4 位	Codec 类型定义，下面是对应的编码值与对应的编码： • 2：Sorenson H.263（用得少） • 3：Screen Video（用得少） • 4：On2 VP6（偶尔用） • 5：带 Alpha 通道的 On2 VP6（偶尔用） • 6：Screen Video 2（用得少） • 7：H.264（使用非常频繁）
H.264 的包类型（AVCPacketType）	当 Codec 为 H.264 编码时则占用这个 8 位（1 字节）	当 H.264 编码封装在 FLV 中时，需要三类 H.264 的数据： • 0：H.264 的 Sequence Header • 1：NALU（H.264 做字节流时需要用的） • 2：H.264 的 Sequence 的 end
CTS（CompositionTime）	当 Codec 为 H.264 编码时占用这个 24 位（3 字节）	当编码使用 B 帧时，DTS 和 PTS 不相等，CTS 用于表示 PTS 和 DTS 之间的差值
视频数据	视频数据	压缩过的视频的数据

5. AudioTag 数据格式解析

从 FLVTAG 的 Header 中解析到 TagType 为 0x08 之后，这个 TAG 为音频，其与视频 TAG 类似，音频 TAG 里面可以封装的压缩音频编码也可以有很多种，下面就来具体看一下。AudioTag 数据格式解析见表 3-26。

表 3-26 AudioTag 数据格式

字段	数据类型	说明
声音格式（SoundFormat）	4 位	不同的值代表着不同的格式，具体如下。 • 0：线行 PCM，大小端取决于平台 • 1：ADPCM 音频格式 • 2：MP3 • 3：线性 PCM，小端 • 4：Nellymoser 16kHz Mono • 5：Nellymoser 8kHz Mono • 6：Nellymoser • 7：G.711 A-law • 8：G.711 mu-law • 9：保留 • 10：AAC • 11：Speex • 14：MP3 8kHz • 15：设备支持的声音 格式 7、8、14、15 均为保留；使用频率非常高的为 AAC、MP3、Speex

（续）

字段	数据类型	说明
音频采样率（SoundRate）	2 位	下面各值代表不同的采样率，具体如下。 • 0：5.5 kHz • 1：11 kHz • 2：22 kHz • 3：44 kHz 有些音频为 48 kHz 的 AAC 也可以被包含进来，不过也是采用 44kHz 的方式存储，因为音频采样率在标准中只用 2 位来表示不同的采样率，所以一般为 4 种，AAC 音频的话采样率一直是 3
采样大小（SoundSize）	1 位	下面的值分别表示不同的采样大小，具体如下。 • 0：8 位采样 • 1：16 位采样
音频类型（SoundType）	1 位	• 0：Mono sound • 1：Stereo sound • AAC 一直是 1
音频包类型（AACPacketType）	当音频为 AAC 时占用这个字节，8 位（1 字节）	• 0：AAC Sequence Header • 1：AAC raw 数据
音频数据	音频数据	具体编码的音频数据

6. ScriptData 格式解析

当 FLVTAG 读取的 TagType 类型值为 0x12 时，这个数据为 ScriptData 类型，ScriptData 常见的展现方式是 FLV 的 Metadata，里面存储的数据格式一般为 AMF 数据，下面就来简单描述一下 ScriptData 的存储格式，见表 3-27。

表 3-27　ScriptData 数据格式

字段	数据类型	说明
类型（Type）	8 位（一字节）	不同的值代表着 AMF 格式的不同类型，具体如下。 • 0：Number • 1：Boolean • 2：String • 3：Object • 5：Null • 6：Undefined • 7：Reference • 8：ECMA Array • 9：Object end marker • 10：Strict Array • 11：Date • 12：Long String
数据（ScriptDataValue）		按照 Type 的类型进行对应的 AMF 解析

关于 FLV 的 ScriptData 内容解析部分，可以参考 FLV 标准文档，其中包含了更多更

详细的说明，参考链接为：http://www.adobe.com/content/dam/Adobe/en/devnet/flv/pdfs/video_file_format_spec_v10.pdf，本节将重点介绍三个重要类型，接下来就来讲解 FFmpeg 转封装 FLV 的操作。

3.2.2 FFmpeg 转 FLV 参数

使用 FFmpeg 生成 FLV 格式相对来说比较简单，下面就来查看 FFmpeg 生成 FLV 文件时可以使用的参数，具体见表 3-28。

表 3-28 FFmpeg 的 FLV 封装格式参数

参数	类型	说明
flvflags	flag	设置生成 FLV 时使用的 flag
	aac_seq_header_detect	添加 AAC 音频的 Sequence Header
	no_sequence_end	生成 FLV 结束时不写入 Sequence End
	no_metadata	生成 FLV 时不写入 metadata
	no_duration_filesize	用于直播时不在 metadata 中写入 duration 与 filesize
	add_keyframe_index	生成 FLV 时自动写入关键帧索引信息到 metadata 头

根据表 3-28 中的参数可以看出，在生成 FLV 文件时，写入视频、音频数据时均需要写入 Sequence Header 数据，如果 FLV 的视频流中没有 Sequence Header，那么视频很有可能不会显示出来；如果 FLV 的音频流中没有 Sequence Header，那么音频很有可能不会被播放出来。所以需要将 ffmpeg 中的参数 flvflags 的值设置为 aac_seq_header_detect，其将会写入音频 AAC 的 Sequence Header。

3.2.3 FFmpeg 文件转 FLV 举例

从前文的 FLV 标准中可以看到，FLV 封装中可以支持的视频编码主要包含如下内容。

- Sorenson H.263
- Screen Video
- On2 VP6
- 带 Alpha 通道的 On2 VP6
- Screen Video 2
- H.264（AVC）

而 FLV 封装中支持的音频主要包含如下内容。

- 线行 PCM，大小端取决于平台
- ADPCM 音频格式
- MP3
- 线性 PCM，小端
- Nellymoser 16kHz Mono
- Nellymoser 8kHz Mono
- Nellymoser

- G.711 A-law
- G.711 mu-law
- 保留
- AAC
- Speex
- MP3 8kHz

如果封装 FLV 时，内部的音频或者视频不符合标准时，那么它们是肯定封装不进 FLV 的，而且还会报错，下面就来看看将 AC3 音频封装进 FLV 时将会出现什么错误：

```
ffmpeg -i input_ac3.mp4 -c copy -f flv output.flv
```

命令行执行后输出内容如下：

```
Input #0, mov,mp4,m4a,3gp,3g2,mj2, from 'input_ac3.mp4':
    Metadata:
        major_brand     : isom
        minor_version   : 512
        compatible_brands: isomiso2avc1mp41
        encoder         : Lavf57.66.102
    Duration: 00:00:10.02, start: 0.000000, bitrate: 2378 kb/s
            Stream #0:0(und): Video: h264 (High) (avc1 / 0x31637661), yuv420p,
1280x714 [SAR 1:1 DAR 640:357], 2183 kb/s, 25 fps, 25 tbr, 25k tbn, 50 tbc (default)
        Metadata:
            handler_name    : VideoHandler
            Stream #0:1(und): Audio: ac3 (ac-3 / 0x332D6361), 48000 Hz, stereo,
fltp, 192 kb/s (default)
        Metadata:
            handler_name    : SoundHandler
        Side data:
            audio service type: main
[flv @ 0x7fe624809200] FLV does not support sample rate 48000, choose from
(44100, 22050, 11025)
[flv @ 0x7fe624809200] Audio codec ac3 not compatible with flv
Could not write header for output file #0 (incorrect codec parameters ?):
Function not implemented
Stream mapping:
    Stream #0:0 -> #0:0 (copy)
    Stream #0:1 -> #0:1 (copy)
        Last message repeated 1 times
```

从以上的输出内容中可以看出，FLV 容器中并没有支持 AC3 音频编码，所以出现报错。

为了解决这类问题，可以进行转码，将音频从 AC3 转换为 AAC 或者 MP3 这类 FLV 标准支持的音频即可：

```
./ffmpeg -i input_ac3.mp4 -vcodec copy -acodec aac -f flv output.flv
```

如果原视频封装中本身就都是 FLV 标准所支持的音视频编码，那么封装就会很顺利，所以，如果只是从一种封装格式转换成 FLV 格式的话，那么可以先确认源文件中的编码是否为 FLV 所支持的格式。

3.2.4 FFmpeg 生成带关键索引的 FLV

在网络视频点播文件为 FLV 格式文件时，人们常用 yamdi 工具先对 FLV 文件进行一次转换，主要是将 FLV 文件中的关键帧建立一个索引，并将索引写入 Metadata 头中，这个步骤用 FFmpeg 同样也可以实现，使用参数 add_keyframe_index 即可：

```
# ffmpeg -i input.mp4 -c copy -f flv -flvflags add_keyframe_index output.flv
```

命令行执行之后生成的 output.flv 文件的 metadata 中即带有关键帧索引信息，具体如下：

```
00000180: 0041 4614 6100 0000 0000 0868 6173 5669  .AF.a......hasVi
00000190: 6465 6f01 0100 0c68 6173 4b65 7966 7261  deo....hasKeyfra
000001a0: 6d65 7301 0100 0868 6173 4175 6469 6f01  mes....hasAudio.
000001b0: 0100 0b68 6173 4d65 7461 6461 7461 0101  ...hasMetadata..
000001c0: 000c 6361 6e53 6565 6b54 6f45 6e64 0101  ..canSeekToEnd..
000001d0: 0008 6461 7461 7369 7a65 0041 4612 fc00  ..datasize.AF...
000001e0: 0000 0000 0976 6964 656f 7369 7a65 0041  .....videosize.A
000001f0: 44dc cd00 0000 0000 0961 7564 696f 7369  D........audiosi
00000200: 7a65 0041 035d 4800 0000 0000 0d6c 6173  ze.A.]H......las
00000210: 7474 696d 6573 7461 6d70 0040 23eb 851e  ttimestamp.@#...
00000220: b851 ec00 156c 6173 746b 6579 6672 616d  .Q...lastkeyfram
00000230: 6574 696d 6573 7461 6d70 0040 22f5 c28f  etimestamp.@"...
00000240: 5c28 f600 146c 6173 746b 6579 6672 616d  \(...lastkeyfram
00000250: 656c 6f63 6174 696f 6e00 4144 87b4 0000  elocation.AD....
00000260: 0000 0009 6b65 7966 7261 6d65 7303 000d  ....keyframes...
00000270: 6669 6c65 706f 7369 7469 6f6e 730a 0000  filepositions...
00000280: 0007 0040 8b58 0000 0000 0000 4127 c19a  ...@.X......A'..
00000290: 0000 0000 0041 345c fd00 0000 0000 413a  .....A4\......A:
000002a0: ff15 0000 0000 0041 405d d100 0000 0000  .......A@]......
000002b0: 4142 3661 8000 0000 0041 4488 0480 0000  AB6a.....AD.....
000002c0: 0000 0574 696d 6573 0a00 0000 0700 0000  ...times........
000002d0: 0000 0000 0000 003f f28f 5c28 f5c2 8f00  .......?..\(....
000002e0: 400e 147a e147 ae14 0040 168f 5c28 f5c2  @..z.G...@..\(..
000002f0: 8f00 401d 9999 9999 999a 0040 20e1 47ae  ..@........@ .G.
00000300: 147a e100 4022 f5c2 8f5c 28f6 0000 0900  .z..@"...\(.....
```

如上述文件数据内容所示，该 FLV 文件中包含了关键帧索引信息，这些关键帧索引信息并不是 FLV 的标准字段，但是由于其被广泛使用，已经成为常用的字段，所以 FFmpeg 中同样也支持了这个功能。

3.2.5 FLV 文件格式分析工具

当生成的 FLV 出现问题时，或者需要分析 FLV 内容时，如果有一个可视化工具进行分析将会更加容易，所以可以考虑使用 flvparse 进行 FLV 格式的分析，如图 3-6 所示。

除了使用 flvparse 工具分析 FLV 文件之外，还可以使用 FlvAnalyzer，打开 FLV 之后分析的 FLV 看到的信息会比 flvparse 更全面一些，如图 3-7 所示。

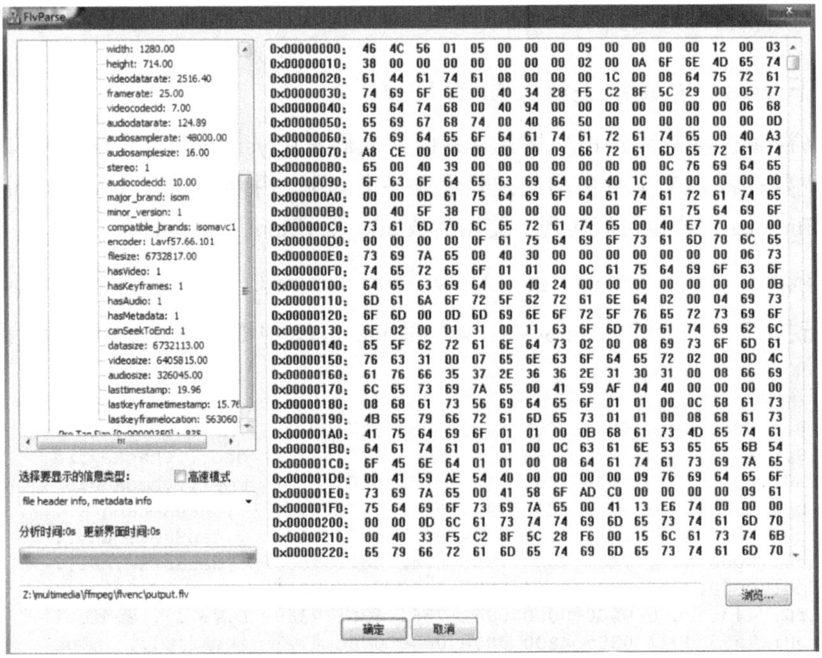

图 3-6　flvparse 解析 FLV 文件示例

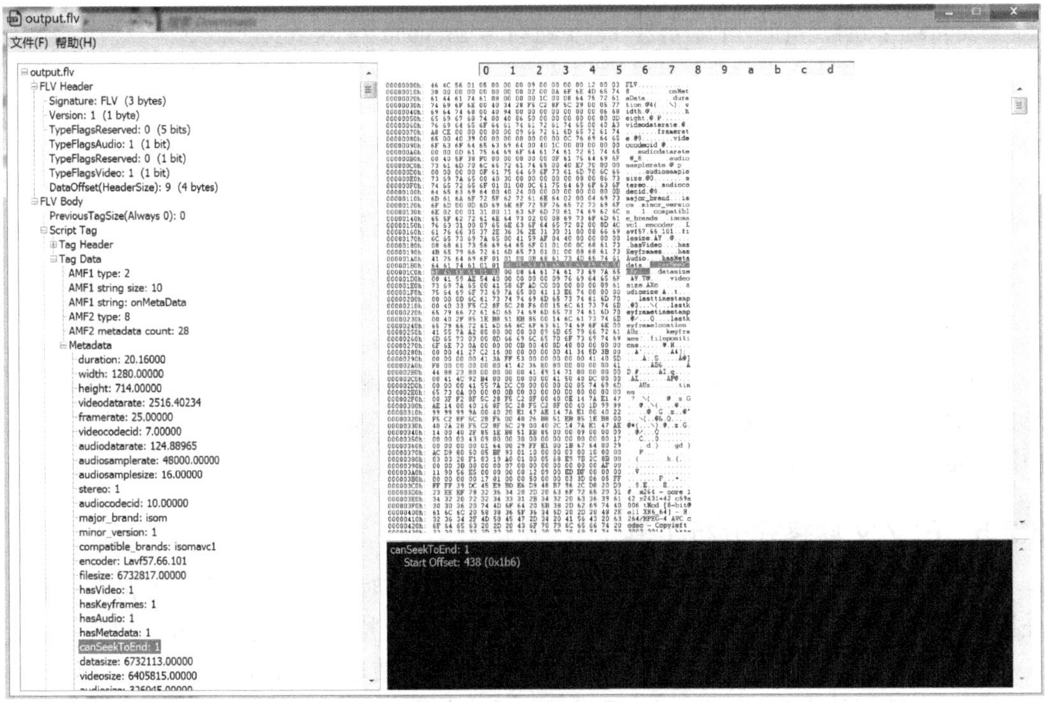

图 3-7　FlvAnalyzer 解析 FLV 文件示例

除了以上两款 FLV 解析工具之外，同样还可以使用 ffprobe 解析 FLV 文件，并且其还能够将关键帧索引的相关信息打印出来：

```
ffprobe -v trace -i output.flv
```

这条命令行执行之后，输出结果如下：

```
[flv @ 0x7f84ab002a00] Format flv probed with size=2048 and score=100
[flv @ 0x7f84ab002a00] Before avformat_find_stream_info() pos: 13 bytes
read:32768 seeks:0 nb_streams:0
[flv @ 0x7f84ab002a00] type:18, size:762, last:-1, dts:0 pos:21
[flv @ 0x7f84ab002a00] keyframe stream hasn't been created
[flv @ 0x7f84ab002a00] type:9, size:48, last:-1, dts:0 pos:798
[flv @ 0x7f84ab002a00] keyframe filepositions = 875 times = 0
[flv @ 0x7f84ab002a00] keyframe filepositions = 778445 times = 1000
[flv @ 0x7f84ab002a00] keyframe filepositions = 1334525 times = 3000
[flv @ 0x7f84ab002a00] keyframe filepositions = 1769237 times = 5000
[flv @ 0x7f84ab002a00] keyframe filepositions = 2145186 times = 7000
[flv @ 0x7f84ab002a00] keyframe filepositions = 2387139 times = 8000
[flv @ 0x7f84ab002a00] keyframe filepositions = 2691081 times = 9000
```

从以上输出的内容中可以看到，信息中包含了 keyframe 关键帧存储在文件中的偏移位置以及时间戳。至此，FFmpeg 转 FLV 文件的常用功能已经介绍完毕。

3.3 视频文件转 M3U8

3.3.1 M3U8 格式标准介绍

M3U8 是一种常见的流媒体格式，主要以文件列表的形式存在，既支持直播又支持点播，尤其在 Android、iOS 等平台最为常用，下面就来看一下 M3U8 的最简单的例子：

```
#EXTM3U
#EXT-X-VERSION:3
#EXT-X-TARGETDURATION:4
#EXT-X-MEDIA-SEQUENCE:0
#EXTINF:3.760000,
out0.ts
#EXTINF:1.880000,
out1.ts
#EXTINF:1.760000,
out2.ts
#EXTINF:1.040000,
out3.ts
#EXTINF:1.560000,
out4.ts
```

从这个例子中可以看到如下几个字段，其含义具体如下。

- EXTM3U

M3U8 文件必须包含的标签，并且必须在文件的第一行，所有的 M3U8 文件中必须包含这个标签。

- EXT-X-VERSION

M3U8 文件的版本，常见的是 3，其实版本已经发展了很多了，直至截稿时，已经发布到了版本 7，经历了这么多版本，期间也对不少标记进行了增删。

例如在版本 2 以后支持了 EXT-X-KEY 标签，在版本 3 以后支持了浮点 EXTINF 的 duration 值，在版本 4 以后支持了 EXT-X-BYTERAGE 标签与 EXT-X-I-FRAMES-ONLY 标签，在版本 5 以后支持了 EXT-X-KEY 的格式说明 KEYFORMAT 与 KEYFORMATVE-RSION 标签以及 EXT-X-MAP 标签，在版本 6 以后支持了 EXT-X-MAP 标签里面不包含 EXT-X-I-FRAMES-ONLY 标签。当然，也在一些版本中删除了一些标签，例如版本 6 中删掉了 EXT-X-STREAM-INF 标签与 EXT-X-I-FRAME-STREAM-INF 标签，版本 7 中删除掉了 EXT-X-ALLOW-CACHE 标签等信息。

- EXT-X-TARGETDURATION

每一个分片都会有一个分片自己的 duration，这个标签是最大的那个分片的浮点数四舍五入后的整数值，例如 1.02 四舍五入后的整数为 1，2.568 四舍五入后的整数为 3，如果在 M3U8 分片列表中的最大的 duration 的数值为 5.001，那么这个 EXT-X-TARGETDURATION 值为 5。

- EXT-X-MEDIA-SEQUENCE

M3U8 直播时的直播切片序列，当播放打开 M3U8 时，以这个标签的值为参考，播放对应的序列号的切片。当然关于客户端播放 M3U8 的标准还有更多的讲究，下面就来逐项进行介绍。

分片必须是动态改变的，序列不能相同，并且序列必须是增序的。

当 M3U8 列表中没有出现 EXT-X-ENDLIST 标签时，无论这个 M3U8 列表中有多少片分片，播放分片都是从倒数第三片开始播放，如果不满三片则不应该播放。当然，如果有些播放器特别定制了的话，则可以不遵照这个原则。

如果前一片分片与后一片分片有不连续的时候播放可能会出错，那么需要使用 EXT-X-DISCONTINUITY 标签来解决这个错误。

以播放当前分片的 duration 时间刷新 M3U8 列表，然后做对应的加载动作。

如果播放列表在刷新之后与之前的列表相同，那么在播放当前分片 duration 一半的时间内再刷新一次。

- EXTINF

EXTINF 为 M3U8 列表中每一个分片的 duration，如上面例子输出信息中的第一个分片的 duration 为 3.760000 秒；在 EXTINF 标签中除了 duration 值，还可以包含可选的描述信息，主要为标注切片信息，使用逗号分隔开。

EXTINF 下面的信息为具体的分片信息，分片存储路径可以为相对路径，也可以为绝对路径，也可以为互联网的 URL 链接地址。

除了以上的这些标签之外，还有一些标签同样是常用的标签，具体如下。

- EXT-X-ENDLIST

若出现 EXT-X-ENDLIST 标签，则表明该 M3U8 文件不会再产生更多的切片，可以理解为该 M3U8 已停止更新，并且播放分片到这个标签后结束。M3U8 不仅仅是可以作为直播，也可以作为点播存在，在 M3U8 文件中保留所有切片信息最后使用 EXT-X-ENDLIST 结尾，这个 M3U8 即为点播 M3U8。

- EXT-X-STREAM-INF

EXT-X-STREAM-INF 标签出现在 M3U8 中时，主要是出现在多级 M3U8 文件中时，例如 M3U8 中包含子 M3U8 列表，或者主 M3U8 中包含多码率 M3U8 时；该标签后需要跟一些属性，下面就来逐一说明这些属性。

BANDWIDTH：BANDWIDTH 的值为最高码率值，当播放 EXT-X-STREAM-INF 下对应的 M3U8 时占用的最大码率，这个参数是 EXT-X-STREAM-INF 标签中必须要包含的属性。

AVERAGE-BANDWIDTH：AVERAGE-BANDWIDTH 的值为平均码率值，当播放 EXT-X-STREAM-INF 下对应的 M3U8 时占用的平均码率，这个参数是一个可选参数。

CODECS：CODECS 的值用于声明 EXT-X-STREAM-INF 下面对应 M3U8 里面的音频编码、视频编码的信息，例如，若 AAC-LC 的音频与视频为 H.264 Main Profile、Level 3.0 的话，则 CODECS 值为 "mp4a.40.2,avc1.4d401e"，这个属性应该出现在 EXT-X-STREAM-INF 标签里，但是并不是所有的 M3U8 中都可以看到，仅供参考。

RESOLUTION：M3U8 中视频的宽高信息描述，这个属性是一个可选属性。

FRAME-RATE：子 M3U8 中的视频帧率，这个属性依然是一个可选属性。

下面针对 EXT-X-STREAM-INF 举一个实际的例子：

```
#EXTM3U
#EXT-X-STREAM-INF:BANDWIDTH=1280000,AVERAGE-BANDWIDTH=1000000
http://example.com/low.m3u8
#EXT-X-STREAM-INF:BANDWIDTH=2560000,AVERAGE-BANDWIDTH=2000000
http://example.com/mid.m3u8
#EXT-X-STREAM-INF:BANDWIDTH=7680000,AVERAGE-BANDWIDTH=6000000
http://example.com/hi.m3u8
#EXT-X-STREAM-INF:BANDWIDTH=65000,CODECS="mp4a.40.5"
http://example.com/audio-only.m3u8
```

在这个 M3U8 文件中，使用了 4 个 EXT-X-STREAM-INF 标签来标注子 M3U8 的属性：最高码率为 1.28M、平均码率为 1M 的 M3U8，最高码率为 2.56M、平均码率为 2M 的 M3U8，最高码率为 7.68M、平均码率为 6M 的 M3U8，以及只有 65K 的音频编码的 M3U8。

3.3.2 FFmpeg 转 HLS 参数

FFmpeg 中自带 HLS 的封装参数，使用 HLS 格式即可进行 HLS 的封装，但是生成 HLS 的时候有各种参数可以进行参考，例如设置 HLS 列表中切片的前置路径、生成 HLS

的 TS 切片时设置 TS 的分片参数、生成 HLS 时设置 M3U8 列表中保存的 TS 个数等，详细参数请参考表 3-29。

表 3-29　FFmpeg 封装 HLS 参数

参数	类型	说明
start_number	整数	设置 M3U8 列表中的第一片的序列数
hls_time	浮点数	设置每一片时长
hls_list_size	整数	设置 M3U8 中分片的个数
hls_ts_options	字符串	设置 TS 切片的参数
hls_wrap	整数	设置切片索引回滚的边界值
hls_allow_cache	整数	设置 M3U8 中 EXT-X-ALLOW-CACHE 的标签
hls_base_url	字符串	设置 M3U8 中每一片的前置路径
hls_segment_filename	字符串	设置切片名模板
hls_key_info_file	字符串	设置 M3U8 加密的 key 文件路径
hls_subtitle_path	字符串	设置 M3U8 字幕路径
hls_flags	标签（整数）	设置 M3U8 文件列表的操作，具体如下。 single_file：生成一个媒体文件索引与字节范围 delete_segments：删除 M3U8 文件中不包含的过期的 TS 切片文件 round_durations：生成的 M3U8 切片信息的 duration 为整数 discont_start：生成 M3U8 的时候在列表前边加上 discontinuity 标签 omit_endlist：在 M3U8 末尾不追加 endlist 标签
use_localtime	布尔	设置 M3U8 文件序号为本地时间戳
use_localtime_mkdir	布尔	根据本地时间戳生成目录
hls_playlist_type	整数	设置 M3U8 列表为事件或者点播列表
method	字符串	设置 HTTP 属性

3.3.3　FFmpeg 转 HLS 举例

常规的从文件转换 HLS 直播时，使用的参数如下：

```
./ffmpeg -re -i input.mp4 -c copy -f hls -bsf:v h264_mp4toannexb output.m3u8
```

输出内容如下：

```
#EXTM3U
#EXT-X-VERSION:3
#EXT-X-TARGETDURATION:10
#EXT-X-MEDIA-SEQUENCE:37
#EXTINF:5.120000,
output37.ts
#EXTINF:3.680000,
output38.ts
#EXTINF:5.720000,
output39.ts
#EXTINF:9.600000,
output40.ts
#EXTINF:0.240000,
output41.ts
```

因为默认是 HLS 直播，所以生成的 M3U8 文件内容会随着切片的产生而更新，如果仔细观察，会发现命令行中多了一个参数“-bsf:v h264_mp4toannexb”，这个参数的作用是将 MP4 中的 H.264 数据转换为 H.264 AnnexB 标准的编码，AnnexB 标准的编码常见于实时传输流中。如果源文件为 FLV、TS 等可作为直播传输流的视频，则不需要这个参数。生成 HLS 时还有一些参数可以设置，下面就来逐一介绍。

1. start_number 参数

start_number 参数用于设置 M3U8 列表中的第一片的序列数，使用 start_number 参数设置 M3U8 中第一片的序列数为 300，命令行如下：

```
./ffmpeg -re -i input.mp4 -c copy -f hls -bsf:v h264_mp4toannexb -start_number 300 output.m3u8
```

输出的 M3U8 内容如下：

```
#EXTM3U
#EXT-X-VERSION:3
#EXT-X-TARGETDURATION:4
#EXT-X-MEDIA-SEQUENCE:300
#EXTINF:3.760000,
output300.ts
#EXTINF:1.880000,
output301.ts
#EXTINF:1.760000,
output302.ts
#EXTINF:1.040000,
output303.ts
#EXTINF:1.560000,
output304.ts
```

从输出的 M3U8 内容可以看到，切片的第一片的编号是 300，上面的命令行参数的 -start_number 参数已生效。

2. hls_time 参数

hls_time 参数用于设置 M3U8 列表中切片的 duration；例如使用如下命令行控制转码切片长度为 10 秒钟左右一片，该切片规则采用的方式是从关键帧处开始切片，所以时间并不是很均匀，如果先转码再进行切片，则会比较规律：

```
./ffmpeg -re -i input.mp4 -c copy -f hls -bsf:v h264_mp4toannexb -hls_time 10 output.m3u8
```

命令行执行后，输出的 M3U8 内容如下：

```
#EXTM3U
#EXT-X-VERSION:3
#EXT-X-TARGETDURATION:11
#EXT-X-MEDIA-SEQUENCE:0
#EXTINF:10.480000,
output0.ts
#EXTINF:9.920000,
output1.ts
```

```
#EXTINF:9.840000,
output2.ts
#EXTINF:9.880000,
output3.ts
#EXTINF:7.640000,
output4.ts
```

从输出的 M3U8 内容可以看到，TS 文件的每一片的时长都在 10 秒钟左右，hls_time 10 参数生效。

3. hls_list_size 参数

hls_list_size 参数用于设置 M3U8 列表中 TS 切片的个数，通过 hls_list_size 可以控制 M3U8 列表中 TS 分片的个数，命令行如下：

```
./ffmpeg -re -i input.mp4 -c copy -f hls -bsf:v h264_mp4toannexb -hls_list_size 3 output.m3u8
```

命令执行后输出的 M3U8 内容如下，列表中最多有 3 个 TS 分片：

```
#EXTM3U
#EXT-X-VERSION:3
#EXT-X-TARGETDURATION:2
#EXT-X-MEDIA-SEQUENCE:2
#EXTINF:1.760000,
output2.ts
#EXTINF:1.040000,
output3.ts
#EXTINF:1.560000,
output4.ts
```

从输出的 M3U8 内容可以看出，在 M3U8 文件窗口中只保留了 3 片 TS 的文件信息，hls_list_size 设置生效。

4. hls_wrap 参数

hls_wrap 参数用于为 M3U8 列表中 TS 设置刷新回滚参数，当 TS 分片序号等于 hls_wrap 参数设置的数值时回滚，命令行如下：

```
./ffmpeg -re -i input.mp4 -c copy -f hls -bsf:v h264_mp4toannexb -hls_wrap 3 output.m3u8
```

命令行执行后输出的 M3U8 内容如下，当切片序号大于 2 时，序号回滚为 0：

```
#EXTM3U
#EXT-X-VERSION:3
#EXT-X-TARGETDURATION:7
#EXT-X-MEDIA-SEQUENCE:62
#EXTINF:5.000000,
output2.ts
#EXTINF:6.960000,
output0.ts
#EXTINF:3.200000,
output1.ts
#EXTINF:3.840000,
```

```
output2.ts
#EXTINF:0.960000,
output0.ts
```

从输出的 M3U8 内容可以看出，生成的 TS 序号已经被回滚，M3U8 内容中出现了两个编号为 2 的 TS 片，两个编号为 0 的 TS 片。

> **注意：**
>
> FFmpeg 中的这个 hls_wrap 配置参数对 CDN 缓存节点的支持并不友好，并且会引起很多不兼容相关的问题，在新版本的 FFmpeg 中该参数将被弃用。

5. hls_base_url 参数

hls_base_url 参数用于为 M3U8 列表中的文件路径设置前置基本路径参数，因为在 FFmpeg 中生成 M3U8 时写入的 TS 切片路径默认为与 M3U8 生成的路径相同，但是实际上 TS 所存储的路径既可以为本地绝对路径，也可以为当前相对路径，还可以为网络路径，因此使用 hls_base_url 参数可以达到该效果，命令行如下：

```
./ffmpeg -re -i input.mp4 -c copy -f hls -hls_base_url http://192.168.0.1/live/
-bsf:v h264_mp4toannexb output.m3u8
```

命令行执行后输出的 M3U8 内容如下，可以看到 M3U8 中增加了绝对路径：

```
#EXTM3U
#EXT-X-VERSION:3
#EXT-X-TARGETDURATION:4
#EXT-X-MEDIA-SEQUENCE:0
#EXTINF:3.760000,
http://192.168.0.1/live/output0.ts
#EXTINF:1.880000,
http://192.168.0.1/live/output1.ts
#EXTINF:1.760000,
http://192.168.0.1/live/output2.ts
#EXTINF:1.040000,
http://192.168.0.1/live/output3.ts
#EXTINF:1.560000,
http://192.168.0.1/live/output4.ts
```

从输出的 M3U8 内容可以看到，每一个 TS 文件的前面都加上了一个 http 链接前缀，因为使用了 hls_base_url 设置的参数已生效。

6. hls_segment_filename 参数

hls_segment_filename 参数用于为 M3U8 列表设置切片文件名的规则模板参数，如果不设置 hls_segment_filename 参数，那么生成的 TS 切片文件名模板将与 M3U8 的文件名模板相同，设置 hls_segment_filename 规则命令行如下：

```
./ffmpeg -re -i input.mp4 -c copy -f hls -hls_segment_filename test_output-%d.
ts -bsf:v h264_mp4toannexb output.m3u8
```

命令行执行后输出的 M3U8 内容如下，TS 切片规则可以通过参数被正确的设置：

```
liuqideMBP:n3.3.2 liuqi$ ls -l test_output-*
-rw-r--r--  1 liuqi  staff  1373152  7 18 19:27 test_output-0.ts
-rw-r--r--  1 liuqi  staff   449884  7 18 19:27 test_output-1.ts
-rw-r--r--  1 liuqi  staff   389160  7 18 19:27 test_output-2.ts
-rw-r--r--  1 liuqi  staff   250416  7 18 19:27 test_output-3.ts
-rw-r--r--  1 liuqi  staff   523204  7 18 19:27 test_output-4.ts
liuqideMBP:n3.3.2 liuqi$ cat output.m3u8
#EXTM3U
#EXT-X-VERSION:3
#EXT-X-TARGETDURATION:4
#EXT-X-MEDIA-SEQUENCE:0
#EXTINF:3.760000,
test_output-0.ts
#EXTINF:1.880000,
test_output-1.ts
#EXTINF:1.760000,
test_output-2.ts
#EXTINF:1.040000,
test_output-3.ts
#EXTINF:1.560000,
test_output-4.ts
```

从输出的 M3U8 内容与打开的 M3U8 文件名来看，TS 分片的文件名前缀与 M3U8 文件名不相同，这说明可以通过参数 hls_segment_filename 来设置 HLS 的 TS 分片名。

7. hls_flags 参数

hls_flags 参数包含了一些子参数，子参数包含了正常文件索引、删除过期切片、整数显示 duration、列表开始插入 discontinuity 标签、M3U8 结束不追加 endlist 标签等。

- delete_segments 子参数

使用 delete_segments 参数用于删除已经不在 M3U8 列表中的旧文件，这里需要注意的是，FFmpeg 删除切片时会将 hls_list_size 大小的 2 倍作为删除的依据，命令行如下：

```
./ffmpeg -re -i input.mp4 -c copy -f hls -hls_flags delete_segments -hls_list_
size 4 -bsf:v h264_mp4toannexb output.m3u8
```

命令行执行后，生成的切片与 M3U8 列表文件内容如下：

```
liuqideMBP:n3.3.2 liuqi$ ls -l output*.ts
-rw-r--r--  1 liuqi  staff  4228684  7 18 19:30 output100.ts
-rw-r--r--  1 liuqi  staff  3419908  7 18 19:30 output101.ts
-rw-r--r--  1 liuqi  staff  3195624  7 18 19:30 output102.ts
-rw-r--r--  1 liuqi  staff  1928504  7 18 19:30 output103.ts
-rw-r--r--  1 liuqi  staff  2343984  7 18 19:30 output104.ts
-rw-r--r--  1 liuqi  staff   547832  7 18 19:30 output105.ts
-rw-r--r--  1 liuqi  staff  4129796  7 18 19:30 output106.ts
-rw-r--r--  1 liuqi  staff  3728416  7 18 19:30 output107.ts
-rw-r--r--  1 liuqi  staff  3063836  7 18 19:30 output108.ts
-rw-r--r--  1 liuqi  staff   107160  7 18 19:30 output109.ts
liuqideMBP:n3.3.2 liuqi$ cat output.m3u8
#EXTM3U
```

```
#EXT-X-VERSION:3
#EXT-X-TARGETDURATION:10
#EXT-X-MEDIA-SEQUENCE:106
#EXTINF:9.600000,
output106.ts
#EXTINF:9.600000,
output107.ts
#EXTINF:8.280000,
output108.ts
#EXTINF:0.040000,
output109.ts
```

从输出的内容可以看到，切片已经切到了 109 片，但是目录中只有编号从 100 至 109 的切片，其他早期的切片已全部被删除，这是因为使用了 -hls_flags delete_segments 参数。

- round_durations 子参数

使用 round_durations 子参数实现切片信息的 duration 为整型，命令行如下：

```
./ffmpeg -re -i input.mp4 -c copy -f hls -hls_flags round_durations -bsf:v h264_mp4toannexb output.m3u8
```

命令行执行后生成的 M3U8 内容如下，duration 为整型：

```
#EXTM3U
#EXT-X-VERSION:3
#EXT-X-TARGETDURATION:4
#EXT-X-MEDIA-SEQUENCE:0
#EXTINF:4,
output0.ts
#EXTINF:2,
output1.ts
#EXTINF:2,
output2.ts
#EXTINF:1,
output3.ts
#EXTINF:2,
output4.ts
```

从输出的 M3U8 文件内容中可以看到，每一片 TS 的时长均为正数，而不是平常所看到的浮点数，因为设置的 hls_flags round_durations 已生效。

- discont_start 子参数

discont_start 子参数在生成 M3U8 的时候在切片信息的前边插入 discontinuity 标签，命令行如下：

```
./ffmpeg -re -i input.mp4 -c copy -f hls -hls_flags discont_start -bsf:v h264_mp4toannexb output.m3u8
```

命令行执行后生成的 M3U8 内容如下，在切片前边加入了 discontinuity 标签：

```
#EXTM3U
#EXT-X-VERSION:3
#EXT-X-TARGETDURATION:4
```

```
#EXT-X-MEDIA-SEQUENCE:0
#EXT-X-DISCONTINUITY
#EXTINF:3.760000,
output0.ts
#EXTINF:1.880000,
output1.ts
#EXTINF:1.760000,
output2.ts
#EXTINF:1.040000,
output3.ts
#EXTINF:1.560000,
output4.ts
```

从 M3U8 输出的内容可以看到，输出的 M3U8 在第一片 TS 信息的前面有一个 EXT-X-DISCONTINUTY 的标签，这个标签常用于在切片不连续时作特别声明用。

- omit_endlist 子参数

omit_endlist 子参数在生成 M3U8 结束的时候若不在文件末尾则不追加 endlist 标签，因为在常规的生成 M3U8 文件结束时，FFmpeg 会默认写入 endlist 标签，使用这个参数可以控制在 M3U8 结束时不写入 endlist 标签，命令行如下：

```
./ffmpeg -re -i input.mp4 -c copy -f hls -hls_flags omit_endlist -bsf:v h264_
mp4toannexb output.m3u8
```

命令行执行完成并在文件转 M3U8 结束之后，M3U8 文件的末尾处不会追加 endlist 标签：

```
liuqideMBP:n3.3.2 liuqi$ cat output.m3u8
#EXTM3U
#EXT-X-VERSION:3
#EXT-X-TARGETDURATION:10
#EXT-X-MEDIA-SEQUENCE:567
#EXTINF:9.600000,
output567.ts
#EXTINF:3.480000,
output568.ts
#EXTINF:7.640000,
output569.ts
#EXTINF:9.280000,
output570.ts
#EXTINF:1.240000,
output571.ts
liuqideMBP:n3.3.2 liuqi$
```

从 M3U8 输出的内容可以看到，在生成 HLS 文件结束时并没有在 M3U8 末尾处追加 EXT-X-ENDLIST 标签。

- split_by_time 子参数

split_by_time 子参数生成 M3U8 时是根据 hls_time 参数设定的数值作为秒数参考对 TS 进行切片的，并不一定要遇到关键帧，从之前的例子中可以看到 hls_time 参数设定了值之后，切片生成的 TS 的 duration 有时候远大于设定的值，使用 split_by_time 即可解决这个问题，命令行如下：

```
./ffmpeg -re -i input.ts -c copy -f hls -hls_time 2 -hls_flags split_by_time
output.m3u8
```

命令行执行完成之后，hls_time 参数设置的切片 duration 已经生效，效果如下：

```
#EXTM3U
#EXT-X-VERSION:3
#EXT-X-TARGETDURATION:3
#EXT-X-MEDIA-SEQUENCE:61
#EXTINF:2.040000,
output61.ts
#EXTINF:2.000000,
output62.ts
#EXTINF:1.920000,
output63.ts
#EXTINF:2.080000,
output64.ts
#EXTINF:0.520000,
output65.ts
```

从输出的内容可以看到，生成的切片在没有遇到关键帧时依然可以与 hls_time 设置的切片的时长相差不多。

> **注意：**
>
> split_by_time 参数必须与 hls_time 配合使用，并且使用 split_by_time 参数时有可能会影响首画面体验，例如花屏或者首画面显示慢的问题，因为视频的第一帧不一定是关键帧。

8. use_localtime 参数

使用 use_localtime 参数可以以本地系统时间为切片文件名，命令行如下：

```
./ffmpeg -re -i input.mp4 -c copy -f hls -use_localtime 1 -bsf:v h264_
mp4toannexb output.m3u8
```

命令行执行后生成的内容如下：

```
liuqideMBP:n3.3.2 liuqi$ ls -l output*.ts
-rw-r--r--  1 liuqi  staff  1373152  7 18 19:47 output-1500378421.ts
-rw-r--r--  1 liuqi  staff   449884  7 18 19:47 output-1500378424.ts
-rw-r--r--  1 liuqi  staff   389160  7 18 19:47 output-1500378426.ts
-rw-r--r--  1 liuqi  staff   250416  7 18 19:47 output-1500378428.ts
-rw-r--r--  1 liuqi  staff   523204  7 18 19:47 output-1500378429.ts
liuqideMBP:n3.3.2 liuqi$ cat output.m3u8
#EXTM3U
#EXT-X-VERSION:3
#EXT-X-TARGETDURATION:4
#EXT-X-MEDIA-SEQUENCE:0
#EXTINF:3.760000,
output-1500378421.ts
```

```
#EXTINF:1.880000,
output-1500378424.ts
#EXTINF:1.760000,
output-1500378426.ts
#EXTINF:1.040000,
output-1500378428.ts
#EXTINF:1.560000,
output-1500378429.ts
```

从输出的 M3U8 的内容与 TS 切片的命名可以看到，切片的名称是以本地时间来命名的。

9. method 参数

method 参数用于设置 HLS 将 M3U8 及 TS 文件上传至 HTTP 服务器，使用该功能的前提是需要有一台 HTTP 服务器，支持上传相关的方法，例如 PUT、POST 等，可以尝试使用 Nginx 的 webdav 模块来完成这个功能，method 方法的 PUT 方法可用于实现通过 HTTP 推流 HLS 的功能，首先需要配置一个支持上传文件的 HTTP 服务器，本例使用 Nginx 来作为 HLS 直播的推流服务器，并且需要支持 WebDAV 功能，Nginx 配置如下：

```
location / {
    client_max_body_size 10M;
    dav_access            group:rw  all:rw;
    dav_methods PUT DELETE MKCOL COPY MOVE;
    root   html/;
}
```

配置完成后启动 Nginx 即可。通过 ffmpeg 执行 HLS 推流命令行如下：

```
./ffmpeg -i input.mp4 -c copy -f hls -hls_time 3 -hls_list_size 0 -method PUT
-t 30 http://127.0.0.1/test/output_test.m3u8
```

命令行执行完毕后，在 Nginx 对应的配置目录下面将会有 ffmpeg 推流上传的 HLS 相关的 M3U8 以及 TS 文件，效果如下：

```
liuqideMBP:n3.3.2 liuqi$ ls -l /usr/local/nginx/html/test/
total 5856
-rw-rw-rw-  1 nobody  admin      224  7 18 19:59 output_test.m3u8
-rw-rw-rw-  1 nobody  admin  1373152  7 18 19:59 output_test0.ts
-rw-rw-rw-  1 nobody  admin   838856  7 18 19:59 output_test1.ts
-rw-rw-rw-  1 nobody  admin   564188  7 18 19:59 output_test2.ts
-rw-rw-rw-  1 nobody  admin   209432  7 18 19:59 output_test3.ts
liuqideMBP:n3.3.2 liuqi$ cat /usr/local/nginx/html/test/output_test.m3u8
#EXTM3U
#EXT-X-VERSION:3
#EXT-X-TARGETDURATION:4
#EXT-X-MEDIA-SEQUENCE:0
#EXTINF:3.760000,
output_test0.ts
#EXTINF:3.640000,
output_test1.ts
#EXTINF:2.080000,
output_test2.ts
```

```
#EXTINF:0.520000,
output_test3.ts
#EXT-X-ENDLIST
```

至此，FFmpeg 转 HLS 的功能介绍完毕。

3.4 视频文件切片

视频文件切片与 HLS 基本类似，但是 HLS 切片在标准中只支持 TS 格式的切片，并且是直播与点播切片，既可以使用 segment 方式进行切片，也可以使用 ss 加上 t 参数进行切片，下面重点介绍一下 segment 与 ss 加上 t 参数对视频文件进行剪切的方法。

3.4.1 FFmpeg 切片 segment 参数

FFmpeg 切片 segment 参数具体见表 3-30。

表 3-30 FFmpeg 切片 segment 参数

参数	类型	说明
reference_stream	字符串	切片参考用的 stream
segment_format	字符串	切片文件格式
segment_format_options	字符串	切片格式的私有操作参数
segment_list	字符串	切片列表主文件名
segment_list_flags	标签	m3u8 切片的存在形式
		live
		cache
segment_list_size	整数	列表文件长度
segment_list_type		列表类型
		flat
		csv
		ext
		ffconcat
		m3u8
		hls
segment_atclocktime	布尔	时钟频率生效参数，启动定时切片间隔用
segment_clocktime_offset	时间值	切片时钟偏移
segment_clocktime_wrap_duration	时间值	切片时钟回滚 duration
segment_time	字符串	切片的 duration
segment_time_delta	时间值	用于设置切片变化时间值
segment_times	字符串	设置切片的时间点
segment_frames	字符串	设置切片的帧位置
segment_wrap	整数	列表回滚阈值
segment_list_entry_prefix	字符串	写文件列表时写入每个切片路径的前置路径

（续）

参数	类型	说明
segment_start_number	整数	列表中切片的起始基数
strftime	布尔	设置切片名为生成切片的时间点
break_non_keyframes	布尔	忽略关键帧按照时间切片
individual_header_trailer	布尔	默认在每个切片中都写入文件头和文件结束容器
write_header_trailer	布尔	只在第一个文件写入文件头以及在最后一个文件写入文件结束容器
reset_timestamps	布尔	每个切片都重新初始化时间戳
initial_offset	时间值	设置初始化时间戳偏移

表 3-30 为使用 segment 生成文件切片的详细参数列表，有些参数与 HLS 的参数基本相同，下面着重介绍一些不同的。

3.4.2　FFmpeg 切片 segment 举例

1. segment_format 指定切片文件的格式

通过使用 segment_format 来指定切片文件的格式，前面讲述过 HLS 切片的格式主要为 MPEGTS 文件格式，那么在 segment 中，可以根据 segment_format 来指定切片文件的格式，其既可以为 MPEGTS 切片，也可以为 MP4 切片，还也可以为 FLV 切片等，下面举例说明：

```
./ffmpeg -re -i input.mp4 -c copy -f segment -segment_format mp4 test_output-%d.mp4
```

上述命令行表示将一个 MP4 文件切割为 MP4 切片，切出来的切片文件的时间戳与上一个 MP4 的结束时间戳是连续的。

下面就来查看文件列表和文件内容以确认一下：

```
ls -l test_output-*.mp4

-rw-r--r--  1 liuqi  staff  1332928  7 18 20:01 test_output-0.mp4
-rw-r--r--  1 liuqi  staff   435067  7 18 20:01 test_output-1.mp4
-rw-r--r--  1 liuqi  staff   376366  7 18 20:01 test_output-2.mp4
-rw-r--r--  1 liuqi  staff   242743  7 18 20:01 test_output-3.mp4
-rw-r--r--  1 liuqi  staff   507397  7 18 20:01 test_output-4.mp4
```

然后查看第一片分片 MP4 的最后的时间戳：

```
ffprobe -v quiet -show_packets -select_streams v test_output-0.mp4 2> x|grep pts_time | tail -n 3

pts_time=3.680000
pts_time=3.800000
pts_time=3.760000
```

接下来再查看第二片分片 MP4 的最开始的时间戳：

```
ffprobe -v quiet -show_packets -select_streams v test_output-1.mp4 2> x|grep
pts_time | head -n 3

pts_time=3.840000
pts_time=3.920000
pts_time=3.880000
```

从示例中可以看到 test_output-0.mp4 的最后的视频时间戳与 test_output-1.mp4 的起始时间戳刚好为一个正常的 duration，也就是 0.040 秒。

2. segment_list 与 segment_list_type 指定切片索引列表

使用 segment 切割文件时，不仅仅可以切割 MP4，同样也可以切割 TS 或者 FLV 等文件，生成的文件索引列表名称也可以指定名称，当然，列表不仅仅是 M3U8，也可以是其他的格式：

- 生成 ffconcat 格式索引文件

```
./ffmpeg -re -i input.mp4 -c copy -f segment -segment_format mp4 -segment_list_
type ffconcat -segment_list output.lst test_output-%d.mp4
```

上面这条命令将生成 ffconcat 格式的索引文件名 output.lst，这个文件将会生成一个 MP4 切片的文件列表：

```
liuqideMBP:n3.3.2 liuqi$ ls -l test_output-*.mp4
-rw-r--r--  1 liuqi  staff  1332928  7 18 20:09 test_output-0.mp4
-rw-r--r--  1 liuqi  staff   435067  7 18 20:09 test_output-1.mp4
-rw-r--r--  1 liuqi  staff   376366  7 18 20:09 test_output-2.mp4
-rw-r--r--  1 liuqi  staff   242743  7 18 20:09 test_output-3.mp4
-rw-r--r--  1 liuqi  staff   507397  7 18 20:09 test_output-4.mp4
liuqideMBP:n3.3.2 liuqi$ cat output.lst
ffconcat version 1.0
file test_output-0.mp4
file test_output-1.mp4
file test_output-2.mp4
file test_output-3.mp4
file test_output-4.mp4
```

从输出的文件与 output.lst 内容可以看到，输出的列表格式是 ffconcat 格式，这种格式常见于虚拟轮播等场景。

- 生成 FLAT 格式索引文件

```
./ffmpeg -re -i input.mp4 -c copy -f segment -segment_format mp4 -segment_list_
type flat -segment_list filelist.txt test_output-%d.mp4
```

上面这条命令将生成一个 MP4 切片的文本文件列表：

```
liuqideMBP:n3.3.2 liuqi$ ls -l test_output-*.mp4
-rw-r--r--  1 liuqi  staff  1332928  7 18 20:13 test_output-0.mp4
-rw-r--r--  1 liuqi  staff   435067  7 18 20:13 test_output-1.mp4
-rw-r--r--  1 liuqi  staff   376366  7 18 20:13 test_output-2.mp4
-rw-r--r--  1 liuqi  staff   242743  7 18 20:13 test_output-3.mp4
-rw-r--r--  1 liuqi  staff   507397  7 18 20:13 test_output-4.mp4
```

```
liuqideMBP:n3.3.2 liuqi$ cat filelist.txt
test_output-0.mp4
test_output-1.mp4
test_output-2.mp4
test_output-3.mp4
test_output-4.mp4
```

从上面的内容可以看出，切片列表被列在了一个 TXT 文本当中。

- 生成 CSV 格式索引文件

```
./ffmpeg -re -i input.mp4 -c copy -f segment -segment_format mp4 -segment_list_
type csv -segment_list filelist.csv test_output-%d.mp4
```

上述这条命令将会生成 CSV 格式的列表文件，列表文件中的内容分为三个字段，文件名、文件起始时间和文件结束时间：

```
liuqideMBP:n3.3.2 liuqi$ ls -l test_output-*.mp4
-rw-r--r--  1 liuqi  staff  1332928  7 18 20:16 test_output-0.mp4
-rw-r--r--  1 liuqi  staff   435067  7 18 20:16 test_output-1.mp4
-rw-r--r--  1 liuqi  staff   376366  7 18 20:16 test_output-2.mp4
-rw-r--r--  1 liuqi  staff   242743  7 18 20:16 test_output-3.mp4
-rw-r--r--  1 liuqi  staff   507397  7 18 20:16 test_output-4.mp4
liuqideMBP:n3.3.2 liuqi$ cat filelist.csv
test_output-0.mp4,0.000000,3.840000
test_output-1.mp4,3.840000,5.720000
test_output-2.mp4,5.720000,7.480000
test_output-3.mp4,7.480000,8.520000
test_output-4.mp4,8.520000,10.080000
```

从输出的内容可以看到切片文件的信息生成到了 CSV 文件，CSV 文件可以用类似于操作数据库的方式进行操作，也可以根据 CSV 生成视图图像。

- 生成 M3U8 格式索引文件

```
./ffmpeg -re -i input.mp4 -c copy -f segment -segment_format mp4 -segment_list_
type m3u8 -segment_list output.m3u8 test_output-%d.mp4
```

生成 M3U8 列表不仅仅可以生成 MPEGTS 格式文件，同样还可以生成其他格式：

```
liuqideMBP:n3.3.2 liuqi$ ls -l test_output-*.mp4
-rw-r--r--  1 liuqi  staff  1332928  7 18 20:17 test_output-0.mp4
-rw-r--r--  1 liuqi  staff   435067  7 18 20:17 test_output-1.mp4
-rw-r--r--  1 liuqi  staff   376366  7 18 20:17 test_output-2.mp4
-rw-r--r--  1 liuqi  staff   242743  7 18 20:17 test_output-3.mp4
-rw-r--r--  1 liuqi  staff   507397  7 18 20:18 test_output-4.mp4
liuqideMBP:n3.3.2 liuqi$ cat output.m3u8
#EXTM3U
#EXT-X-VERSION:3
#EXT-X-MEDIA-SEQUENCE:0
#EXT-X-ALLOW-CACHE:YES
#EXT-X-TARGETDURATION:4
#EXTINF:3.840000,
test_output-0.mp4
#EXTINF:1.880000,
```

```
test_output-1.mp4
#EXTINF:1.760000,
test_output-2.mp4
#EXTINF:1.040000,
test_output-3.mp4
#EXTINF:1.560000,
test_output-4.mp4
#EXT-X-ENDLIST
```

从输出的内容可以看到输出的 M3U8 与使用 HLS 模块生成的 M3U8 基本相同。

3. reset_timestamps 使切片时间戳归 0

使每一片切片的时间戳归 0 可使用 reset_timestamps 进行设置，命令行如下：

```
./ffmpeg -re -i input.mp4 -c copy -f segment -segment_format mp4 -reset_
timestamps 1 test_output-%d.mp4
```

命令行执行完成之后，可以查看一下是否每一个切片的时间戳都从 0 开始。

查看生成的切片文件：

```
ls -l test_output-*.mp4

-rw-r--r--  1 liuqi  staff  1332928  7 19 10:29 test_output-0.mp4
-rw-r--r--  1 liuqi  staff   435043  7 19 10:30 test_output-1.mp4
-rw-r--r--  1 liuqi  staff   376342  7 19 10:30 test_output-2.mp4
-rw-r--r--  1 liuqi  staff   242719  7 19 10:30 test_output-3.mp4
-rw-r--r--  1 liuqi  staff   507373  7 19 10:30 test_output-4.mp4
```

然后查看一下第一片末尾的时间戳：

```
ffprobe -v quiet -show_packets -select_streams v test_output-0.mp4 2> x|grep
pts_time | tail -n 3

pts_time=3.680000
pts_time=3.800000
pts_time=3.760000
```

然后再查看一下第二片开始的时间戳：

```
ffprobe -v quiet -show_packets -select_streams v test_output-1.mp4 2> x|grep
pts_time | head -n 3

pts_time=0.000000
pts_time=0.080000
pts_time=0.040000
```

从验证的效果来看，每一片的开始时间戳均已归 0，参数设置生效。

4. segment_times 按照时间点剪切

对文件进行切片时，有时候需要均匀的切片，有时候需要按照指定的时间长度进行切片，segment 可以根据指定的时间点进行切片，下面举例说明：

```
./ffmpeg -re -i input.mp4 -c copy -f segment -segment_format mp4 -segment_times
3,9,12 test_output-%d.mp4
```

根据命令行的参数可以看到，切片的时间点分别为第3秒、第9秒和第12秒，在这三个时间点进行切片。

3.4.3 FFmpeg使用ss与t参数进行切片

在FFmpeg中，使用ss可以进行视频文件的seek定位，ss所传递的参数为时间值，t所传递的参数也为时间值，下面就来举例说明ss与t的作用。

1. 使用ss指定剪切开头部分

在前面章节中介绍FFmpeg基本参数时，粗略地介绍过FFmpeg的基本转码原理，FFmpeg自身的ss参数可以用作切片定位起始时间点，例如从一个视频文件的第8秒钟开始截取内容：

```
./ffmpeg -ss 8 -i input.mp4 -c copy output.ts
```

命令行执行之后，生成的output.ts将会比input.mp4的视频少8秒，因为output.ts是从input.mp4的第8秒开始截取的，使用前面介绍过的ffprobe分别获得input.mp4与output.ts的文件duration并进行对比，信息如下：

```
ffprobe -v quiet -show_format input.mp4 |grep duration; ffprobe -v quiet -show_
format output.ts |grep duration

duration=10.006000
duration=2.698667
```

如以上的输出结果所示，input.mp4的duration是10秒，而output.ts的duration是2秒，相差时间为8秒。

2. 使用t指定视频总长度

使用FFmpeg截取视频除了可以指定开始截取位置，还可以指定截取数据的长度，FFmpeg的t参数可以指定截取的视频长度，例如截取input.mp4文件的前10秒的数据：

```
./ffmpeg -i input.mp4 -c copy -t 10 -copyts output.ts
```

命令行执行完之后，会生成一个时间从0开始的output.ts，查看一下input.mp4与output.ts的起始时间与长度相关信息：

```
ffprobe -v quiet -show_format input.mp4 |grep start_time; ffprobe -v quiet
-show_format output.ts |grep start_time

start_time=0.000000
start_time=0.000000

ffprobe -v quiet -show_format input.mp4 |grep duration; ffprobe -v quiet -show_
format output.ts |grep duration

duration=10.006000
duration=10.006000
```

从两个文件的 duration 信息可以看到，input 的 start_time 是 0，duration 是 10.00，而 output.ts 的 start_time 也是 0，duration 则是 10.000000，参数生效。

3. 使用 output_ts_offset 指定输出 start_time

FFmpeg 支持 ss 与 t 两个参数一同使用以达到切割视频的某一段的效果，但其并不能指定输出文件的 start_time，而且也不希望时间戳归 0，可以使用 output_ts_offset 来达到指定输出文件的 start_time 的目的：

```
./ffmpeg -i input.mp4 -c copy -t 10 -output_ts_offset 120 output.mp4
```

命令行执行之后输出的 output.mp4 文件的 start_time 即将被指定为 120，下面就来看一下其效果：

```
[FORMAT]
filename=output.mp4
nb_streams=2
nb_programs=0
format_name=mov,mp4,m4a,3gp,3g2,mj2
format_long_name=QuickTime / MOV
start_time=120.000000
duration=10.006000
size=2889109
bit_rate=2309901
probe_score=100
TAG:major_brand=isom
TAG:minor_version=512
TAG:compatible_brands=isomiso2avc1mp41
TAG:encoder=Lavf57.71.100
[/FORMAT]
```

从输出的内容可以看到 start_time 是从 120 秒开始，而 duration 是 10 秒，指定开始时间与 duration 操作生效。

3.5 音视频文件音视频流抽取

当音视频文件出现异常时，除了分析封装数据之外，还需要分析音视频流部分，本节将重点介绍如何抽取音视频流，FFmpeg 支持从音视频封装中直接抽取音视频数据，下面就来列举几个例子。

3.5.1 FFmpeg 抽取音视频文件中的 AAC 音频流

FFmpeg 除了转封装、转码之外，还可以提取音频流，例如需要将音频流提取出来然后合成之后插入到另一个封装中的情况，下面就来看一下 FFmpeg 提取 MP4 文件中的 AAC 音频流的方法：

```
./ffmpeg -i input.mp4 -vn -acodec copy output.aac
```

通过 FFmpeg 将视频中的音频流抽取出来，执行上述命令之后，将输出如下信息：

```
Input #0, mov,mp4,m4a,3gp,3g2,mj2, from 'input.mp4':
    Metadata:
        major_brand     : isom
        minor_version   : 512
        compatible_brands: isomiso2avc1mp41
        encoder         : Lavf57.66.102
    Duration: 00:00:10.01, start: 0.000000, bitrate: 2309 kb/s
            Stream #0:0(und): Video: h264 (High) (avc1 / 0x31637661), yuv420p,
1280x714 [SAR 1:1 DAR 640:357], 2183 kb/s, 25 fps, 25 tbr, 25k tbn, 50 tbc (default)
        Metadata:
            handler_name    : VideoHandler
        Stream #0:1(und): Audio: aac (LC) (mp4a / 0x6134706D), 48000 Hz, stereo,
fltp, 120 kb/s (default)
        Metadata:
            handler_name    : SoundHandler
Output #0, adts, to 'output.aac':
    Metadata:
        major_brand     : isom
        minor_version   : 512
        compatible_brands: isomiso2avc1mp41
        encoder         : Lavf57.71.100
        Stream #0:0(und): Audio: aac (LC) (mp4a / 0x6134706D), 48000 Hz, stereo,
fltp, 120 kb/s (default)
        Metadata:
            handler_name    : SoundHandler
Stream mapping:
    Stream #0:1 -> #0:0 (copy)
Press [q] to stop, [?] for help
size=     150kB time=00:00:09.98 bitrate= 123.4kbits/s speed=1.3e+03x
video:0kB audio:147kB subtitle:0kB other streams:0kB global headers:0kB muxing
overhead: 2.179079%
```

从输出的内容可以看到，输入的视频文件中包含视频流与音频流，输出信息中只有 AAC 音频，生成的 output.aac 文件内容则为 AAC 音频流文件。

3.5.2　FFmpeg 抽取音视频文件中的 H.264 视频流

有时在视频编辑场景中需要将视频流提取出来进行编辑，或者与另一路视频流进行合并等操作，这时可以使用 FFmpeg 来完成：

```
./ffmpeg -i input.mp4 -vcodec copy -an output.h264
```

通过 FFmpeg 将视频中的视频流抽取出来，执行上述命令之后，将输出如下信息：

```
Input #0, mov,mp4,m4a,3gp,3g2,mj2, from 'input.mp4':
    Metadata:
        major_brand     : isom
        minor_version   : 512
        compatible_brands: isomiso2avc1mp41
        encoder         : Lavf57.66.102
    Duration: 00:00:10.01, start: 0.000000, bitrate: 2309 kb/s
```

```
        Stream #0:0(und): Video: h264 (High) (avc1 / 0x31637661), yuv420p,
1280x714 [SAR 1:1 DAR 640:357], 2183 kb/s, 25 fps, 25 tbr, 25k tbn, 50 tbc (default)
        Metadata:
            handler_name    : VideoHandler
        Stream #0:1(und): Audio: aac (LC) (mp4a / 0x6134706D), 48000 Hz, stereo,
fltp, 120 kb/s (default)
        Metadata:
            handler_name    : SoundHandler
    Output #0, h264, to 'output.h264':
      Metadata:
        major_brand     : isom
        minor_version   : 512
        compatible_brands: isomiso2avc1mp41
        encoder         : Lavf57.71.100
        Stream #0:0(und): Video: h264 (High) (avc1 / 0x31637661), yuv420p,
1280x714 [SAR 1:1 DAR 640:357], q=2-31, 2183 kb/s, 25 fps, 25 tbr, 25 tbn, 25 tbc
(default)
        Metadata:
            handler_name    : VideoHandler
    Stream mapping:
      Stream #0:0 -> #0:0 (copy)
    Press [q] to stop, [?] for help
    frame=  250 fps=0.0 q=-1.0 Lsize=    2666kB time=00:00:10.00
bitrate=2183.8kbits/s speed=1.41e+03x
    video:2666kB audio:0kB subtitle:0kB other streams:0kB global headers:0kB muxing
overhead: 0.010222%
```

从输出的内容可以看出，输入的视频文件中包含音频流与视频流，输出信息中只有 H.264 视频，生成的 output.h264 则为 H.264 视频流文件。

3.5.3 FFmpeg 抽取音视频文件中的 H.265 数据

与 H.264 的抽取方法类似，下面再列举一个从音视频文件中抽取 H.265 数据的例子：

```
./ffmpeg -i input.mp4 -vcodec copy -an -bsf hevc_mp4toannexb -f hevc output.
hevc
```

通过 FFmpeg 将视频文件中的视频流抽取出来，执行上述命令之后，将输出如下信息：

```
Input #0, mov,mp4,m4a,3gp,3g2,mj2, from 'input_hevc.mp4':
  Metadata:
    major_brand     : isom
    minor_version   : 512
    compatible_brands: isomiso2mp41
    encoder         : Lavf57.66.102
  Duration: 00:00:10.08, start: 0.000000, bitrate: 1180 kb/s
        Stream #0:0(und): Video: hevc (Main) (hev1 / 0x31766568), yuv420p(tv,
progressive), 1280x714 [SAR 1:1 DAR 640:357], 1044 kb/s, 25 fps, 25 tbr, 12800 tbn,
25 tbc (default)
        Metadata:
            handler_name    : VideoHandler
        Stream #0:1(und): Audio: aac (LC) (mp4a / 0x6134706D), 48000 Hz, stereo,
fltp, 128 kb/s (default)
        Metadata:
```

```
            handler_name    : SoundHandler
    Output #0, hevc, to 'output.hevc':
        Metadata:
            major_brand     : isom
            minor_version   : 512
            compatible_brands: isomiso2mp41
            encoder         : Lavf57.71.100
             Stream #0:0(und): Video: hevc (Main) (hev1 / 0x31766568), yuv420p(tv,
progressive), 1280x714 [SAR 1:1 DAR 640:357], q=2-31, 1044 kb/s, 25 fps, 25 tbr, 25
tbn, 25 tbc (default)
            Metadata:
                handler_name    : VideoHandler
    Stream mapping:
        Stream #0:0 -> #0:0 (copy)
    Press [q] to stop, [?] for help
    frame=  252 fps=0.0 q=-1.0 Lsize=    1290kB time=00:00:10.00
bitrate=1056.4kbits/s speed=1.32e+03x
    video:1290kB audio:0kB subtitle:0kB other streams:0kB global headers:1kB muxing
overhead: 0.000000%
```

由于输入文件 input.mp4 的容器格式为 MP4，MP4 中存储的视频数据并不是标准的 annexb 格式，所以需要将 MP4 的视频存储格式存储为 annexb 格式，输出的 HEVC 格式可以直接使用播放器进行观看。

3.6　系统资源使用情况

在使用 FFmpeg 进行格式转换、编码转换操作时，所占用的系统资源各有不同，如果使用 FFmpeg 仅仅转换封装格式而并非转换编码，那么其使用的 CPU 资源并不多，下面来看一下转换封装时的 CPU 使用率：

```
./ffmpeg -re -i input.mp4 -c copy -f mpegts output.ts
```

执行上述命令之后，使用 top 命令查看 CPU 使用率，结果如图 3-8 所示。

```
top - 15:59:19 up 36 days,  1:26,  2 users,  load average: 0.08, 0.03, 0.04
Tasks:   1 total,   1 running,   0 sleeping,   0 stopped,   0 zombie
Cpu(s):  0.3%us,  0.3%sy,  0.0%ni, 99.0%id,  0.0%wa,  0.0%hi,  0.0%si,  0.3%st
Mem:    502276k total,   257628k used,   244648k free,     3756k buffers
Swap:  1015800k total,    13020k used,  1002780k free,   168380k cached

  PID USER      PR  NI  VIRT  RES  SHR S %CPU %MEM    TIME+  COMMAND
 8862 root      20   0 49972 9268 3080 R  0.7  1.8   0:00.19 ffmpeg
```

图 3-8　FFmpeg 转封装时 CPU 使用情况

通过图 3-8 可以看出，使用 FFmpeg 进行封装转换时并不会占用大量的 CPU 资源，因为使用 FFmpeg 进行封装转换时主要是以读取音视频数据、写入音视频数据为主，并不会涉及复杂的计算。

如果使用 FFmpeg 进行编码转换，则需要进行大量的计算，从而将会占用大量的 CPU

资源：

```
./ffmpeg -re -i input.mp4 -vcodec libx264 -acodec copy -f mpegts output.ts
```

命令执行之后就开始进行转码操作，执行之后可使用 top 查看 cpu 使用率，结果如图 3-9 所示。

```
top - 16:30:22 up 36 days,  1:57,  2 users,  load average: 0.58, 0.17, 0.05
Tasks:   1 total,   1 running,   0 sleeping,   0 stopped,   0 zombie
Cpu(s):100.0%us,  0.0%sy,  0.0%ni,  0.0%id,  0.0%wa,  0.0%hi,  0.0%si,  0.0%st
Mem:    502276k total,   360796k used,   141480k free,     4988k buffers
Swap:  1015800k total,    13020k used,  1002780k free,   184796k cached

  PID USER      PR  NI  VIRT  RES  SHR S %CPU %MEM    TIME+  COMMAND
 8882 root      20   0  137m  93m 4424 R 99.9 19.0   0:18.05 ffmpeg
```

图 3-9　FFmpeg 转码时 CPU 使用情况

从图 3-9 中可以看的使用 FFmpeg 进行视频编码转换时 CPU 的使用情况，CPU 使用率相对比较高，其实在进行转码操作时 CPU 的使用率会非常高，因为涉及了大量的计算，使用情况取决于计算的复杂程度。

3.7　小结

本章重点讲解了音视频文件转 MP4、FLV、HLS 以及视频文件切片处理等的相关知识，并分析了常用的 MP4、FLV、HLS 的标准格式并给出了相应的 FFmpeg 应用举例，通过本章的学习，读者可以掌握大部分媒体文件转换格式的实现方法。

第 4 章
FFmpeg 转码

第 3 章中介绍了音视频容器的封装格式，以及使用 FFmpeg 进行容器封装格式的转换等。本章将重点介绍音视频编码转换等功能，尤其是使用 FFmpeg 进行音视频编码转换，内容安排具体如下。

- 4.1 节将重点介绍在 FFmpeg 环境下使用 libx264 进行 H.264（AVC）软编码的操作，H.265（HEVC）的编码操作使用的是 libx265，但是参数基本类似，本节旨在帮助读者更快速地使用 H.264 的编码功能。
- 4.2 节将重点介绍 FFmpeg 环境下使用的常见硬件的硬编码操作，包括 Nvidia、Intel、树莓派、苹果系统环境下的硬编码，能够帮助有条件的读者更好地利用硬件资源。
- 4.3 和 4.4 两节将重点介绍音频的编码，包括使用 MP3、AAC 的多种参数控制编码多种质量的音频数据，因为不同的环境使用不同的编码质量能够更好地发挥 FFmpeg 在编解码工作中的作用。
- 4.5 节将重点针对编解码做资源使用情况的分析，以加深对编解码和转封装的理解。

4.1 FFmpeg 软编码 H.264 与 H.265

当前网络中常见的视频编码格式要数 H.264 最为火热，支持 H.264 的封装格式有很多，如 FLV、MP4、HLS（M3U8）、MKV、TS 等格式；FFmpeg 本身并不支持 H.264 的编码器，而是由 FFmpeg 的第三方模块对其进行支持，例如 x264 和 OpenH264，二者各有各的优势。由于 OpenH264 开源比较晚，所以 x264 还是当前最常用的编码器，这里将重点介绍 FFmpeg 中 x264 的使用；使用 x264 进行 H.264 编码时，所支持的像素格式主要包含 yuv420p、yuvj420p、yuv422p、yuvj422p、yuv444p、yuvj444p、nv12、nv16、nv21。通过 `ffmpeg -h encoder=libx264` 可以查看到：

```
    Encoder libx264 [libx264 H.264 / AVC / MPEG-4 AVC / MPEG-4 part 10]:
        General capabilities: delay threads
        Threading capabilities: auto
        Supported pixel formats: yuv420p yuvj420p yuv422p yuvj422p yuv444p yuvj444p
nv12 nv16 nv21
```

因为其所支持的像素色彩格式比较多，所以 x264 支持的范围更广。下面就来详细介绍 FFmpeg 中 x264 的参数。

4.1.1 x264 编码参数简介

x264 参数在 FFmpeg 中可以使用很多参数，同样也可以使用 x264 本身的参数来控制，具体参数列表见表 4-1。

表 4-1 x264 参数

参数	类型	说明
preset	字符串	编码器预设参数
tune	字符串	调优编码参数
profile	字符串	编码 profile 档级设置
level	字符串	编码 level 层级设置
wpredp	字符串	P 帧预测设置
x264opts	字符串	设置 x264 专有参数
crf	浮点数	选择质量恒定质量模式
crf_max	浮点数	选择质量恒定质量模式最大值
qp	整数	恒定量化参数控制
psy	浮点数	只用 psychovisual 优化
rc-lookahead	整数	设置预读帧设置
weightb	浮点数	B 帧预测设置
weightp	整数	设置预测分析方法：none、simple、smart 三种模式
ssim	布尔	计算打印 SSIM 状态
intra-refresh	布尔	定时刷 I 帧以替代 IDR 帧
bluray-compat	布尔	蓝光兼容参数
b-bias	整数	B 帧使用频率设置
mixed-refs	布尔	每个 partition 一个参考，而不是每个宏块一个参考
8x8dct	布尔	8×8 矩阵变换，用在 high profile
aud	布尔	带 AUD 分隔标识
mbtree	布尔	宏块树频率控制
deblock	字符串	环路滤波参数
cplxblur	浮点数	减少波动 QP 参数
partitions	字符串	逗号分隔的 partition 列表，可以包含的值有 p8×8、p4×4、b8×8、i8×8、i4×4、none、all
direct-pred	整数	运动向量预测模式
slice-max-size	整数	Slice 的最大值

（续）

参数	类型	说明
nal-hrd	整数	HRD 信号信息设置：None、VBR、CBR 设置
motion-est	整数	运动估计方法
forced-idr	布尔	强行设置关键帧为 IDR 帧
coder	整数	编码器类型包括 default、cavlc、cabac、vlc、ac
b_strategy	整数	I/P/B 帧选择策略
chromaoffset	整数	QP 色度和亮度之间的差异参数
sc_threshold	整数	场景切换阈值参数
noise_reduction	整数	降噪处理参数
x264-params	字符串	与 x264opts 操作相同

以上为 H.264 编码时用到的常见的参数，设置参数后编码生成的文件可以通过一些外部协助工具进行查看，如 Elecard、Bitrate Viewer、ffprobe 等。

4.1.2　H.264 编码举例

4.1.1 节中已经给出了 FFmpeg 中 H.264（ISO14496b 标准中的 AVC）编码器的操作参数，下面就来列举一些实际中常用的例子。

1. 编码器预设参数设置 preset

从 FFmpeg 的 x264 参考说明中可以看到，可以使用 x264 --full help 查看 preset 设置的详细说明，找到 x264 帮助信息中的 preset 参数项之后，可以看到其包含了以下几种预设参数，预设参数的详细设置具体如下。

- ultrafast：最快的编码方式

除了默认设置之外，还增加了如下参数设置：

```
--no-8x8dct --aq-mode 0 --b-adapt 0 --bframes 0 --no-cabac --no-deblock --no-mbtree --me dia --no-mixed-refs --partitions none --rc-lookahead 0 --ref 1 --scenecut 0 --subme 0 --trellis 0 --no-weightb --weightp 0
```

- superfast：超级快速的编码方式

除了默认设置之外，还增加了如下参数设置：

```
--no-mbtree --me dia --no-mixed-refs  --partitions i8x8,i4x4 --rc-lookahead 0 --ref 1 --subme 1 --trellis 0 --weightp 1
```

- veryfast：非常快速的编码方式

除了默认设置之外，还增加了如下参数设置：

```
--no-mixed-refs --rc-lookahead 10 --ref 1 --subme 2 --trellis 0 --weightp 1
```

- faster：稍微快速的编码方式

除了默认设置之外，还增加了如下参数设置：

```
--no-mixed-refs --rc-lookahead 20 --ref 2 --subme 4 --weightp 1
```

- fast：快速的编码方式

除了默认设置之外，还增加了如下参数设置：

```
--rc-lookahead 30 --ref 2 --subme 6 --weightp 1
```

- medium：折中的编码方式

参数全部为默认设置。

- slow：慢的编码方式

除了默认设置之外，还增加了如下参数设置：

```
--b-adapt 2 --direct auto --me umh --rc-lookahead 50 --ref 5 --subme 8
```

- slower：更慢的编码方式

除了默认设置之外，还增加了如下参数设置：

```
--b-adapt 2 --direct auto --me umh --partitions all --rc-lookahead 60 --ref 8
--subme 9 --trellis 2
```

- veryslow：非常慢的编码方式

除了默认设置之外，还增加了如下参数设置：

```
--b-adapt 2 --bframes 8 --direct auto --me umh --merange 24 --partitions all
--ref 16 --subme 10 --trellis 2 --rc-lookahead 60
```

- placebo：最慢的编码方式

除了默认设置之外，还增加了如下参数设置：

```
--bframes 16 --b-adapt 2 --direct auto --slow-firstpass --no-fast-pskip --me tesa
--merange 24 --partitions all --rc-lookahead 60 --ref 16 --subme 11 --trellis 2
```

随着所设置参数的不同，所编码出来的清晰度也会有所不同，设置相关的预设参数之后，有很多参数也会被设置所影响，因此需要了解相关的参数含义。为了方便操作，通过 preset 进行设置即可，下面就来看一下相同的机器中，设置 ultrafast 与设置 medium 预设参数之后转码效率的对比：

```
./ffmpeg -i input.mp4 -vcodec libx264 -preset ultrafast -b:v 2000k output.mp4
```

命令行执行之后，输出内容如下：

```
Input #0, mov,mp4,m4a,3gp,3g2,mj2, from 'input.mp4':
    Metadata:
        major_brand     : isom
        minor_version   : 512
        compatible_brands: isomiso2avc1mp41
        encoder         : Lavf57.66.102
    Duration: 00:00:10.01, start: 0.000000, bitrate: 12309 kb/s
            Stream #0:0(und): Video: h264 (High) (avc1 / 0x31637661), yuv420p,
1280x714 [SAR 1:1 DAR 640:357], 12003 kb/s, 25 fps, 25 tbr, 25k tbn, 50 tbc (default)
    Metadata:
        handler_name    : VideoHandler
```

```
        Stream #0:1(und): Audio: aac (LC) (mp4a / 0x6134706D), 48000 Hz, stereo,
fltp, 120 kb/s (default)
        Metadata:
            handler_name    : SoundHandler
    File 'output.mp4' already exists. Overwrite ? [y/N] y
    Stream mapping:
        Stream #0:0 -> #0:0 (h264 (native) -> h264 (libx264))
        Stream #0:1 -> #0:1 (aac (native) -> aac (native))
    Press [q] to stop, [?] for help
    [libx264 @ 0x7ffbe384d600] using SAR=1/1
    [libx264 @ 0x7ffbe384d600] using cpu capabilities: MMX2 SSE2Fast SSSE3 SSE4.2
AVX
    [libx264 @ 0x7ffbe384d600] profile Constrained Baseline, level 3.1
    Output #0, mp4, to 'output.mp4':
        Metadata:
            major_brand     : isom
            minor_version   : 512
            compatible_brands: isomiso2avc1mp41
            encoder         : Lavf57.71.100
            Stream #0:0(und): Video: h264 (libx264) ([33][0][0][0] / 0x0021),
yuv420p, 1280x714 [SAR 1:1 DAR 640:357], q=-1--1, 2000 kb/s, 25 fps, 12800 tbn, 25
tbc (default)
        Metadata:
            handler_name    : VideoHandler
            encoder         : Lavc57.89.100 libx264
        Side data:
            cpb: bitrate max/min/avg: 0/0/2000000 buffer size: 0 vbv_delay: -1
            Stream #0:1(und): Audio: aac (LC) ([64][0][0][0] / 0x0040), 48000 Hz,
stereo, fltp, 128 kb/s (default)
        Metadata:
            handler_name    : SoundHandler
            encoder         : Lavc57.89.100 aac
    frame= 252 fps=175 q=-1.0 Lsize= 2630kB time=00:00:10.04 bitrate=2146.1kbits/s
dup=2 drop=0 speed=4.26x
```

从命令行执行后的输出内容中可以看到，转码的预设参数为ultrafast模式，转码的速度为4.26倍速，接下来再看一下设置为medium模式后的速度：

```
    Input #0, mov,mp4,m4a,3gp,3g2,mj2, from 'input.mp4':
        Metadata:
            major_brand     : isom
            minor_version   : 512
            compatible_brands: isomiso2avc1mp41
            encoder         : Lavf57.66.102
        Duration: 00:00:10.01, start: 0.000000, bitrate: 12309 kb/s
            Stream #0:0(und): Video: h264 (High) (avc1 / 0x31637661), yuv420p,
1280x714 [SAR 1:1 DAR 640:357], 12003 kb/s, 25 fps, 25 tbr, 25k tbn, 50 tbc (default)
        Metadata:
            handler_name    : VideoHandler
        Stream #0:1(und): Audio: aac (LC) (mp4a / 0x6134706D), 48000 Hz, stereo,
fltp, 120 kb/s (default)
        Metadata:
            handler_name    : SoundHandler
    File 'output.mp4' already exists. Overwrite ? [y/N] y
    Stream mapping:
```

```
        Stream #0:0 -> #0:0 (h264 (native) -> h264 (libx264))
        Stream #0:1 -> #0:1 (aac (native) -> aac (native))
    Press [q] to stop, [?] for help
    [libx264 @ 0x7f9a4a004800] using SAR=1/1
    [libx264 @ 0x7f9a4a004800] using cpu capabilities: MMX2 SSE2Fast SSSE3 SSE4.2
AVX
    [libx264 @ 0x7f9a4a004800] profile High, level 3.1
    Output #0, mp4, to 'output.mp4':
        Metadata:
            major_brand     : isom
            minor_version   : 512
            compatible_brands: isomiso2avc1mp41
            encoder         : Lavf57.71.100
               Stream #0:0(und): Video: h264 (libx264) ([33][0][0][0] / 0x0021),
yuv420p, 1280x714 [SAR 1:1 DAR 640:357], q=-1--1, 2000 kb/s, 25 fps, 12800 tbn, 25
tbc (default)
        Metadata:
            handler_name    : VideoHandler
            encoder         : Lavc57.89.100 libx264
        Side data:
            cpb: bitrate max/min/avg: 0/0/2000000 buffer size: 0 vbv_delay: -1
         Stream #0:1(und): Audio: aac (LC) ([64][0][0][0] / 0x0040), 48000 Hz,
stereo, fltp, 128 kb/s (default)
        Metadata:
            handler_name    : SoundHandler
            encoder         : Lavc57.89.100 aac
    frame=252 fps= 30 q=-1.0 Lsize= 2378kB time=00:00:10.00 bitrate=1947.0kbits/s
dup=2 drop=0 speed=0.833x
```

从以上输出内容中可以看到，设置 medium 模式后，转码速度为 0.833 倍速，速度虽然降低了，但画质却有了明显的提升，对比效果如图 4-1 所示。

图 4-1 ultrafast 与 medium 标准输出视频清晰度对比

很显然，图 4-1 中的上图是通过预设参数 ultrafast 转码之后的效果，下边的图像是通过 medium 转码之后的效果上下图像相差比较大，上边图像的马赛克多一些，图中草的对比比较明显，主要是因为两个 preset 中所设置的参数略有不同，详情可以参考前边的参数说明。

2. H.264 编码优化参数 tune

使用 tune 参数调优 H.264 编码时，可以包含如下几个场景：film、animation、grain、stillimage、psnr、ssim、fastdecode、zerolatency；这几种场景所使用的 x264 参数也各有不同，具体如下。

- film

除默认参数配置之外，还需要设置如下参数：

```
--deblock -1:-1 --psy-rd <unset>:0.15
```

- animation

除默认参数配置之外，还需要设置如下参数：

```
--bframes {+2} --deblock 1:1 --psy-rd 0.4:<unset> --aq-strength 0.6 --ref {Double
if >1 else 1}
```

- grain

除默认参数配置之外，还需要设置如下参数：

```
--aq-strength 0.5 --no-dct-decimate --deadzone-inter 6 --deadzone-intra 6
--deblock -2:-2 --ipratio 1.1 --pbratio 1.1 --psy-rd <unset>:0.25 --qcomp 0.8
```

- stillimage

除默认参数配置之外，还需要设置如下参数：

```
--aq-strength 1.2 --deblock -3:-3 --psy-rd 2.0:0.7
```

- psnr

除默认参数配置之外，还需要设置如下参数：

```
--aq-mode 0 --no-psy
```

- ssim

除默认参数配置之外，还需要设置如下参数：

```
--aq-mode 2 --no-psy
```

- fastdecode

除默认参数配置之外，还需要设置如下参数：

```
--no-cabac --no-deblock --no-weightb --weightp 0
```

- zerolatency

除默认参数配置之外，还需要设置如下参数：

```
--bframes 0 --force-cfr --no-mbtree --sync-lookahead 0 --sliced-threads --rc-
lookahead 0
```

在使用 FFmpeg 与 x264 进行 H.264 直播编码并进行推流时，只用 tune 参数的 zerolatency 将会提升效率，因为其降低了因编码导致的延迟。

3. H.264 的 profile 与 level 设置

这里的 profile（档次）与 level（等级）的设置与 H.264 标准文档 ISO-14496-Part10 中描述的 profile、level 的信息基本相同，x264 编码器支持 Baseline、Extented、Main、High、High10、High422、High444 共 7 种 profile 参数设置，根据 profile 的不同，编码出来的视频的很多参数也有所不同，具体的情况可以参考表 4-2。

表 4-2　x264 编码 profile 参数

	Baseline	Extented	Main	High	High10	High 4:2:2	High 4:4:4 (Predictive)
I 与 P 分片	支持	支持	支持	支持	支持	支持	支持
B 分片	不支持	支持	支持	支持	支持	支持	支持
SI 和 SP 分片	不支持	支持	不支持	不支持	不支持	不支持	不支持
多参考帧	支持	支持	支持	支持	支持	支持	支持
环路去块滤波	支持	支持	支持	支持	支持	支持	支持
CAVLC 熵编码	支持	支持	支持	支持	支持	支持	支持
CABAC 熵编码	不支持	不支持	支持	支持	支持	支持	支持
FMO	不支持	支持	不支持	不支持	不支持	不支持	不支持
ASO	不支持	支持	不支持	不支持	不支持	不支持	不支持
RS	不支持	支持	不支持	不支持	不支持	不支持	不支持
数据分区	支持	支持	不支持	不支持	不支持	不支持	不支持
场编码 PAFF / MBAFF	不支持	支持	支持	支持	支持	支持	支持
4:2:0 色度格式	支持	支持	支持	支持	支持	支持	支持
4:0:0 色度格式	不支持	不支持	不支持	支持	支持	支持	支持
4:2:2 色度格式	不支持	不支持	不支持	不支持	不支持	支持	支持
4:4:4 色度格式	不支持	不支持	不支持	不支持	不支持	不支持	支持
8 位采样深度	支持	支持	支持	支持	支持	支持	支持
9 和 10 位采样深度	不支持	不支持	不支持	不支持	支持	支持	支持
11 至 14 位采样深度	不支持	不支持	不支持	不支持	不支持	不支持	支持
8×8 与 4×4 转换适配	不支持	不支持	不支持	支持	支持	支持	支持
量化计算矩阵	不支持	不支持	不支持	支持	支持	支持	支持
分离 Cb 和 Cr 量化参数控制	不支持	不支持	不支持	支持	支持	支持	支持
分离色彩平面编码	不支持	不支持	不支持	不支持	不支持	不支持	支持
分离无损编码	不支持	不支持	不支持	不支持	不支持	不支持	支持

level 设置则与标准的 ISO-14496-Part10 参考中的 Annex A 中描述的表格完全相同，见表 4-3。

表 4-3　H.264 level 参数

Level	最大解码速度		帧最大尺寸		视频编码层最大码率			最大分辨率 @ 最大帧率 (最大存储帧数) 切换其他细节
	亮度采样	宏块	亮度采样	宏块	Baseline、Extended 和 Main Profile	High Profile	High 10 Profile	
1	380 160	1 485	25 344	99	64	80	192	128 × 96@30.9 (8) 176 × 144@15.0 (4)
1b	380 160	1 485	25 344	99	128	160	384	128 × 96@30.9 (8) 176 × 144@15.0 (4)
1.1	768 000	3 000	101 376	396	192	240	576	176 × 144@30.3 (9) 320 × 240@10.0 (3) 352 × 288@7.5 (2)
1.2	1 536 000	6 000	101 376	396	384	480	1 152	320 × 240@20.0 (7) 352 × 288@15.2 (6)
1.3	3 041 280	11 880	101 376	396	768	960	2 304	320 × 240@36.0 (7) 352 × 288@30.0 (6)
2	3 041 280	11 880	101 376	396	2 000	2 500	6 000	320 × 240@36.0 (7) 352 × 288@30.0 (6)
2.1	5 068 800	19 800	202 752	792	4 000	5 000	12 000	352 × 480@30.0 (7) 352 × 576@25.0 (6)
2.2	5 184 000	20 250	414 720	1 620	4 000	5 000	12 000	352 × 480@30.7 (12) 352 × 576@25.6 (10) 720 × 480@15.0 (6) 720 × 576@12.5 (5)
3	10 368 000	40 500	414 720	1 620	10 000	12 500	30 000	352 × 480@61.4 (12) 352 × 576@51.1 (10) 720 × 480@30.0 (6) 720 × 576@25.0 (5)
3.1	27 648 000	108 000	921 600	3 600	14 000	17 500	42 000	720 × 480@80.0 (13) 720 × 576@66.7 (11) 1 280 × 720@30.0 (5)
3.2	55 296 000	216 000	1 310 720	5 120	20 000	25 000	60 000	1 280 × 720@60.0 (5) 1 280 × 1 024@42.2 (4)
4	62 914 560	245 760	2 097 152	8 192	20 000	25 000	60 000	1 280 × 720@68.3 (9) 1 920 × 1 080@30.1 (4) 2 048 × 1 024@30.0 (4)
4.1	62 914 560	245 760	2 097 152	8 192	50 000	62 500	150 000	1 280 × 720@68.3 (9) 1 920 × 1 080@30.1 (4) 2 048 × 1 024@30.0 (4)
4.2	133 693 440	522 240	2 228 224	8 704	50 000	62 500	150 000	1 280 × 720@145.1 (9) 1 920 × 1 080@64.0 (4) 2 048 × 1 080@60.0 (4)

（续）

Level	最大解码速度		帧最大尺寸		视频编码层最大码率			最大分辨率 @ 最大帧率 （最大存储帧数） 切换其他细节
	亮度采样	宏块	亮度采样	宏块	Baseline、Extended 和 Main Profile	High Profile	High 10 Profile	
5	150 994 944	589 824	5 652 480	22 080	135 000	168 750	405 000	1 920 × 1 080@72.3 (13) 2 048 × 1 024@72.0 (13) 2 048 × 1 080@67.8 (12) 2 560 × 1 920@30.7 (5) 3 672 × 1 536@26.7 (5)
5.1	251 658 240	983 040	9 437 184	36 864	240 000	300 000	720 000	1 920 × 1 080@120.5 (16) 2 560 × 1 920@51.2 (9) 3 840 × 2 160@31.7 (5) 4 096 × 2 048@30.0 (5) 4 096 × 2 160@28.5 (5) 4 096 × 2 304@26.7 (5)
5.2	530 841 600	2 073 600	9 437 184	36 864	240 000	300 000	720 000	1 920 × 1 080@172.0 (16) 2 560 × 1 920@108.0 (9) 3 840 × 2 160@66.8 (5) 4 096 × 2 048@63.3 (5) 4 096 × 2 160@60.0 (5) 4 096 × 2 304@56.3 (5)

下面使用 baseline profile 编码一个 H.264 视频，然后使用 high profile 编码一个 H.264 视频，分析两类不同 profile 编码出来的视频的区别，从表 4-2 所示的 profile 参数中可以看到，使用 baseline profile 编码的 H.264 视频不会包含 B Slice，而使用 main profile、high profile 编码出来的视频，均可以包含 B Slice，下面就来着重查看 baseline 与 high 两种不同 profile 编码出来的视频是否包含 B Slice。

首先使用 FFmpeg 编码生成 baseline 与 high 两种 profile 的视频：

```
ffmpeg -i input.mp4 -vcodec libx264 -profile:v baseline -level 3.1 -s 352x288 -an -y -t 10 output_baseline.ts

ffmpeg -i input.mp4 -vcodec libx264 -profile:v high -level 3.1 -s 352x288 -an -y -t 10 output_high.ts
```

从以上的输出结果可以看到共执行了两次 ffmpeg，分别生成 output_baseline.ts 与 output_high.ts 两个文件。前面章节中提到过使用 ffprobe 可以查看到每一帧具体是 I 帧、P 帧还是 B 帧，下面使用 ffprobe 查看这两个文件中包含 B 帧的情况：

```
ffprobe -v quiet -show_frames -select_streams v output_baseline.ts |grep "pict_type=B"|wc -l
0
ffprobe -v quiet -show_frames -select_streams v output_high.ts |grep "pict_type=B"|wc -l
```

```
140
```

从输出的结果中可以看到，baseline profile中包含了0个B帧，而high profile的视频中包含了140个B帧。当进行实时流媒体直播时，采用baseline编码相对main或high的profile会更可靠些；但适当地加入B帧能够有效地降低码率，所以应根据需要与具体的业务场景进行选择。

4. 控制场景切换关键帧插入参数sc_threshold

在FFmpeg中，通过命令行的-g参数设置以帧数间隔为GOP的长度，但是当遇到场景切换时，例如从一个画面突然变成另外一个画面时，会强行插入一个关键帧，这时GOP的间隔将会重新开始，这样的场景切换在点播视频文件中会频频遇到，如果将点播文件进行M3U8切片，或者将点播文件进行串流虚拟直播时，GOP的间隔也会出现相同的情况，为了避免这种情况的产生，可以通过使用sc_threshold参数进行设定以决定是否在场景切换时插入关键帧。

下面执行ffmpeg命令控制编码时的GOP大小，生成MP4之后使用Elecard StreamEye观察GOP的情况：

```
./ffmpeg -i input.mp4 -c:v libx264 -g 50 -t 60 output.mp4
```

根据这条命令可以看出，每50帧被设置为一个GOP间隔，生成60秒的MP4视频，接下来查看一下GOP的情况，如图4-2所示。

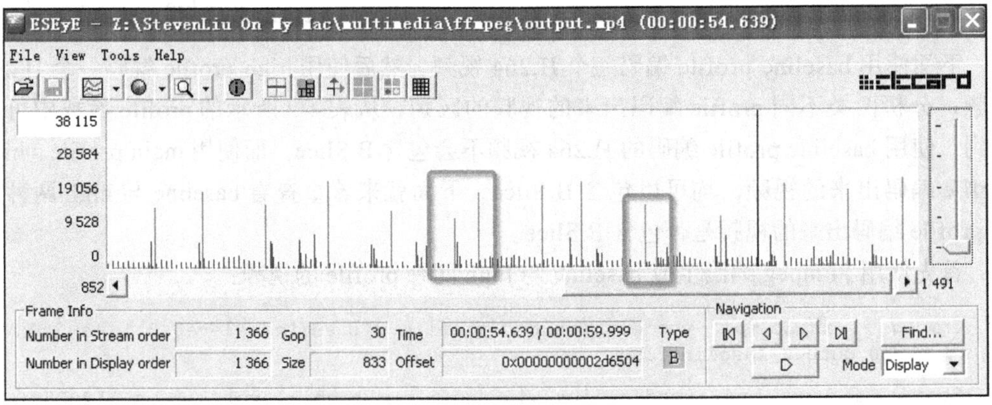

图4-2　查看不规则GOP视频

从图4-2中可以看出，其中有一段GOP的间距比较短，这是因为强行插入了GOP而导致的，这个情形插入的GOP是由于场景切换导致的GOP插入。为了使得GOP的插入更加均匀，使用参数sc_threshold即可，下面来看一下效果：

```
./ffmpeg -i input.mp4 -c:v libx264 -g 50 -sc_threshold 0 -t 60 -y output.mp4
```

执行完这条命令行之后，GOP间隔被设置为50帧，并且场景切换时不插入关键帧，执行完之后生成的MP4效果如图4-3所示，GOP非常均匀，均为50帧一个GOP，场景切换时并没有强行插入 GOP，这样做有一个好处，那就是可以控制关键帧，在进行视频切片时将会更加方便，如图 4-3 所示。

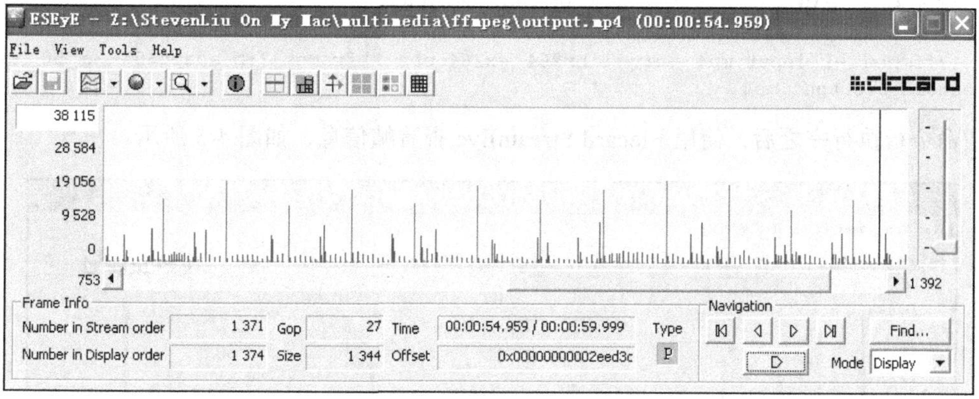

图 4-3　查看固定 GOP 长度视频

5. 设置 x264 内部参数 x264opts

由于 FFmpeg 设置 x264 参数时增加的参数比较多，所以 FFmpeg 开放了 x264opts，可以通过这个参数设置 x264 内部私有参数，如设置 I 帧、P 帧、B 帧的顺序及规律等，通过 x264opts 可以设置 x264 内部的很多参数。下面举个例子，控制 I 帧、P 帧、B 帧的顺序及出现频率，首先分析一下设置的 GOP 参数，如果视频 GOP 设置为 50 帧，那么如果在这 50 帧中不希望出现 B 帧，则客户只需要将 x264 参数 bframes 设置为 0 即可：

```
./ffmpeg -i input.mp4 -c:v libx264 -x264opts "bframes=0" -g 50 -sc_threshold 0
output.mp4
```

命令行执行完毕后，使用 Elecard StreamEye 查看帧的信息，结果如图 4-4 所示。

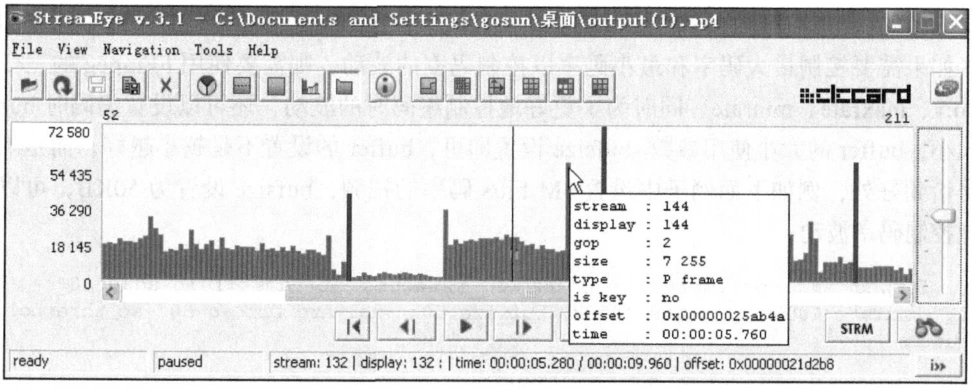

图 4-4　Elecard 查看无 B 帧视频

从图 4-4 中可以看出，output.mp4 中 H.264 的帧排列中并不包含 B 帧，全部为 P 帧与 I 帧。

如果希望控制I帧、P帧、B帧的频率与规律，可以通过控制GOP中B帧的帧数来实现，P帧的频率可以通过x264的参数b-adapt进行设置。

例如设置GOP中，每2个P帧之间存放3个B帧：

```
./ffmpeg -i input.mp4 -c:v libx264 -x264opts "bframes=3:b-adapt=0" -g 50 -sc_threshold 0 output.mp4
```

命令行执行完之后，使用Elecard StreamEye查看帧信息，如图4-5所示。

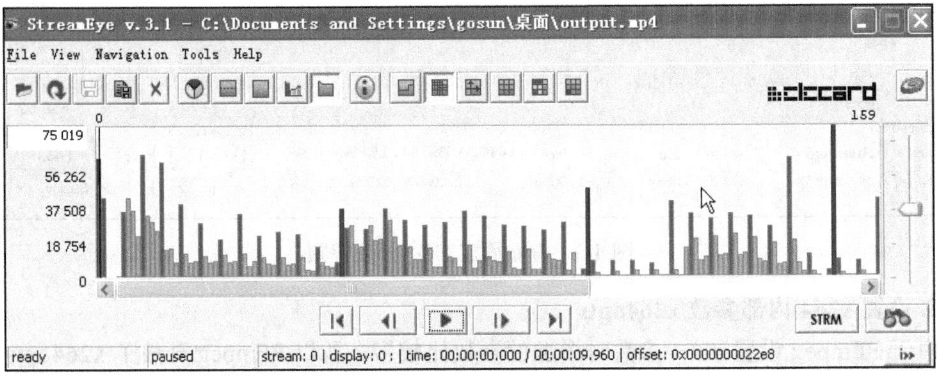

图4-5 Elecard查看固定帧排列视频

视频中的B帧越多，同等码率时的清晰度将会越高，但是B帧越多，编码与解码所带来的复杂度也就越高，所以合理地使用B帧非常重要，尤其是在进行清晰度与码率衡量时。

6. CBR恒定码率设置参数nal-hrd

从前面对x264参数的介绍中可以看出，编码能够设置VBR、CBR的编码模式，VBR为可变码率，CBR为恒定码率。尽管现在互联网上所看到的视频中VBR居多，但CBR依然存在；下面就来介绍一下CBR码率视频的制作。FFmpeg是通过参数-b:v来指定视频的编码码率的，但是设定的码率是平均码率，并不能够很好地控制最大码率及最小码率的波动，如果需要控制最大码率和最小码率以控制码率的波动，则需要使用FFmpeg的三个参数-b:v、maxrate、minrate。同时为了更好地控制编码时的波动，还可以设置编码时buffer的大小，buffer的大小使用参数-bufsize设置即可，buffer的设置不是越小越好，而是要设置得恰到好处，例如下面例子中设置1M bit/s码率的视频，bufsize设置为50KB，可以很好地控制码率波动：

```
./ffmpeg -i input.mp4 -c:v libx264 -x264opts "bframes=10:b-adapt=0"  -b:v 1000k -maxrate 1000k -minrate 1000k -bufsize 50k -nal-hrd cbr -g 50 -sc_threshold 0 output.ts
```

下面就来分析一下这条命令行，具体如下。

- 设置B帧的个数，并且是每两个P帧之间包含10个B帧
- 设置视频码率为1000kbit/s
- 设置最大码率为1000kbit/s

- 设置最小码率为 1000kbit/s
- 设置编码的 buffer 大小为 50KB
- 设置 H.264 的编码 HRD 信号形式为 CBR
- 设置每 50 帧一个 GOP
- 设置场景切换不强行插入关键帧

根据上述参数设置之后生成的 output.ts 文件，使用 Bitrate Viewer 观察其码率波动效果，结果如图 4-6 所示。

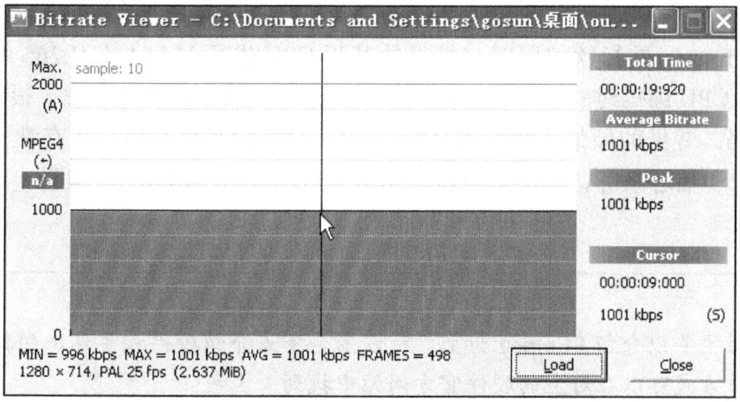

图 4-6 使用 Bitrate Viewer 查看 CBR 编码视频信息

从图 4-6 中可以看到码率波动为最小 996kbit/s，最大码率为 1001kbit/s，码率得到了控制。

接下来使用 Elecard StreamEye 查看一下视频流信息，如图 4-7 所示。

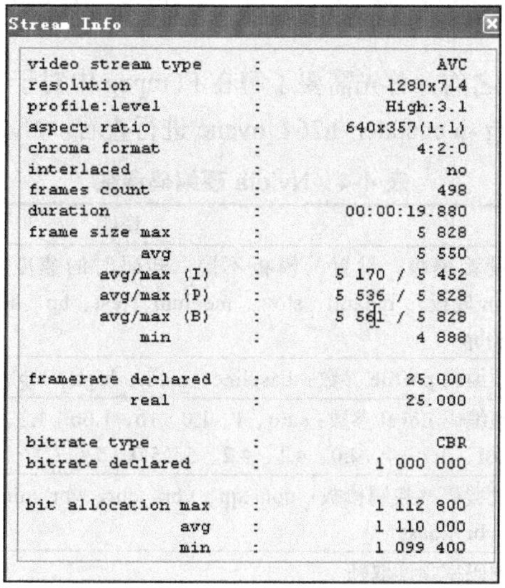

图 4-7 Elecard 查看 CBR 视频信息

可以看到流的码率类型（bitrate type）为CBR。至此CBR设置完毕。

> **说明：**
> 在FFmpeg中进行H.265编码时，可以采用x265进行编码，H.265编码参数与x264的编码参数相差不多，基本可以通用。

4.2 FFmpeg硬编解码

当使用FFmpeg进行软编码时，常见的基于CPU进行H.264或H.265编码其相对成本会比较高，CPU编码时的性能也很低，所以出于编码效率及成本考虑，很多时候都会考虑采用硬编码，常见的硬编码包含Nvidia GPU与Intel QSV两种，还有常见的嵌入式平台，如树莓派、瑞芯微等，本节将重点介绍常见的Nvidia与Intel硬编码，以及树莓派的硬编码。

> **说明：**
> 鉴于本书主要以介绍FFmpeg为主，所以不会重点介绍硬件相关环境的搭建，相关环境搭建的操作方式可以在对应的硬件官方网站中找到。

4.2.1 Nvidia GPU硬编解码

在计算机的显卡生产厂商里，最常见的就是Nvidia了，Nvidia在图像处理技术方面非常强悍，FFmpeg集成Nvidia显卡视频处理模块后，使用FFmpeg能够将Nvidia的视频编解码功能快速使用起来，下面就来了解一下Nvidia在FFmpeg中支持的操作参数。

1. Nvidia硬编码参数

使用Nvidia GPU编码之前，首先需要了解在FFmpeg中对于Nvidia的GPU编码均支持哪些参数，可以通过ffmpeg -h encoder=h264_nvenc进行查看。Nvidia硬编码参数见表4-4。

表4-4 Nvidia硬编码参数

参数	类型	说明
preset	整数	预设置模板，设置的模板不同，转码时的速度也会不同，模板如下（默认为medium模板）：default、slow、medium、fast、hp、hq、bd、ll、llhq、llhp、lossless、losslesshp
profile	整数	视频编码profile参数：baseline、main、high、high444p
level	整数	视频编码Level参数：auto、1、1.0、1b、1.0b、1.1、1.2、1.3、2、2.0、2.1、2.2、3、3.0、3.1、3.2、4、4.0、4.1、4.2、5、5.0、5.1
rc	整数	预设置码率控制模板：constqp、vbr、cbr、vbr_minqp、ll_2pass_quality、ll_2pass_size、vbr_2pass
rc-lookahead	整数	控制码率预读取帧

（续）

参数	类型	说明
gpu	整数	GPU 使用： • any：默认使用第一个 GPU • list：列取可用 GPU 列表
no-scenecut	布尔	场景切换是否插入 I 帧
forced-idr	布尔	强制将帧转换为 IDR 帧
b_adapt	布尔	开启预读取帧时设置 B 帧适配
zerolatency	布尔	低延时编码设置
nonref_p	布尔	设置 P 帧为非参考帧
cq	整数	VBR 模式时设置量化参数
aud	布尔	设置 AUD 分隔符

从表 4-4 所示的参数列表中可以看到，编码的参数与开源的 x264 有些类似，但是参数相对于 x264 则少很多，不过关键参数均在，例如 preset 参数、profile 参数、level 参数、场景切换参数等。下面就来针对常用的主要参数进行举例。

2. Nvidia 硬编解码参数使用举例

在使用 Nvidia 进行编解码时，可以使用 ffmpeg -h encoder=h264_nvenc 查看 FFmpeg 中 Nvidia 做 H.264 编码时的参数支持，使用 ffmpeg -h decoder=h264_cuvid 查看 FFmpeg 中 Nvidia 做 H.264 解码时的参数支持。在做 H.264 编码时，首先需要确认 nvenc 支持的像素格式：

```
Encoder h264_nvenc [NVIDIA NVENC H.264 encoder]:
    General capabilities: delay
    Threading capabilities: none
    Supported pixel formats: yuv420p nv12 p010le yuv444p yuv444p16le bgr0 rgb0
cuda
```

如 h264_nvenc 基本信息所示，使用 nvenc 进行 H.264 编码时所支持的像素格式为 yuv420p、nv12、p010le、yuv444p、yuv444p16le、rgb0、cuda。

而在做 H.264 解码时，需要查看 cuvid 所支持的解码像素格式：

```
Decoder h264_cuvid [Nvidia CUVID H264 decoder]:
    General capabilities: delay
    Threading capabilities: none
    Supported pixel formats: cuda nv12
```

如 h264_cuvid 基本信息所示，使用 cuvid 解码 H.264 时所支持的像素格式为 cuda、nv12。了解清楚了所支持的像素格式之后，接下来列举一个硬编码与硬解码的例子：

```
./ffmpeg -hwaccel cuvid -vcodec h264_cuvid -i input.mp4 -vf scale_npp=1920:1080
-vcodec h264_nvenc -acodec copy -f mp4 -y output.mp4
```

命令行执行完毕之后，会将 input.mp4 的视频像素改变为 1920 × 1080，将码率改变为 2000kbit/s，输出为 output.mp4。下面就来看一下转码时的效果：

```
Input #0, mov,mp4,m4a,3gp,3g2,mj2, from 'input.mp4':
    Metadata:
        major_brand     : isom
        minor_version   : 512
        compatible_brands: isomiso2avc1mp41
        encoder         : Lavf57.63.100
    Duration: 00:03:31.20, start: 0.000000, bitrate: 36127 kb/s
        Stream #0:0(und): Video: h264 (High) (avc1 / 0x31637661), yuv420p(tv,
bt709/unknown/unknown), 3840x2160 [SAR 1:1 DAR 16:9], 35956 kb/s, 29.97 fps, 29.97
tbr, 1000000000.00 tbn, 2000000000.00 tbc (default)
    Metadata:
        handler_name    : VideoHandler
      Stream #0:1(und): Audio: aac (LC) (mp4a / 0x6134706D), 48000 Hz, stereo,
fltp, 164 kb/s (default)
    Metadata:
        handler_name    : SoundHandler
Output #0, mp4, to 'output.mp4':
    Metadata:
        major_brand     : isom
        minor_version   : 512
        compatible_brands: isomiso2avc1mp41
        encoder         : Lavf57.56.100
          Stream #0:0(und): Video: h264 (h264_nvenc) (Main) ([33][0][0][0] /
0x0021), cuda, 1920x1080 [SAR 1:1 DAR 16:9], q=-1--1, 2000 kb/s, 29.97 fps, 30k tbn,
29.97 tbc (default)
    Metadata:
        handler_name    : VideoHandler
        encoder         : Lavc57.64.101 h264_nvenc
    Side data:
        cpb: bitrate max/min/avg: 0/0/2000000 buffer size: 4000000 vbv_delay: -1
      Stream #0:1(und): Audio: aac (LC) ([64][0][0][0] / 0x0040), 48000 Hz,
stereo, 164 kb/s (default)
    Metadata:
        handler_name    : SoundHandler
Stream mapping:
    Stream #0:0 -> #0:0 (h264 (h264_cuvid) -> h264 (h264_nvenc))
    Stream #0:1 -> #0:1 (copy)
Press [q] to stop, [?] for help
frame= 951 fps= 35 q=36.0 size= 8594kB time=00:00:31.85 bitrate=2210.4kbits/s
speed=1.17x
```

如上述的输出信息所示，使用的是 cuvid 硬解码与 nvenc 硬编码，将视频从 4K 视频降低为 1080p，同时将码率从 35Mbit/s 降低至 2Mbit/s，效率刚刚好能够支撑转码处理。而在普通的 PC 机中，如果不这样使用硬编解码处理，效率将会极为低下。下面就来看一下使用硬转码时的 CPU 使用情况，如图 4-8 所示。

```
top - 18:16:36 up  2:00,  4 users,  load average: 0.02, 0.15, 0.09
Tasks:   1 total,   0 running,   1 sleeping,   0 stopped,   0 zombie
%Cpu(s):  1.3 us,  1.3 sy,  0.0 ni, 97.3 id,  0.2 wa,  0.0 hi,  0.0 si,  0.0 st
KiB Mem : 16245544 total,  4988644 free,  1468932 used,  9787968 buff/cache
KiB Swap: 16589820 total, 16589820 free,        0 used. 14373612 avail Mem

  PID USER      PR  NI    VIRT    RES    SHR S  %CPU %MEM     TIME+ COMMAND
12502 liuqi     20   0 28.684g 451024 248244 S   8.3  2.8   0:13.40 ffmpeg
```

图 4-8　nvenc 硬编码系统资源使用情况

从图 4-8 中可以看到，使用硬转码 4K 视频至 1080p 视频时，CPU 的使用效率可以控制在 10% 之内，而在使用软转码时，CPU 的占用率将远远高于 100%。

4.2.2 Intel QSV 硬编码

硬编解码除了可以使用 Nvidia 的 GPU 之外，Intel 的 QSV 也是一种不错的方案，FFmpeg 对于 Intel 的 QSV 支持相对也比较灵活，如果希望使用 FFmpeg 的 Intel QSV 编码，则需要在编译 FFmpeg 时开启 QSV 支持：

```
./ffmpeg -hide_banner -codecs|grep h264
```

命令行执行后的输出内容如下：

```
DEV.LS h264                    H.264 / AVC / MPEG-4 AVC / MPEG-4 part 10 (decoders:
h264 h264_qsv ) (encoders: libx264 libx264rgb h264_nvenc h264_qsv h264_vaapi nvenc
nvenc_h264 )
```

如上述输出信息所示，FFmpeg 通过 --enable-libmfx 开启对 Intel QSV 的支持；FFmpeg 项目中已经支持了 H.264、H.265 的硬解码、硬编码，下面就来看一下 H.264 和 H.265 的参数相关的支持与操作。

1. Intel QSV H.264 参数说明

在使用 Intel QSV 编码之前，首先查看一下 FFmpeg 支持 Intel Media SDK QSV 的参数，执行命令行 ffmpeg -h encoder=h264_qsv 可以得到 QSV 参数信息，具体见表 4-5。

表 4-5 Intel QSV H.264 参数

参数	类型	说明
async_depth	整数	编码最大并行处理深度
avbr_accuracy	整数	精确的 AVBR 控制
avbr_convergence	整数	收敛的 AVBR 控制
preset	整数	预设值模板：包含 veryfast、faster、fast、medium、slow、slower、veryslow 共 7 种预置参数模板
vcm	整数	使用视频会议模式码率控制
rdo	整数	失真优化
max_frame_size	整数	帧最大 size 设置
max_slice_size	整数	Slice 最大 size 设置
bitrate_limit	整数	码率极限值设置
mbbrc	整数	宏块级别码率设置
extbrc	整数	扩展级别码率设置
adaptive_i	整数	I 帧自适应位置设置
adaptive_b	整数	B 帧自适应位置设置
b_strategy	整数	I/P/B 帧编码策略
idr_interval	整数	IDR 帧频率（GOP Size）
single_sei_nal_unit	整数	NALU 合并设置

（续）

参数	类型	说明
max_dec_frame_buffering	整数	DPB 最大数量的帧缓冲设置
look_ahead	整数	在进行 VBR 算法时使用 lookahead 模式
look_ahead_depth	整数	设置 lookahead 预读取的帧数
look_ahead_downsampling	整数	设置 lookahead 预读取采样帧时
int_ref_type	整数	帧内参考刷新类型
int_ref_cycle_size	整数	帧内参考刷新类型刷新帧的数量设置
int_ref_qp_delta	整数	刷新宏块时设置的量化差值
profile	整数	编码参考 profile：支持 baseline、main、high 共 3 种 profile

从表 4-5 中可以看出，硬件编码所支持的参数虽然比 libx264 软编码的参数设置稍微少一些，但是基本上也可以实现常见的功能，下面列举几个硬转码的例子，来对比一下其与软编码的区别。

2. Intel QSV H.264 使用举例

因为是使用硬件的 codec，因此可以考虑解码时使用硬件解码，编码时使用硬件编码，通过 ffmpeg -h encoder=h264 与 ffmpeg -h decoder=h264 查看 h264_qsv 硬件参数信息时可以看到，h264_qsv 只支持 nv12 与 qsv 的像素格式，所以在使用 yuv420p 时需要将其转换成 nv12 才可以，FFmpeg 已经可以自动进行该操作的转换，下面看一下硬转码的例子：

```
./ffmpeg -i 10M1080P.mp4 -pix_fmt nv12 -vcodec h264_qsv -an -y output.mp4
```

命令行执行之后，FFmpeg 将会使用 h264_qsv 进行解码与编码，转码速度如下所示：

```
Input #0, mov,mp4,m4a,3gp,3g2,mj2, from 'H264_1080P_8M_29.97fps.mp4':
    Metadata:
        major_brand     : isom
        minor_version   : 512
        compatible_brands: isomiso2avc1mp41
        creation_time   : 1970-01-01T00:00:00.000000Z
        encoder         : Lavf53.6.0
    Duration: 00:01:00.29, start: 0.000000, bitrate: 8044 kb/s
            Stream #0:0(und): Video: h264 (Main) (avc1 / 0x31637661), yuv420p,
1920x1080 [SAR 1:1 DAR 16:9], 7856 kb/s, 29.97 fps, 29.97 tbr, 2997 tbn, 59.94 tbc
(default)
    Metadata:
        creation_time   : 1970-01-01T00:00:00.000000Z
        handler_name    : VideoHandler
            Stream #0:1(und): Audio: mp3 (mp4a / 0x6134706D), 44100 Hz, stereo,
s16p, 192 kb/s (default)
    Metadata:
        creation_time   : 1970-01-01T00:00:00.000000Z
        handler_name    : SoundHandler
Stream mapping:
    Stream #0:0 -> #0:0 (h264 (native) -> h264 (h264_qsv))
Press [q] to stop, [?] for help
libva info: VA-API version 0.99.0
```

```
    libva info: va_getDriverName() returns 0
    libva info: User requested driver 'iHD'
    libva info: Trying to open /opt/intel/mediasdk/lib64/iHD_drv_video.so
    libva info: Found init function __vaDriverInit_0_32
    libva info: va_openDriver() returns 0
    Output #0, mp4, to 'out_h264.mp4':
        Metadata:
            major_brand     : isom
            minor_version   : 512
            compatible_brands: isomiso2avc1mp41
            encoder         : Lavf57.56.100
            Stream #0:0(und): Video: h264 (h264_qsv) ([33][0][0][0] / 0x0021), nv12,
1920x1080 [SAR 1:1 DAR 16:9], q=2-31, 1000 kb/s, 29.97 fps, 11988 tbn, 29.97 tbc
(default)
        Metadata:
            creation_time   : 1970-01-01T00:00:00.000000Z
            handler_name    : VideoHandler
            encoder         : Lavc57.64.101 h264_qsv
        Side data:
            cpb: bitrate max/min/avg: 0/0/1000000 buffer size: 0 vbv_delay: -1
    frame= 1805 fps=241 q=-0.0 Lsize= 6468kB time=00:01:00.16 bitrate= 880.7kbits/s
speed=8.03x
```

如上述的输出内容所示，FFmpeg 采用的是 Intel QSV 进行 H.264 转码，将 1080p/7.8 M 的 H.264 的视频转换为 1080p/1M 的视频输出，转码速度近 8 倍速，如果只使用 libx264 做软编码时速度并不会有这么快。h264_qsv 编码采用的是 Intel 的 GPU 编码，对 CPU 资源也相对更加节省一些。

3. Intel QSV H.265 参数说明

FFmpeg 中的 Intel QSV H.265（HEVC）的参数与 Intel QSV H.264 的参数类似，但是 FFmpeg 另外还支持指定使用软编码还是硬编码的参数。Intel QSV H.265 编码参数见表 4-6。

表 4-6 Intel QSV H.265（HEVC）参数

参数	类型	说明
load_plugin	整数	加载编码插件的情况具体如下。 • none：不加载任何插件 • hevc_sw：H.265 软编码插件 • hevc_hw：H.265 硬编码插件
load_plugins	字符串	加载硬件编码插件的时候使用十六进制串

4. Intel QSV H.265 使用举例

在使用 Intel 进行高清编码时，使用 AVC 编码之后观察码率会比较高，但是使用 H.265（HEVC）则能更好地降低同样清晰度的码率，下面举例说明：

```
    ./ffmpeg -hide_banner -y -hwaccel qsv -i 10M1080P.mp4 -an -c:v hevc_qsv -load_
plugin hevc_hw -b:v 5M -maxrate 5M out.mp4
```

命令行执行之后，FFmpeg 会将 1080p 的高清视频转换为 H.265 视频，使用 CPU 进行 1080p 的 H.265 编码时速度相对会比较慢，而使用 Intel QSV 进行编码时，效率则会稍微高一些，效果如下：

```
Input #0, mov,mp4,m4a,3gp,3g2,mj2, from 'H264_1080P_8M_29.97fps.mp4
        major_brand     : isom
        minor_version   : 512
        compatible_brands: isomiso2avc1mp41
        creation_time   : 1970-01-01T00:00:00.000000Z
        encoder         : Lavf53.6.0
    Duration: 00:01:00.29, start: 0.000000, bitrate: 8044 kb/s
        Stream #0:0(und): Video: h264 (Main) (avc1 / 0x31637661), yuv420p,
1920x1080 [SAR 1:1 DAR 16:9], 7856 kb/s, 29.97 fps, 29.97 tbr, 2997 tbn, 59.94 tbc
(default)
    Metadata:
        creation_time   : 1970-01-01T00:00:00.000000Z
        handler_name    : VideoHandler
     Stream #0:1(und): Audio: mp3 (mp4a / 0x6134706D), 44100 Hz, stereo, s16p,
192 kb/s (default)
    Metadata:
        creation_time   : 1970-01-01T00:00:00.000000Z
        handler_name    : SoundHandler
Stream mapping:
    Stream #0:0 -> #0:0 (h264 (native) -> hevc (hevc_qsv))
Press [q] to stop, [?] for help
libva info: VA-API version 0.99.0
libva info: va_getDriverName() returns 0
libva info: User requested driver 'iHD'
libva info: Trying to open /opt/intel/mediasdk/lib64/iHD_drv_video.so
libva info: Found init function __vaDriverInit_0_32
libva info: va_openDriver() returns 0
Output #0, mp4, to 'out_hevc.mp4':
    Metadata:
        major_brand     : isom
        minor_version   : 512
        compatible_brands: isomiso2avc1mp41
        encoder         : Lavf57.56.100
        Stream #0:0(und): Video: hevc (hevc_qsv) ([35][0][0][0] / 0x0023),
nv12, 1920x1080 [SAR 1:1 DAR 16:9], q=2-31, 5000 kb/s, 29.97 fps, 11988 tbn, 29.97
tbc (default)
    Metadata:
        creation_time   : 1970-01-01T00:00:00.000000Z
        handler_name    : VideoHandler
        encoder         : Lavc57.64.101 hevc_qsv
    Side data:
        cpb: bitrate max/min/avg: 5000000/0/5000000 buffer size: 0 vbv_delay: -1
frame=1805 fps= 70 q=-0.0 Lsize=36052kB time=00:01:00.06 bitrate=4917.4kbits/s
speed=2.34x
```

如上述输出内容所示，使用 HEVC 编码时转码速度为 2.34 倍速，并且是将视频从 7856kbit/s 转换为 5000kbit/s 的码率，分辨率为 1080p。

至此，FFmpeg 支持的 Intel QSV 硬编解码已全部介绍完毕。

4.2.3 树莓派硬编码

目前，树莓派（Raspberry Pi）在全球应用极为广泛，常应用于智能控制等方面，但是智能控制部分，也少不了多媒体的处理，FFmpeg 能够支持在树莓派中进行硬编解码，本节将重点介绍树莓派的 H.264 编码，如果想要使用 FFmpeg 支持树莓派的硬编码首先要让 FFmpeg 支持树莓派的硬编码，下面就来看一下硬编码所支持的配置：

```
ffmpeg version n3.3.2 Copyright (c) 2000-2017 the FFmpeg developers
    built with gcc 4.9.2 (Raspbian 4.9.2-10)
    configuration: —enable-omx-rpi
    libavutil      55. 58.100 / 55. 58.100
    libavcodec     57. 89.100 / 57. 89.100
    libavformat    57. 71.100 / 57. 71.100
    libavdevice    57.  6.100 / 57.  6.100
    libavfilter     6. 82.100 /  6. 82.100
    libswscale      4.  6.100 /  4.  6.100
    libswresample   2.  7.100 /  2.  7.100
V….. h264_omx              OpenMAX IL H.264 video encoder (codec h264)
```

在 FFmpeg 下面支持树莓派的 H.264 编码采用的是 OpenMAX 框架，在编译 FFmpeg 工程之前配置编译时，需要使用 --enable-omx-rpi 支持，下面来看一下具体的参数说明。

1. h264_omx 参数说明

在树莓派中使用的是 h264_omx 进行编码，ffmpeg 对于树莓派的 h264_omx 编码参数可以通过 ffmpeg -h encoder=h264_omx 获得，具体参数见表 4-7。

表 4-7 树莓派 H.264 编码参数

参数	类型	说明
omx_libname	字符串	OpenMAX 库名
omx_libprefix	字符串	OpenMAX 库路径
zerocopy	整数	避免复制输入帧

从表 4-7 中可以看出，目前一共有三个参数可用，omx_libname 与 omx_libprefix 均是运行 ffmpeg 时加载 omx 所使用的参数，zerocopy 则用于提升编码时的性能。

2. h264_omx 使用举例

在树莓派的常规使用环境中，除非 omx_libname 与 omx_libprefix 有多个版本，否则不会频繁使用，而 zerocopy 则为提升性能的参数，下面就来看一下使用 h264_omx 在树莓派下编码的效率：

```
./ffmpeg -i input.mp4 -vcodec h264_omx -b:v 500k -acodec copy -y output.mp4
```

执行完命令行之后将会解码 input.mp4，然后通过使用 h264_omx 编码器进行编码，最后输出 output.mp4，过程如下：

```
Input #0, mov,mp4,m4a,3gp,3g2,mj2, from 'input.mp4':
    Metadata:
        major_brand     : isom
```

```
        minor_version   : 512
        compatible_brands: isomiso2mp41
        encoder         : Lavf57.66.102
    Duration: 00:09:56.48, start: 0.000000, bitrate: 12452 kb/s
        Stream #0:0(und): Video: mpeg4 (Simple Profile) (mp4v / 0x7634706D),
yuv420p, 1920x1080 [SAR 1:1 DAR 16:9], 12000 kb/s, 24 fps, 24 tbr, 5000k tbn, 24 tbc
(default)
    Metadata:
        handler_name    : VideoHandler
     Stream #0:1(und): Audio: ac3 (ac-3 / 0x332D6361), 48000 Hz, 5.1(side),
fltp, 448 kb/s (default)
    Metadata:
        handler_name    : SoundHandler
    Side data:
        audio service type: main
Stream mapping:
    Stream #0:0 -> #0:0 (mpeg4 (native) -> h264 (h264_omx))
    Stream #0:1 -> #0:1 (copy)
Press [q] to stop, [?] for help
[h264_omx @ 0x300f400] Using OMX.broadcom.video_encode
Output #0, mp4, to 'output.mp4' :
    Metadata:
        major_brand     : isom
        minor_version   : 512
        compatible_brands: isomiso2mp41
        encoder         : Lavf57.71.100
          Stream #0:0(und): Video: h264 (h264_omx) ([33][0][0][0] / 0x0021),
yuv420p, 1920x1080 [SAR 1:1 DAR 16:9], q=2-31, 500 kb/s, 24 fps, 5000k tbn, 24 tbc
(default)
    Metadata:
        handler_name    : VideoHandler
        encoder         : Lavc57.89.100 h264_omx
        Stream #0:1(und): Audio: ac3 ([165][0][0][0] / 0x00A5), 48000 Hz,
5.1(side), fltp, 448 kb/s (default)
    Metadata:
        handler_name    : SoundHandler
    Side data:
        audio service type: main
frame= 396 fps= 32 q=-0.0 size=  1902kB time=00:00:16.64 bitrate= 936.5kbits/s
speed=1.35x
```

从命令行执行后的输出内容中可以看到，在不控制转码速度的情况下，转码时的速度为 1.35 倍速，这个速度相对于在树莓派中使用软编码来说是完胜的状态，下面就来看一下在树莓派中使用 x264 进行软编码的效率：

```
Input #0, mov,mp4,m4a,3gp,3g2,mj2, from 'input.mp4':
    Metadata:
        major_brand     : isom
        minor_version   : 512
        compatible_brands: isomiso2mp41
        encoder         : Lavf57.66.102
    Duration: 00:09:56.48, start: 0.000000, bitrate: 12452 kb/s
        Stream #0:0(und): Video: mpeg4 (Simple Profile) (mp4v / 0x7634706D),
yuv420p, 1920x1080 [SAR 1:1 DAR 16:9], 12000 kb/s, 24 fps, 24 tbr, 5000k tbn, 24 tbc
```

```
(default)
        Metadata:
            handler_name    : VideoHandler
             Stream #0:1(und): Audio: ac3 (ac-3 / 0x332D6361), 48000 Hz, 5.1(side),
fltp, 448 kb/s (default)
        Metadata:
            handler_name    : SoundHandler
        Side data:
            audio service type: main
    Stream mapping:
        Stream #0:0 -> #0:0 (mpeg4 (native) -> h264 (libx264))
        Stream #0:1 -> #0:1 (copy)
    Press [q] to stop, [?] for help
    [libx264 @ 0x1bb6400] using SAR=1/1
    [libx264 @ 0x1bb6400] using cpu capabilities: ARMv6 NEON
    [libx264 @ 0x1bb6400] profile High, level 4.0
    Output #0, mp4, to 'output.mp4':
        Metadata:
            major_brand     : isom
            minor_version   : 512
            compatible_brands: isomiso2mp41
            encoder         : Lavf57.71.100
               Stream #0:0(und): Video: h264 (libx264) ([33][0][0][0] / 0x0021),
yuv420p, 1920x1080 [SAR 1:1 DAR 16:9], q=-1--1, 500 kb/s, 24 fps, 5000k tbn, 24 tbc
(default)
        Metadata:
            handler_name    : VideoHandler
            encoder         : Lavc57.89.100 libx264
        Side data:
            cpb: bitrate max/min/avg: 0/0/500000 buffer size: 0 vbv_delay: -1
        Stream #0:1(und): Audio: ac3 ([165][0][0][0] / 0x00A5), 48000 Hz, 5.1(side),
fltp, 448 kb/s (default)
        Metadata:
            handler_name    : SoundHandler
        Side data:
            audio service type: main
    frame=   86 fps=4.6 q=38.0 size= 210kB time=00:00:03.71 bitrate= 463.7kbits/s
speed=0.198x
```

从使用 x264 软编码输出的内容中可以看到，在软编码不控制速度的情况下，转码时的速度为 0.198 倍速，效率极其低下，不仅如此，长期这么转码下去，CPU 的温度会非常高，然后效率会越来越低。

至此树莓派硬件编码相关的内容已经介绍完毕。

4.2.4 OS X 系统硬编解码

在苹果电脑的 OS X 系统下，通常硬编码采用 h264_videotoolbox、硬解码采用 h264_vda 为最快捷、最节省 CPU 资源的方式，但是 h264_videotoolbox 的码率控制情况并不完美，因为 h264_videotoolbox 做硬编码时目前仅支持 VBR/ABR 模式，而不支持 CBR 模式，下面就来详细介绍 h264_videotoolbox 硬编码的参数。

1. OS X 硬编解码参数

在苹果系统下的编解码主要以使用 videotoolbox 为主，h264_videotoolbox 则为苹果系统中硬件编码的主要编码器，使用 ffmpeg -h encoder=h264_videotoolbox 可以查看 h264_videotoolbox 包含了哪些参数，具体见表 4-8。

表 4-8　videotoolbox 编码参数

参数	类型	说明
profile	整数	视频编码 profile 设置：baseline、main、high
level	整数	视频编码 level 设置：1.3、3.0、3.1、3.2、4.0、4.1、4.2、5.0、5.1、5.2
allow_sw	布尔	使用软编码模式，默认关闭
coder	整数	熵编码模式：CAVLC、VLC、CABAC、AC
realtime	布尔	如果编码不够快则会开启实时编码模式，默认关闭

从表 4-8 中可以看出，h264_videotoolbox 硬编码参数并不多，但是在 OS X 下面基本够用，下面举个硬转码的例子。

2. OS X 硬编解码使用示例

在 OS X 下使用 h264_vda 解码时，可以通过 ffmpeg -h decoder=h264_vda 查看解码支持像素的色彩格式，通过 ffmpeg -h encoder=h264_videotoolbox 查看编码支持像素的色彩格式。下面来看一下硬转码的效率：

```
./ffmpeg -vcodec h264_vda -i input.mp4 -vcodec h264_videotoolbox -b:v 2000k
output.mp4
```

执行完这条命令行之后将会使用 h264_vda 对 input.mp4 的视频解码，然后使用 h264_videotoolbox 进行编码，输出视频码率为 2Mbit/s 的文件 output.mp4，效果如下：

```
Input #0, mov,mp4,m4a,3gp,3g2,mj2, from 'input.mp4':
    Metadata:
        major_brand      : isom
        minor_version    : 512
        compatible_brands: isomiso2avc1mp41
        encoder          : Lavf57.66.102
    Duration: 00:00:10.01, start: 0.000000, bitrate: 4309 kb/s
            Stream #0:0(und): Video: h264 (High) (avc1 / 0x31637661), yuv420p,
1280x714 [SAR 1:1 DAR 640:357], 4183 kb/s, 25 fps, 25 tbr, 25k tbn, 50 tbc (default)
    Metadata:
        handler_name    : VideoHandler
      Stream #0:1(und): Audio: aac (LC) (mp4a / 0x6134706D), 48000 Hz, stereo,
fltp, 120 kb/s (default)
    Metadata:
        handler_name    : SoundHandler
File 'output.mp4' already exists. Overwrite ? [y/N] y
Stream mapping:
    Stream #0:0 -> #0:0 (h264 (h264_vda) -> h264 (h264_videotoolbox))
    Stream #0:1 -> #0:1 (aac (native) -> aac (native))
Press [q] to stop, [?] for help
[h264_videotoolbox @ 0x7fb0cd810800] Color range not set for yuv420p. Using
```

```
MPEG range.
    [h264_videotoolbox @ 0x7fb0cd810800] Output #0, mp4, to 'output.mp4':
        Metadata:
            major_brand     : isom
            minor_version   : 512
            compatible_brands: isomiso2avc1mp41
            encoder         : Lavf57.71.100
              Stream #0:0(und): Video: h264 (h264_videotoolbox) ([33][0][0][0] /
0x0021), yuv420p, 1280x714 [SAR 1:1 DAR 640:357], q=2-31, 2000 kb/s, 25 fps, 12800
tbn, 25 tbc (default)
        Metadata:
            handler_name    : VideoHandler
            encoder         : Lavc57.89.100 h264_videotoolbox
         Stream #0:1(und): Audio: aac (LC) ([64][0][0][0] / 0x0040), 48000 Hz,
stereo, fltp, 128 kb/s (default)
        Metadata:
            handler_name    : SoundHandler
            encoder         : Lavc57.89.100 aac
    frame= 252 fps=191 q=-0.0 Lsize= 2615kB time=00:00:10.04 bitrate=2133.3kbits/s
dup=2 drop=0 speed=7.61x
```

从上述输出结果中可以看到输入的视频 input.mp4 的分辨率为 720p、码率为 4Mbit/s、帧率为 25fps，经过转码后，输出视频的分辨率为 720p、码率为 2Mbit/s、帧率为 25fps。至此，OS X 硬件编解码讲解完毕。

4.3 FFmpeg 输出 MP3

日常生活中听音乐时大多数为 MP3 音乐，使用 FFmpeg 可以解码 MP3，同样 FFmpeg 也可以支持 MP3 编码，FFmpeg 使用第三方库 libmp3lame 即可编码 MP3 格式。不但如此，MP3 编码还是低延迟的编码，可以支持的采样率比较多，包含 44 100、48 000、32 000、22 050、24 000、16 000、11 025、12 000、8000 多种采样率，采样格式也比较多，包含 s32p（signed 32 bits，planar）、fltp（float，planar）、s16p（signed 16 bits，planar）多种格式，声道布局方式支持包含 mono（单声道模式）、stereo（环绕立体声模式），下面就来详细介绍 MP3 编码参数。

4.3.1 MP3 编码参数介绍

查看 FFmpeg 对于 MP3 的参数支持，可以通过 ffmpeg -h encoder=libmp3lame 得到 MP3 的参数，见表 4-9。

表 4-9 MP3 编码参数

参数	类型	说明
b	布尔	设置 MP3 编码的码率
joint_stereo	布尔	设置环绕立体声模式
abr	布尔	设置编码为 ABR 状态，自动调整码率

（续）

参数	类型	说明
compression_level	整数	设置压缩算法质量，参数设置为 0 ～ 9 区间的值即可，数值越大质量越差，但是编码速度越快
q	整型	设置恒质量的 VBR。调用 lame 接口的话，设置 global_quality 变量具有同样的效果

从表 4-9 中可以看到，FFmpeg 对 MP3 编码操作相关的参数包含了主要的控制参数，更高级的参数控制，尚未全部从 lame 中移植到 FFmpeg 中，还有待开发完善。下面就来介绍 FFmpeg 中重点支持的这些参数的使用及基本原理。

4.3.2　MP3 的编码质量设置

在 FFmpeg 中进行 MP3 编码采用的是第三方库 libmp3lame，所以进行 MP3 编码时，需要设置编码参数 acodec 为 libmp3lame，命令行如下：

```
./ffmpeg -i INPUT -acodec libmp3lame OUTPUT.mp3
```

根据上面的命令行可以得到音频编码为 MP3 封装文件。

MP3 编码的码率得到控制之后，控制质量时需要通过 -qscale:a 进行控制，也可以使用表 4-9 中的 q 参数进行控制，质量不同码率也不同，详情可以参考表 4-10。

表 4-10　MP3 基本信息与 q 参数的对应参数

lame 码率			
lame 操作参数	平均码率 / kbit/s	码率区间 / kbit/s	ffmpeg 操作参数
-b 320	320	320（CBR）	-b:a 320k
-v 0	245	220 ～ 260	-q:a 0
-v 1	225	190 ～ 250	-q:a 1
-v 2	190	170 ～ 210	-q:a 2
-v 3	175	150 ～ 195	-q:a 3
-v 4	165	140 ～ 185	-q:a 4
-v 5	130	120 ～ 150	-q:a 5
-v 6	115	100 ～ 130	-q:a 6
-v 7	100	80 ～ 120	-q:a 7
-v 8	85	70 ～ 105	-q:a 8
-v 9	65	45 ～ 85	-q:a 9

表 4-10 可以作为参考，如果遇到将低码率转换为高码率的情况，则并不一定会很符合上述参数，但在大多数情况下是符合的，下面举例说明：

```
./ffmpeg -i input.mp3 -acodec libmp3lame -q:a 8 output.mp3
```

执行完上面这条命令行之后，将生成的 output.mp3 的码率区间设置在 70kbit/s 至 105kbit/s 之间，下面将转码前的 input.mp3 与转码后的 output.mp3 做一个比较：

```
Input #0, mp3, from 'input.mp3':
    Metadata:
        artist          : 测试音频
        album           : Steven Liu
        title           : 测试音频
        TYER            : 2005-06-01
        comment         : V1.0
    Duration: 00:04:45.99, start: 0.000000, bitrate: 128 kb/s
        Stream #0:0: Audio: mp3, 44100 Hz, stereo, s16p, 128 kb/s
Stream mapping:
    Stream #0:0 -> #0:0 (mp3 (native) -> mp3 (libmp3lame))
Press [q] to stop, [?] for help
Output #0, mp3, to 'output.mp3':
    Metadata:
        TPE1            : 测试音频
        TALB            : Steven Liu
        TIT2            : 测试音频
        TYER            : 2005-06-01
        comment         : V1.0
        TSSE            : Lavf57.71.100
        Stream #0:0: Audio: mp3 (libmp3lame), 44100 Hz, stereo, s16p, 91 kb/s
        Metadata:
            encoder         : Lavc57.89.100 libmp3lame
size=    3194kB time=00:04:45.98 bitrate=  91.5kbits/s speed=56.1x
```

从以上代码可以看到，转码前的 input.mp3 的码率为 128kbit/s，转码后的 output.mp3 的码率为 91kbit/s。在转码过程中，从 FFmpeg 的输出过程信息中可以看到编码时的码率在不断地发生变动：

```
size=    3194kB time=00:04:45.98 bitrate=  91.5kbits/s speed=56.7x
```

以上码率设置方式为 VBR 码率，常见的 MP3 编码设置为 CBR，通过 FFmpeg 参数 -b 即可设置，在 FFmpeg 编码过程中，码率几乎不会波动：

```
./ffmpeg -i input.mp3 -acodec libmp3lame -b:a 64k output.mp3
```

执行完上述命令行之后，结果将会生成编码为 MP3 的音频。

对比转码前与转码后的两个 MP3 文件：

```
Input #0, mp3, from 'input.mp3':
    Metadata:
        artist          : 测试音频
        album           : Steven Liu
        title           : 测试音频
        TYER            : 2005-06-01
        comment         : V1.0
    Duration: 00:04:45.99, start: 0.000000, bitrate: 128 kb/s
        Stream #0:0: Audio: mp3, 44100 Hz, stereo, s16p, 128 kb/s
Stream mapping:
    Stream #0:0 -> #0:0 (mp3 (native) -> mp3 (libmp3lame))
Press [q] to stop, [?] for help
Output #0, mp3, to 'output.mp3':
    Metadata:
```

```
        TPE1            : 测试音频
        TALB            : Steven Liu
        TIT2            : 测试音频
        TYER            : 2005-06-01
        comment         : V1.0
        TSSE            : Lavf57.71.100
        Stream #0:0: Audio: mp3 (libmp3lame), 44100 Hz, stereo, s16p, 64 kb/s
        Metadata:
            encoder         : Lavc57.89.100 libmp3lame
size=    2235kB time=00:04:45.98 bitrate=  64.0kbits/s speed=41.1x
```

两个文件均为CBR编码方式编码的MP3，并且可以看到编码过程中码率几乎没有波动：

```
size=    2235kB time=00:04:45.98 bitrate=  64.0kbits/s speed=43.5x
```

4.3.3　平均码率编码参数ABR

ABR是VBR与CBR的混合产物，表示平均码率编码，使用ABR参数之后，编码速度将会比VBR高，但是质量会比VBR的编码稍逊一些，比CBR编码好一些，在FFmpeg中可使用参数-abr来控制MP3编码为ABR编码方式：

```
./ffmpeg -i input.mp3 -acodec libmp3lame -b:a 64k -abr 1 output.mp3
```

执行上面这条命令之后，编码之后的输出信息如下：

```
        artist          : 测试音频
        album           : Steven Liu
        title           : 测试音频
        TYER            : 2005-06-01
        comment         : V1.0
    Duration: 00:04:45.99, start: 0.000000, bitrate: 128 kb/s
        Stream #0:0: Audio: mp3, 44100 Hz, stereo, s16p, 128 kb/s
Stream mapping:
    Stream #0:0 -> #0:0 (mp3 (native) -> mp3 (libmp3lame))
Press [q] to stop, [?] for help
Output #0, mp3, to 'output.mp3':
    Metadata:
        TPE1            : 测试音频
        TALB            : Steven Liu
        TIT2            : 测试音频
        TYER            : 2005-06-01
        comment         : V1.0
        TSSE            : Lavf57.71.100
        Stream #0:0: Audio: mp3 (libmp3lame), 44100 Hz, stereo, s16p, 64 kb/s
        Metadata:
            encoder         : Lavc57.89.100 libmp3lame
size=    2270kB time=00:04:45.98 bitrate=  65.0kbits/s speed=42.8x
```

原本为64kbit/s码率的CBR编码方式的MP3音频，因为设置abr参数之后，成为ABR编码方式的MP3音频，可以观察编码过程中的输出内容：

```
size=    2270kB time=00:04:45.98 bitrate=  65.0kbits/s speed=  42.8x
```

看似 VBR，其实为 ABR。

4.4 FFmpeg 输出 AAC

在音视频流中，无论直播与点播，AAC 都是目前最常用的一种音频编码格式，例如 RTMP 直播、HLS 直播、RTSP 直播、FLV 直播、FLV 点播、MP4 点播等文件中都是常见的 AAC 音视频。

与 MP3 相比，AAC 是一种编码效率更高、编码音质更好的音频编码格式，常见的使用 AAC 编码后的文件存储格式为 m4a，如在 iPhone 或者 iPad 中即为 m4a。FFmpeg 可以支持 AAC 的三种编码器具体如下。

- aac：FFmpeg 本身的 AAC 编码实现
- libfaac：第三方的 AAC 编码器
- libfdk_aac：第三方的 AAC 编码器

后两种编码器为非 GPL 协议，所以使用起来需要注意，在预编译时需要注意采用 nonfree 的支持，这点在前面章节中已有相关介绍。下面就来详细介绍三种编码器的使用方法。

4.4.1 FFmpeg 中的 AAC 编码器使用

FFmpeg 中的 AAC 编码器在早期为实验版本，而从 2015 年 12 月 5 日起，FFmpeg 中的 AAC 编码器已经可以正式开始使用，所以在使用 AAC 编码器之前，首先要确定自己的 FFmpeg 是什么时候发布的版本，如果是 2015 年 12 月 5 日之前发布的版本，那么在编码时需要使用 -strict experimental 或者 -strict -2 参数来声明 AAC 为实验版本，下面列举几个使用 FFmpeg 中的 AAC 编码器编码的例子：

```
./ffmpeg -i input.mp4 -c:a aac -b:a 160k output.aac
```

根据这条命令行可以看出，编码为 AAC 音频，码率为 160kbit/s，编码生成的输出文件为 output.aac 文件：

```
Input #0, mov,mp4,m4a,3gp,3g2,mj2, from 'input.mp4':
    Metadata:
        encoder         : Lavf57.66.102
    Duration: 00:00:10.01, start: 0.000000, bitrate: 2309 kb/s
            Stream #0:0(und): Video: h264 (High) (avc1 / 0x31637661), yuv420p,
1280x714 [SAR 1:1 DAR 640:357], 2183 kb/s, 25 fps, 25 tbr, 25k tbn, 50 tbc (default)
        Stream #0:1(und): Audio: aac (LC) (mp4a / 0x6134706D), 48000 Hz, stereo,
fltp, 120 kb/s (default)
    Stream mapping:
        Stream #0:1 -> #0:0 (aac (native) -> aac (native))
    Press [q] to stop, [?] for help
    Output #0, adts, to 'output.aac':
```

```
        Metadata:
            encoder         : Lavf57.71.100
              Stream #0:0(und): Audio: aac (LC), 48000 Hz, stereo, fltp, 160 kb/s
(default)
    size=     199kB time=00:00:10.00 bitrate= 162.9kbits/s speed=29.1x
```

接下来再列举一个例子：

```
./ffmpeg -i input.wav -c:a aac -q:a 2 output.m4a
```

从这条命令行可以看出，在编码 AAC 时，同样也用到了 qscale 参数，这个 q 在这里设置的有效范围为 0.1 ～ 2 之间，其用于设置 AAC 音频的 VBR 质量，效果并不可控，可以设置几个参数来看一下效果：

```
    Input #0, wav, from 'input.wav':
        Duration: 00:04:13.10, bitrate: 1411 kb/s
            Stream #0:0: Audio: pcm_s16le ([1][0][0][0] / 0x0001), 44100 Hz, stereo,
s16, 1411 kb/s
    Input #1, mov,mp4,m4a,3gp,3g2,mj2, from 'output_0.1.m4a':
        Metadata:
            encoder         : Lavf57.66.102
        Duration: 00:04:13.12, start: 0.000000, bitrate: 23 kb/s
            Stream #1:0(und): Audio: aac (LC) (mp4a / 0x6134706D), 44100 Hz, stereo,
fltp, 24 kb/s (default)
    Input #2, mov,mp4,m4a,3gp,3g2,mj2, from 'output_2.0.m4a':
        Metadata:
            encoder         : Lavf57.66.102
        Duration: 00:04:13.12, start: 0.000000, bitrate: 186 kb/s
            Stream #2:0(und): Audio: aac (LC) (mp4a / 0x6134706D), 44100 Hz, stereo,
fltp, 186 kb/s (default)
```

从以上代码可以看到一共有三个 Input 文件，具体如下。

- Input #0 为原始文件，码率为 1411kbit/s
- Input #1 为设置 q:a 为 0.1 的文件，码率为 24kbit/s
- Input #2 为设置 q:a 为 2.0 的文件，码率为 186kbit/s

可以使用 -q:a 设置 AAC 的输出质量，关于 AAC 的输出控制很简单，这里就介绍这么多。

4.4.2 FDK AAC 第三方的 AAC 编解码 Codec 库

FDK-AAC 库是 FFmpeg 支持的第三方编码库中质量最高的 AAC 编码库，关于编码音质的好坏与使用方式同样有着一定的关系，下面就来介绍一下 libfdk_aac 的几种编码模式。

1. 恒定码率（CBR）模式

如果使用 libfdk_aac 设定一个恒定的码率，改变编码后的大小，并且可以兼容 HE-AAC Profile，则可以根据音频设置的经验设置码率，例如如果一个声道使用 64kbit/s，那么双声道为 128kbit/s，环绕立体声为 384kbit/s，这种通常为 5.1 环绕立体声。可以通过

b:a 参数进行设置。下面就来举几个例子：

```
./ffmpeg -i input.wav -c:a libfdk_aac -b:a 128k output.m4a
```

根据这条命令行可以看出，FFmpeg 使用 libfdk_aac 将 input.wav 转为恒定码率为 128kbit/s、编码为 AAC 的 output.m4a 音频文件。

```
./ffmpeg -i input.mp4 -c:v copy -c:a libfdk_aac -b:a 384k output.mp4
```

根据这条命令行可以看出，FFmpeg 将 input.mp4 的视频文件按照原有的编码方式进行输出封装，将音频以 libfdk_aac 进行编码，音频通道为环绕立体声，码率为 384kbit/s，封装格式为 output.mp4。

以上两个例子均为使用 libfdk_aac 进行 AAC 编码的案例，使用 libfdk_aac 可以编码 AAC 的恒定码率（CBR），相关内容至此介绍完毕。

2. 动态码率（VBR）模式

使用 VBR 可以有更好的音频质量，使用 libfdk_aac 进行 VBR 模式的 AAC 编码时，可以设置 5 个级别。

根据表 4-11 的内容，第一列为 VBR 的类型，第二列为每通道编码后的码率，第三列中有三种 AAC 编码信息，具体如下。

表 4-11 AAC 编码级别参数

VBR	每声道码率 / (kbit/s)	编码信息
1	20 ～ 32	LC、HE、HEv2
2	32 ～ 40	LC、HE、HEv2
3	48 ～ 56	LC、HE、HEv2
4	64 ～ 72	LC
5	96 ～ 112	LC

- LC：Low Complexity AAC，这种编码相对来说体积比较大，质量稍差
- HE：High-Efficiency AAC，这种编码相对来说体积稍小，质量较好
- HEv2：High-Efficiency AAC version 2，这种编码相对来说体积小，质量优

下面的表 4-12 将列出 LC、HE、HEv2 的推荐参数。

表 4-12 AAC 编码 LC、HE、HEv2 推荐参数

编码类型	码率范围（bit/s）	支持的采样率 /kHz	推荐的采样率 /kHz	声道数
HE-AAC v2（AAC LC + SBR + P）	8000 ～ 11999	22.05，24.00	24.00	2
	12000 ～ 17999	32.00	32.00	2
	18000 ～ 39999	32.00，44.10，48.00	44.10	2
	40000 ～ 56000	32.00，44.10，48.00	48.00	2
HE-AAC（AAC LC + SBR）	8000 ～ 11999	22.05，24.00	24.00	1
	12000 ～ 17999	32.00	32.00	1
	18000 ～ 39999	32.00，44.10，48.00	44.10	1
	40000 ～ 56000	32.00，44.10，48.00	48.00	1
	16000 ～ 27999	32.00，44.10，48.00	32.00	2
	28000 ～ 63999	32.00，44.10，48.00	44.10	2
	64000 ～ 128000	32.00，44.10，48.00	48.00	2
HE-AAC（AAC LC + SBR）	64000 ～ 69999	32.00，44.10，48.00	32.00	5，5.1
	70000 ～ 159999	32.00，44.10，48.00	44.10	5，5.1

（续）

编码类型	码率范围（bit/s）	支持的采样率 /kHz	推荐的采样率 /kHz	声道数
HE-AAC（AAC LC + SBR）	160000 ～ 245999	32.00，44.10，48.00	48.00	5
	160000 ～ 265999	32.00，44.10，48.00	48.00	5.1
AAC LC	8000 ～ 15999	11.025，12.00，16.00	12.00	1
	16000 ～ 23999	16.00	16.00	1
	24000 ～ 31999	16.00，22.05，24.00	24.00	1
	32000 ～ 55999	32.00	32.00	1
	56000 ～ 160000	32.00，44.10，48.00	44.10	1
	160001 ～ 288000	48.00	48.00	1
AAC LC	16000 ～ 23999	11.025，12.00，16.00	12.00	2
	24000 ～ 31999	16.00	16.00	2
	32000 ～ 39999	16.00，22.05，24.00	22.05	2
	40000 ～ 95999	32.00	32.00	2
	96000 ～ 111999	32.00，44.10，48.00	32.00	2
	112000 ～ 320001	32.00，44.10，48.00	44.10	2
	320002 ～ 576000	48.00	48.00	2
AAC LC	160000 ～ 239999	32.00	32.00	5，5.1
	240000 ～ 279999	32.00，44.10，48.00	32.00	5，5.1
	280000 ～ 800000	32.00，44.10，48.00	44.10	5，5.1

下面举个例子，将音频压缩为 AAC 编码的 m4a 容器：

```
./ffmpeg -i input.wav -c:a libfdk_aac -vbr 3 output.m4a
```

执行完上述命令之后，FFmpeg 会将 input.wav 的音频转为音频编码为 libfdk_aac 的 output.m4a 音频文件。

4.4.3　高质量 AAC 设置

根据前面的介绍，AAC 音频分为三种 LC、HE-AAC、HEv2-AAC，前文已经介绍过 LC 的编码设置，下面举例介绍 HE-AAC 与 HEv2-AAC 的设置。

1. HE-AAC 音频编码设置

```
./ffmpeg -i input.wav -c:a libfdk_aac -profile:a aac_he -b:a 64k output.m4a
```

执行完上述命令行之后，编码后输出 output.m4a 的信息如下：

```
Input #0, mov,mp4,m4a,3gp,3g2,mj2, from 'output.m4a':
    Metadata:
        major_brand      : M4A
        minor_version    : 512
        compatible_brands: isomiso2
        encoder          : Lavf57.71.100
    Duration: 00:04:13.22, start: 0.000000, bitrate: 64 kb/s
```

```
            Stream #0:0(und): Audio: aac (HE-AAC) (mp4a / 0x6134706D), 44100 Hz,
stereo, fltp, 64 kb/s (default)
        Metadata:
            handler_name    : SoundHandler
```

从以上代码可以看出，音频编码为 HE-AAC，可见编码参数已通过 -profile:a aac_he 设置生效。

2. HEv2-AAC 音频编码设置

执行如下命令：

```
./ffmpeg -i input.wav -c:a libfdk_aac -profile:a aac_he_v2 -b:a 32k output.m4a
```

编码后输出 output.m4a 信息如下：

```
Input #0, mov,mp4,m4a,3gp,3g2,mj2, from 'output.m4a':
    Metadata:
        major_brand     : M4A
        minor_version   : 512
        compatible_brands: isomiso2
        encoder         : Lavf57.71.100
    Duration: 00:04:13.26, start: -0.021814, bitrate: 32 kb/s
            Stream #0:0(und): Audio: aac (HE-AACv2) (mp4a / 0x6134706D), 44100 Hz,
stereo, fltp, 32 kb/s (default)
    Metadata:
        handler_name    : SoundHandler
```

4.4.4 AAC 音频质量对比

AAC-LC 的音频编码可以采用 libfaac、libfdk_aac、FFmpeg 内置 AAC 三种，其质量顺序排列如下。

- libfdk_aac 音频编码质量最优
- FFmpeg 内置 AAC 编码次于 libfdk_aac 但优于 libfaac
- libfaac 在 FFmpeg 内置 AAC 编码为实验品时是除了 libfdk_aac 之外的唯一选择

注意：

在新版本的 FFmpeg 中，libfaac 已经被删除。

4.5 系统资源使用情况

音视频转码与音视频转封装的不同之处在于音视频转码会占用大量的计算资源，而转封装则主要是将音频数据或者视频数据取出，然后转而封装（Mux）成另外一种封装格式，转封装主要占用 IO 资源，而转码主要占用 CPU 资源，同时转码也会使用更多的内存资源，下面观察一下转码视频时的 CPU 资源使用情况。

首先使用 FFmpeg 进行转码：

```
./ffmpeg -re -i input.mp4 -vcodec libx264 -an output.mp4
```

执行完上述命令行之后，使用系统命令 top 查看 FFmpeg 的 CPU 资源使用情况，结果如图 4-9 所示。

```
Processes: 325 total, 65 running, 7 stuck, 253 sleeping, 1967 threads
23:05:12 Load Avg: 138.07, 88.31, 52.35
CPU usage: 78.28% user, 17.71% sys, 4.0% idle
SharedLibs: 145M resident, 21M data, 10M linkedit.
MemRegions: 83757 total, 1713M resident, 60M private, 1158M shared.
PhysMem: 8108M used (2679M wired), 82M unused.
VM: 905G vsize, 533M framework vsize, 710388(0) swapins, 1152611(0) swap
Networks: packets: 1798911/1503M in, 1894665/341M out.
Disks: 3680567/72G read, 2501962/74G written.

PID    COMMAND      %CPU  TIME     #TH  #WQ  #POR MEM  PURG CMPR PGRP
96322  ffmpeg       481.1 28:09.93 18/7 0    29   90M  0B   40M  96322
```

图 4-9 FFmpeg 编码对于 CPU 资源使用情况

从图 4-9 中可以看出，FFmpeg 转码时占用了 481.1% 的 CPU 资源，使用了 98M+ 的内存，这仅仅是转码，并未进行编码缩放，如果缩放，则使用的 CPU 资源将会更多，因为涉及的缩放计算量更多。不同的编码参数也会影响 CPU 即内存的使用率，前文提到的 x264 编码时使用的 preset 参数模板的设置不同，编码时所使用的 CPU 以及内存也会有所不同，可以根据对画质的要求及资源的情况进行评估然后选择不同的转码参数。

4.6 小结

使用 FFmpeg 进行编解码（转码）相关的介绍至此已经告一段落，可以根据上述所讲按需使用，由于转码需要占用大量的计算资源，所以可以考虑多种优化手段进行支持。如果转码质量要求极高，那么必然需要大量的计算资源，可以考虑采用 GPU 进行编码，以节省 CPU 资源来进行其他工作。

第 5 章
FFmpeg 流媒体

随着互联网、移动互联网的发展，人们获取信息的方式开始从纸质媒体转向互联网文字媒体，又从文字媒体转向音视频流媒体。音视频流媒体又称为“流媒体”，而用于处理流媒体的压缩、录制、编辑操作，开源并强大的工具屈指可数，FFmpeg 就是常见的流媒体处理工具。

本章重点介绍的内容概览如下。

- 5.1 节、5.2 节与 5.3 节重点介绍常见的直播方式，包括 RTMP、HTTP、RTSP 等协议的基本分析，主要以使用 FFmpeg 支持三大协议的操作为主，并且配合使用 Wireshark 抓包分析，以加深对 FFmpeg 支持的直播协议的理解。
- 5.4 节重点介绍 FFmpeg 在使用中是如何支持 TCP、UDP 的流媒体的，在 TCP 和 UDP 两种协议的使用中，FFmpeg 既可以作为客户端也可以作为服务器端，5.4 节将会通过举例进行说明。
- 5.5 节重点介绍 FFmpeg 支持一次编码、多路输出的操作方式，例如采集编码一次视频推多路直播平台，或者一次转码同时推流与录制的操作均可以在本节获得相关知识点。
- 5.6 节与 5.7 节重点介绍 HDS 与 DASH 切片方式的直播支持，以及 FFmpeg 支持两种格式的使用举例。

说明：

因为本书重点介绍 FFmpeg，所以不会介绍流媒体服务器搭建的相关知识，关于流媒体搭建的相关知识可以通过互联网直接获取，搜索关键字按照本章中提到的协议搜索即可。

5.1 FFmpeg 发布与录制 RTMP 流

在流媒体中，直播是一种常见的技术中，而 RTMP 直播则是最为常见的一种实时直播，由于 RTMP 是实时直播，因此精彩的画面错过了就永远不会再出现了，为了解决这个问题，可以考虑将 RTMP 实时直播的流录制下来。

5.1.1　RTMP 参数说明

下面就来介绍 FFmpeg 拉取 RTMP 直播流可以使用的主要参数，如表 5-1 所示。

表 5-1　FFmpeg 操作 RTMP 的参数

参数	类型	说明
rtmp_app	字符串	RTMP 流发布点，又称为 APP
rtmp_buffer	整数	客户端 buffer 大小（单位：毫秒），默认为 3 秒
rtmp_conn	字符串	在 RTMP 的 Connect 命令中增加自定义 AMF 数据
rtmp_flashver	字符串	设置模拟的 flashplugin 的版本号
rtmp_live	整数	指定 RTMP 流媒体播放类型，具体如下： • any：直播或点播随意 • live：直播 • recorded：点播
rtmp_pageurl	字符串	RTMP 在 Connect 命令中设置的 PageURL 字段，其为播放时所在的 Web 页面 URL
rtmp_playpath	字符串	RTMP 流播放的 Stream 地址，或者称为秘钥，或者称为发布流
rtmp_subscribe	字符串	直播流名称，默认设置为 rtmp_playpath 的值
rtmp_swfhash	二进制数据	解压 swf 文件后的 SHA256 的 hash 值
rtmp_swfsize	整数	swf 文件解压后的大小，用于 swf 认证
rtmp_swfurl	字符串	RTMP 的 Connect 命令中设置的 swfURL 播放器的 URL
rtmp_swfverify	字符串	设置 swf 认证时 swf 文件的 URL 地址
rtmp_tcurl	字符串	RTMP 的 Connect 命令中设置的 tcURL 目标发布点地址，一般形如 rtmp://xxx.xxx.xxx/app
rtmp_listen	整数	开启 RTMP 服务时所监听的端口
listen	整数	与 rtmp_listen 相同
timeout	整数	监听 rtmp 端口时设置的超时时间，以秒为单位

5.1.2　RTMP 参数举例

相关参数已经列出，接下来将根据例子进行设置项的作用分析。

1. rtmp_app 参数

通过使用 rtmp_app 参数可以设置 RTMP 的推流发布点，录制命令行如下：

```
ffmpeg -rtmp_app live -i rtmp://publish.chinaffmpeg.com -c copy -f flv output.
flv
```

或者发布流命令行如下：

```
ffmpeg -re -i input.mp4 -c copy -f flv -rtmp_app live rtmp://publish.
chinaffmpeg.com
```

执行这条命令行时，FFmpeg 将会给出错误提示，具体如下：

```
Input #0, mov,mp4,m4a,3gp,3g2,mj2, from 'input.mp4':
    Metadata:
        major_brand     : isom
        minor_version   : 512
        compatible_brands: isomiso2avc1mp41
        encoder         : Lavf57.66.102
    Duration: 00:00:10.01, start: 0.000000, bitrate: 2309 kb/s
            Stream #0:0(und): Video: h264 (High) (avc1 / 0x31637661), yuv420p,
1280x714 [SAR 1:1 DAR 640:357], 2183 kb/s, 25 fps, 25 tbr, 25k tbn, 50 tbc (default)
    Metadata:
        handler_name    : VideoHandler
        Stream #0:1(und): Audio: aac (LC) (mp4a / 0x6134706D), 48000 Hz, stereo,
fltp, 120 kb/s (default)
    Metadata:
        handler_name    : SoundHandler
[rtmp @ 0x7fd0816016e0] Server error: identify stream failed.
rtmp://publish.chinaffmpeg.com: Unknown error occurred
```

如上述输出的内容所示，错误提示如下：

```
Server error: identify stream failed.
```

出现该错误是因为我们尚未设置 stream 项所致，但设置 app 是成功的，如何确定设置 rtmp_app 的结果正确与否，可以通过抓包工具进行确认，抓到 pcap 包之后进行查看即可，如图 5-1 所示。

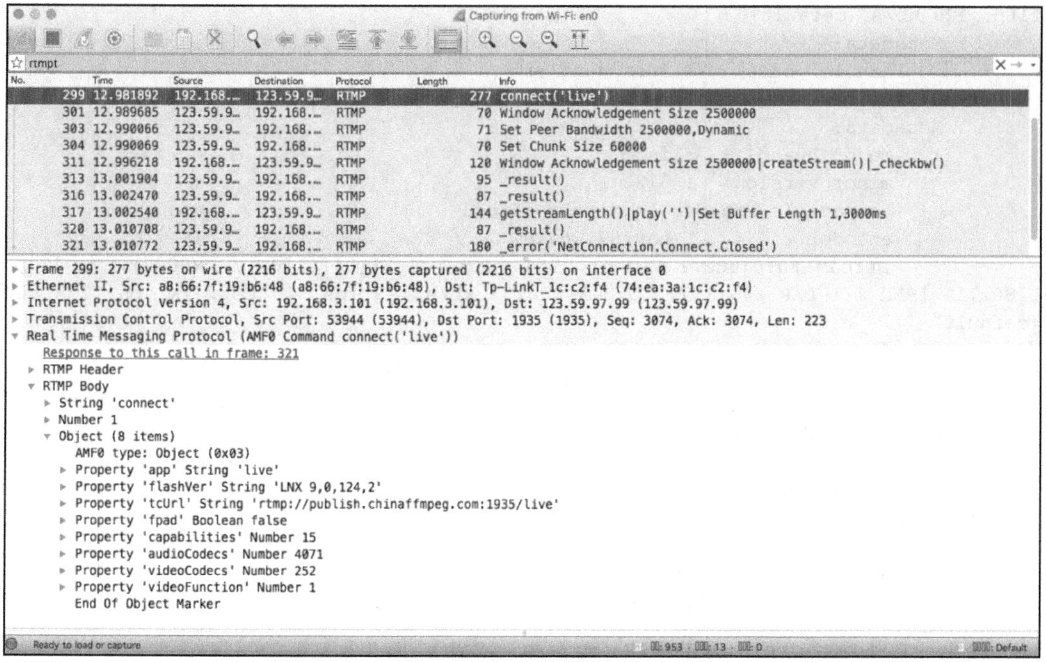

图 5-1　Wireshark 抓包 RTMP Connect 命令

从图 5-1 中可以看出，在 RTMP 的 Connect 命令中，设置了链接 live 发布点的信息，但在发出 play 时，设置的信息为空，所以会返回前面看到的错误提示。发布流（推流）为 publish 时提示的错误。从以上执行结果可以看出，rtmp_app 设置生效。

2. rtmp_playpath 参数

设置 rtmp_app 时可以看到提示了 identify stream failed 错误，可以通过使用 rtmp_playpath 参数来解决该错误，下面先列举一个推流的例子：

```
ffmpeg -re -i input.mp4 -c copy -f flv -rtmp_app live -rtmp_playpath class rtmp://publish.chinaffmpeg.com
```

执行完这条命令行之后，推流将会成功，因为其设置了 rtmp_app 与 rtmp_playpath 两个参数，分别发布点 live 与流名称 class。执行后的输出结果如下：

```
Input #0, mov,mp4,m4a,3gp,3g2,mj2, from 'input.mp4':
    Metadata:
        major_brand     : isom
        minor_version   : 512
        compatible_brands: isomiso2avc1mp41
        encoder         : Lavf57.66.102
    Duration: 00:00:10.01, start: 0.000000, bitrate: 2309 kb/s
        Stream #0:0(und): Video: h264 (High) (avc1 / 0x31637661), yuv420p, 1280x714 [SAR 1:1 DAR 640:357], 2183 kb/s, 25 fps, 25 tbr, 25k tbn, 50 tbc (default)
    Metadata:
        handler_name    : VideoHandler
    Stream #0:1(und): Audio: aac (LC) (mp4a / 0x6134706D), 48000 Hz, stereo, fltp, 120 kb/s (default)
    Metadata:
        handler_name    : SoundHandler
Output #0, flv, to 'rtmp://publish.chinaffmpeg.com':
    Metadata:
        major_brand     : isom
        minor_version   : 512
        compatible_brands: isomiso2avc1mp41
        encoder         : Lavf57.66.102
        Stream #0:0(und): Video: h264 (High) ([7][0][0][0] / 0x0007), yuv420p, 1280x714 [SAR 1:1 DAR 640:357], q=2-31, 2183 kb/s, 25 fps, 25 tbr, 1k tbn, 25k tbc (default)
    Metadata:
        handler_name    : VideoHandler
    Stream #0:1(und): Audio: aac (LC) ([10][0][0][0] / 0x000A), 48000 Hz, stereo, fltp, 120 kb/s (default)
    Metadata:
        handler_name    : SoundHandler
Stream mapping:
    Stream #0:0 -> #0:0 (copy)
    Stream #0:1 -> #0:1 (copy)
Press [q] to stop, [?] for help
```

输出信息为链接成功，表示推流（发布流）成功。

流发布成功后，可以用同样的方式测试播放 RTMP 流：

```
./ffmpeg -rtmp_app live -rtmp_playpath class -i rtmp://publish.chinaffmpeg.com
-c copy -f flv output.flv
```

执行完这条命令之后，将会成功地从 RTMP 服务器中拉取直播流，保存为 output.flv，因为设置了 rtmp_app 与 rtmp_playpath 参数，执行效果如下：

```
Input #0, flv, from 'rtmp://publish.chinaffmpeg.com':
    Metadata:
        major_brand     : isom
        minor_version   : 1
        compatible_brands: isomavc1
        encoder         : Lavf57.66.102
    Duration: 00:00:00.00, start: 0.080000, bitrate: N/A
        Stream #0:0: Video: h264 (High), yuv420p(progressive), 1280x714 [SAR 1:1
DAR 640:357], 2576 kb/s, 25 fps, 25 tbr, 1k tbn, 50 tbc
        Stream #0:1: Audio: aac (LC), 48000 Hz, stereo, fltp, 127 kb/s
Output #0, flv, to 'output.flv':
    Metadata:
        major_brand     : isom
        minor_version   : 1
        compatible_brands: isomavc1
        encoder         : Lavf57.71.100
            Stream #0:0: Video: h264 (High) ([7][0][0][0] / 0x0007),
yuv420p(progressive), 1280x714 [SAR 1:1 DAR 640:357], q=2-31, 2576 kb/s, 25 fps, 25
tbr, 1k tbn, 1k tbc
        Stream #0:1: Audio: aac (LC) ([10][0][0][0] / 0x000A), 48000 Hz, stereo,
fltp, 127 kb/s
Stream mapping:
    Stream #0:0 -> #0:0 (copy)
    Stream #0:1 -> #0:1 (copy)
Press [q] to stop, [?] for help
frame=273 fps=34 q=-1.0 size=4073kB time=00:00:10.80 bitrate=3088.5kbits/s
speed=1.36
```

之所以能够成功地推流与拉流，是因为设置 rtmp_app 与 rtmp_playpath 起到了作用。

如果认为设置 rtmp_app 与 rtmp_playpath 太麻烦，那么可以省略这两个参数，直接将参数设置在 RTMP 的连接中即可：

```
./ffmpeg -i input.mp4 -c copy -f flv rtmp://publish.chinaffmpeg.com/live/class
```

发布流可以通过这种方式直接进行发布，其中 live 为发布点，class 为流名称，执行完这条命令行之后，可以看到输出信息如下：

```
Input #0, mov,mp4,m4a,3gp,3g2,mj2, from 'input.mp4':
    Metadata:
        major_brand     : isom
        minor_version   : 512
        compatible_brands: isomiso2avc1mp41
        encoder         : Lavf57.66.102
    Duration: 00:00:10.01, start: 0.000000, bitrate: 2309 kb/s
            Stream #0:0(und): Video: h264 (High) (avc1 / 0x31637661), yuv420p,
1280x714 [SAR 1:1 DAR 640:357], 2183 kb/s, 25 fps, 25 tbr, 25k tbn, 50 tbc (default)
    Metadata:
```

```
            handler_name    : VideoHandler
        Stream #0:1(und): Audio: aac (LC) (mp4a / 0x6134706D), 48000 Hz, stereo,
fltp, 120 kb/s (default)
        Metadata:
            handler_name    : SoundHandler
    Output #0, flv, to 'rtmp://publish.chinaffmpeg.com/live/class':
        Metadata:
            major_brand     : isom
            minor_version   : 512
            compatible_brands: isomiso2avc1mp41
            encoder         : Lavf57.71.100
             Stream #0:0(und): Video: h264 (High) ([7][0][0][0] / 0x0007), yuv420p,
1280x714 [SAR 1:1 DAR 640:357], q=2-31, 2183 kb/s, 25 fps, 25 tbr, 1k tbn, 25k tbc
(default)
        Metadata:
            handler_name    : VideoHandler
         Stream #0:1(und): Audio: aac (LC) ([10][0][0][0] / 0x000A), 48000 Hz,
stereo, fltp, 120 kb/s (default)
        Metadata:
            handler_name    : SoundHandler
    Stream mapping:
        Stream #0:0 -> #0:0 (copy)
        Stream #0:1 -> #0:1 (copy)
```

从输出的内容中可以看到，推流成功，并且推流的信息与使用 rtmp_app 和 rtmp_playpath 组合起来的效果相同，可以通过抓包工具分析出来。

推流成功之后，可以拉流录制看一下效果：

```
./ffmpeg -i rtmp://publish.chinaffmpeg.com/live/class -c copy -f flv output.flv
```

与推流的链接相同，将发布点与流名称同时放在 URL 中进行拉流录制，输出结果如下：

```
    Input #0, flv, from 'rtmp://publish.chinaffmpeg.com/live/class':
        Metadata:
            major_brand     : isom
            minor_version   : 1
            compatible_brands: isomavc1
            encoder         : Lavf57.66.102
        Duration: 00:00:00.00, start: 0.080000, bitrate: N/A
            Stream #0:0: Video: h264 (High), yuv420p(progressive), 1280x714 [SAR 1:1
DAR 640:357], 2576 kb/s, 25 fps, 25 tbr, 1k tbn, 50 tbc
            Stream #0:1: Audio: aac (LC), 48000 Hz, stereo, fltp, 127 kb/s
    Output #0, flv, to 'output.flv':
        Metadata:
            major_brand     : isom
            minor_version   : 1
            compatible_brands: isomavc1
            encoder         : Lavf57.71.100
                Stream #0:0: Video: h264 (High) ([7][0][0][0] / 0x0007),
yuv420p(progressive), 1280x714 [SAR 1:1 DAR 640:357], q=2-31, 2576 kb/s, 25 fps, 25
tbr, 1k tbn, 1k tbc
          Stream #0:1: Audio: aac (LC) ([10][0][0][0] / 0x000A), 48000 Hz, stereo,
fltp, 127 kb/s
```

```
Stream mapping:
    Stream #0:0 -> #0:0 (copy)
    Stream #0:1 -> #0:1 (copy)
Press [q] to stop, [?] for help
```

至此，rtmp_app 与 rtmp_playpath 参数介绍完毕。

3. rtmp_pageurl、rtmp_swfurl、rtmp_tcurl 参数

在 RTMP 的 Connect 命令中包含了很多 Object，这些 Object 中有一个 pageUrl，例如通过页面的 Flashplayer 进行播放，RTMP 的 Connect 命令中包含的 pageUrl 如图 5-2 所示。

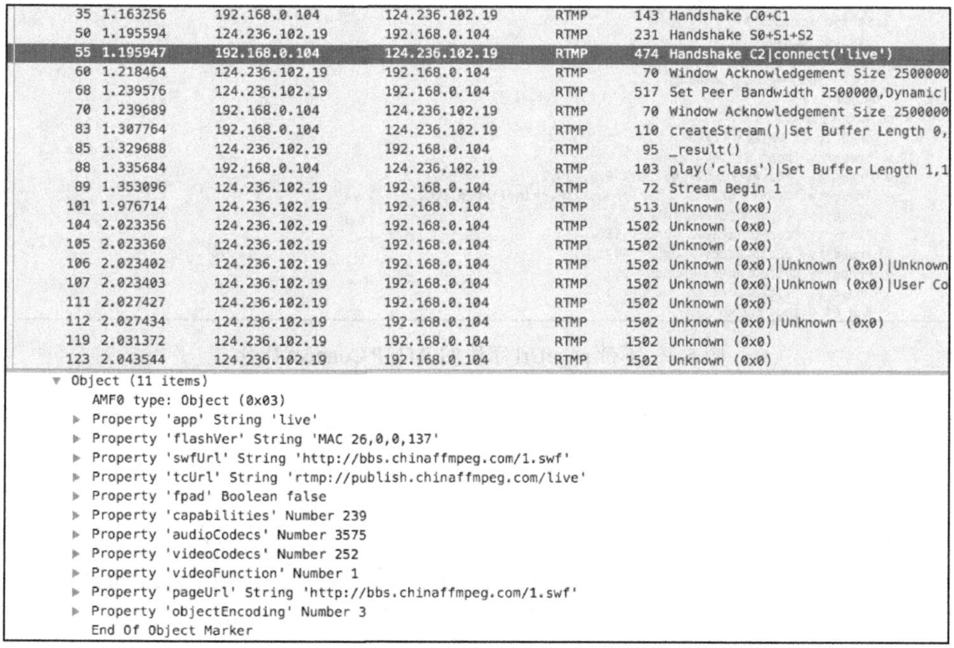
35 1.163256 192.168.0.104 124.236.102.19 RTMP 143 Handshake C0+C1
50 1.195594 124.236.102.19 192.168.0.104 RTMP 231 Handshake S0+S1+S2
55 1.195947 192.168.0.104 124.236.102.19 RTMP 474 Handshake C2|connect('live')
60 1.218464 124.236.102.19 192.168.0.104 RTMP 70 Window Acknowledgement Size 2500000
68 1.239576 124.236.102.19 192.168.0.104 RTMP 517 Set Peer Bandwidth 2500000,Dynamic|
70 1.239689 192.168.0.104 124.236.102.19 RTMP 70 Window Acknowledgement Size 2500000
83 1.307764 192.168.0.104 124.236.102.19 RTMP 110 createStream()|Set Buffer Length 0,
85 1.329688 124.236.102.19 192.168.0.104 RTMP 95 _result()
88 1.335684 192.168.0.104 124.236.102.19 RTMP 103 play('class')|Set Buffer Length 1,1
89 1.353096 124.236.102.19 192.168.0.104 RTMP 72 Stream Begin 1
101 1.976714 124.236.102.19 192.168.0.104 RTMP 513 Unknown (0x0)
104 2.023356 124.236.102.19 192.168.0.104 RTMP 1502 Unknown (0x0)
105 2.023360 124.236.102.19 192.168.0.104 RTMP 1502 Unknown (0x0)
106 2.023402 124.236.102.19 192.168.0.104 RTMP 1502 Unknown (0x0)|Unknown (0x0)|Unknown
107 2.023403 124.236.102.19 192.168.0.104 RTMP 1502 Unknown (0x0)|Unknown (0x0)|User Co
111 2.027427 124.236.102.19 192.168.0.104 RTMP 1502 Unknown (0x0)
112 2.027434 124.236.102.19 192.168.0.104 RTMP 1502 Unknown (0x0)|Unknown (0x0)
119 2.031372 124.236.102.19 192.168.0.104 RTMP 1502 Unknown (0x0)
123 2.043544 124.236.102.19 192.168.0.104 RTMP 1502 Unknown (0x0)
Object (11 items)
AMF0 type: Object (0x03)
Property 'app' String 'live'
Property 'flashVer' String 'MAC 26,0,0,137'
Property 'swfUrl' String 'http://bbs.chinaffmpeg.com/1.swf'
Property 'tcUrl' String 'rtmp://publish.chinaffmpeg.com/live'
Property 'fpad' Boolean false
Property 'capabilities' Number 239
Property 'audioCodecs' Number 3575
Property 'videoCodecs' Number 252
Property 'videoFunction' Number 1
Property 'pageUrl' String 'http://bbs.chinaffmpeg.com/1.swf'
Property 'objectEncoding' Number 3
End Of Object Marker

图 5-2 带 pageUrl 字段的 RTMP Connect 命令

在使用 FFmpeg 发起播放时，不会在 Connect 命令中携带 pageUrl 字段，如图 5-3 所示。

FFmpeg 可以使用 rtmp_pageurl 来设置这个字段，以做标识，这个标识与 HTTP 请求中的 referer 防盗链基本可以认为是起相同作用的，在 RTMP 服务器中可以根据这个信息进行 referer 防盗链操作。使用 FFmpeg 的 rtmp_pageurl 参数可以设置 pageUrl，例如设置一个 http://www.chinaffmpeg.com：

```
./ffmpeg -rtmp_pageurl "http://www.chinaffmpeg.com" -i rtmp://publish.
chinaffmpeg.com/live/class
```

执行完这条命令行之后，使用抓包工具抓包可以看到 Connect 命令中包含了 pageUrl 一项，值为 http://www.chinaffmpeg.com，这个值可通过 ffmpeg -rtmp_pageurl 设置生效，如图 5-4 所示。

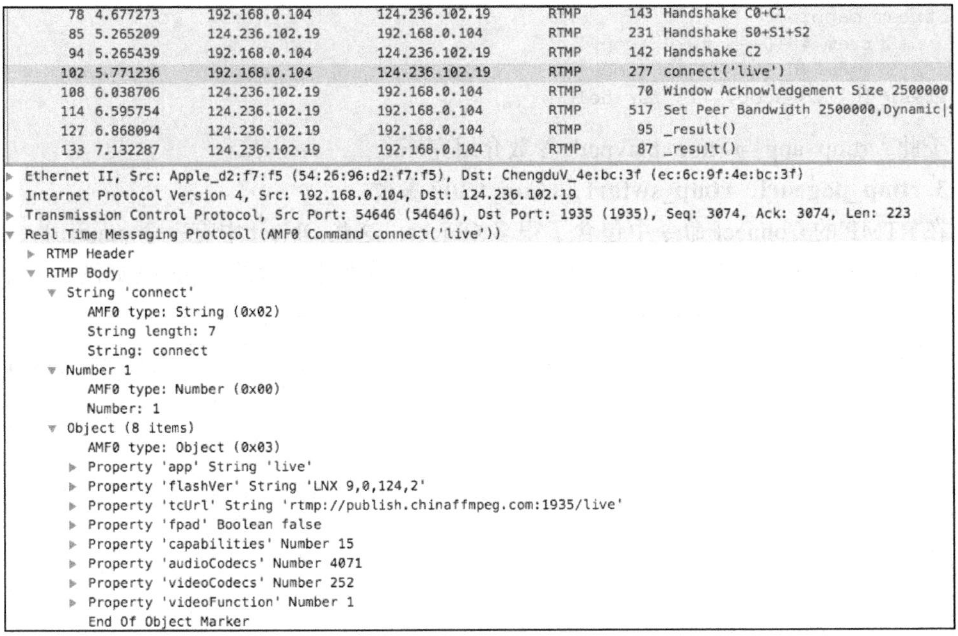
78 4.677273 192.168.0.104 124.236.102.19 RTMP 143 Handshake C0+C1
85 5.265209 124.236.102.19 192.168.0.104 RTMP 231 Handshake S0+S1+S2
94 5.265439 192.168.0.104 124.236.102.19 RTMP 142 Handshake C2
102 5.771236 192.168.0.104 124.236.102.19 RTMP 277 connect('live')
108 6.038706 124.236.102.19 192.168.0.104 RTMP 70 Window Acknowledgement Size 2500000
114 6.595754 124.236.102.19 192.168.0.104 RTMP 517 Set Peer Bandwidth 2500000,Dynamic|
127 6.868094 124.236.102.19 192.168.0.104 RTMP 95 _result()
133 7.132287 124.236.102.19 192.168.0.104 RTMP 87 _result()
Ethernet II, Src: Apple_d2:f7:f5 (54:26:96:d2:f7:f5), Dst: ChengduV_4e:bc:3f (ec:6c:9f:4e:bc:3f)
Internet Protocol Version 4, Src: 192.168.0.104, Dst: 124.236.102.19
Transmission Control Protocol, Src Port: 54646 (54646), Dst Port: 1935 (1935), Seq: 3074, Ack: 3074, Len: 223
Real Time Messaging Protocol (AMF0 Command connect('live'))
RTMP Header
RTMP Body
String 'connect'
AMF0 type: String (0x02)
String length: 7
String: connect
Number 1
AMF0 type: Number (0x00)
Number: 1
Object (8 items)
AMF0 type: Object (0x03)
Property 'app' String 'live'
Property 'flashVer' String 'LNX 9,0,124,2'
Property 'tcUrl' String 'rtmp://publish.chinaffmpeg.com:1935/live'
Property 'fpad' Boolean false
Property 'capabilities' Number 15
Property 'audioCodecs' Number 4071
Property 'videoCodecs' Number 252
Property 'videoFunction' Number 1
End Of Object Marker

图 5-3　不带 pageUrl 字段的 RTMP Connect 命令

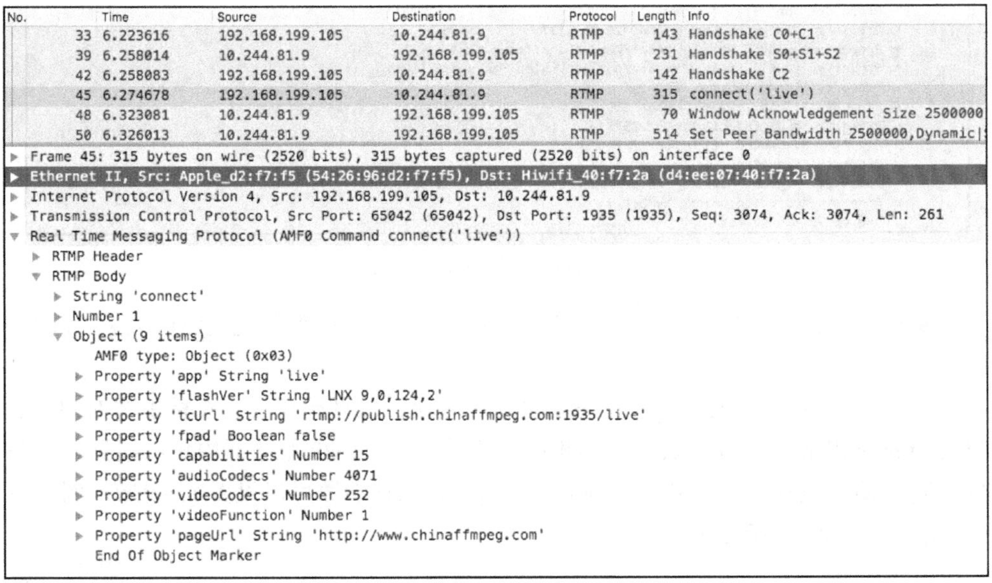
No. Time Source Destination Protocol Length Info
33 6.223616 192.168.199.105 10.244.81.9 RTMP 143 Handshake C0+C1
39 6.258014 10.244.81.9 192.168.199.105 RTMP 231 Handshake S0+S1+S2
42 6.258083 192.168.199.105 10.244.81.9 RTMP 142 Handshake C2
45 6.274678 192.168.199.105 10.244.81.9 RTMP 315 connect('live')
48 6.323081 10.244.81.9 192.168.199.105 RTMP 70 Window Acknowledgement Size 2500000
50 6.326013 10.244.81.9 192.168.199.105 RTMP 514 Set Peer Bandwidth 2500000,Dynamic|
Frame 45: 315 bytes on wire (2520 bits), 315 bytes captured (2520 bits) on interface 0
Ethernet II, Src: Apple_d2:f7:f5 (54:26:96:d2:f7:f5), Dst: Hiwifi_40:f7:2a (d4:ee:07:40:f7:2a)
Internet Protocol Version 4, Src: 192.168.199.105, Dst: 10.244.81.9
Transmission Control Protocol, Src Port: 65042 (65042), Dst Port: 1935 (1935), Seq: 3074, Ack: 3074, Len: 261
Real Time Messaging Protocol (AMF0 Command connect('live'))
RTMP Header
RTMP Body
String 'connect'
Number 1
Object (9 items)
AMF0 type: Object (0x03)
Property 'app' String 'live'
Property 'flashVer' String 'LNX 9,0,124,2'
Property 'tcUrl' String 'rtmp://publish.chinaffmpeg.com:1935/live'
Property 'fpad' Boolean false
Property 'capabilities' Number 15
Property 'audioCodecs' Number 4071
Property 'videoCodecs' Number 252
Property 'videoFunction' Number 1
Property 'pageUrl' String 'http://www.chinaffmpeg.com'
End Of Object Marker

图 5-4　设置 RTMP Connect 命令中的 pageUrl 字段

按照这个方式还可以设置 swfUrl 参数以及 tcUrl 的值，常规的推流与播放直播流时这些参数均可以设为默认，只有服务器要求必须使用 swf 播放器和指定必须使用指定页时，这些参数的用处才会很大。

5.2 FFmpeg 录制 RTSP 流

提到直播流媒体，RTSP 曾经是最常见的直播方式。如今在安防领域中其依然常见，互联网中虽然已经大多数转向 RTMP、HTTP+FLV、HLS、DASH 等方式，但依然还是有很多场景在使用 RTSP，所以这里先来介绍一下 RTSP。众所周知，实时直播的优点为实时性，如果直播过后再想回溯之前发生的实时情况时，则需要录制与存储的技术来做支撑，FFmpeg 可以满足这个技术，下面就来介绍一下 FFmpeg 的 RTSP 支持的参数。

5.2.1 RTSP 参数说明

在使用 FFmpeg 处理 RTSP 之前，首先需要了解 RTSP 都有哪些参数，执行 ./ffmpeg -h demuxer=RTSP 命令行将会输出 RTSP 相关的协议读取操作参数。

表 5-2 FFmpeg 操作 RTSP 的参数

参数	类型	说明
initial_pause	布尔	建立连接后暂停播放
rtsp_transport	标记	设置 RTSP 传输协议，具体如下： • udp：UDP • tcp：TCP • udp_multicast：UDP 多播协议 • http：HTTP 隧道
rtsp_flags	标记	RTSP 使用标记，具体如下： • filter_src：只接收指定 IP 的流 • listen：设置为被动接收模式 • prefer_tcp：TCP 亲和模式，如果 TCP 可用则首选 TCP 传输
allowed_media_types	标记	设置允许接收的数据模式（默认为全部开启）： • video：只接收视频 • audio：只接收音频 • data：只接收数据 • subtitle：只接收字幕
min_port	整数	设置最小本地 UDP 端口，默认为 5000
max_port	整数	设置最大本地 UDP 端口，默认为 65000
timeout	整数	设置监听端口超时时间
reorder_queue_size	整数	设置录制数据 Buffer 的大小
buffer_size	整数	设置底层传输包 Buffer 的大小
user-agent	字符串	用户客户端标识

从表 5-2 中所列的参数可以看出，RTSP 传输协议可以有多种方式，不仅可以通过 UDP，还可以通过 TCP、HTTP 隧道等，下面就来根据上述参数进行举例说明。

5.2.2 RTSP 参数使用举例

使用 RTSP 拉流时，时常会遇到因为采用 UDP 方式而导致拉流丢包出现异常，所以在实时性与可靠性适中时，可以考虑采用 TCP 的方式进行拉流。

1. TCP 方式录制 RTSP 直播流

FFmpeg 默认使用的 RTSP 拉流的方式为 UDP 传输方式，为了避免丢包导致的花屏、绿屏、灰屏、马赛克等问题，还可以考虑将 UDP 传输方式改为 TCP 传输方式：

```
    ./ffmpeg -rtsp_transport tcp -i rtsp://47.90.47.25/test.ts -c copy -f mp4
output.mp4
```

```
    Input #0, rtsp, from 'rtsp://47.90.47.25/test.ts':
        Metadata:
            title           : MPEG Transport Stream, streamed by the LIVE555 Media
Server
            comment         : test.ts
        Duration: N/A, start: 1.441667, bitrate: N/A
        Program 1
            Metadata:
                service_name    : Service01
                service_provider: FFmpeg
        Stream #0:0: Video: h264 (High) ([27][0][0][0] / 0x001B),
yuv420p(progressive), 640x360 [SAR 1:1 DAR 16:9], 24 fps, 24 tbr, 90k tbn, 48 tbc
            Stream #0:1(und): Audio: aac (LC) ([15][0][0][0] / 0x000F), 48000 Hz,
stereo, fltp, 6 kb/s
    Output #0, mp4, to 'output.mp4':
        Metadata:
            title           : MPEG Transport Stream, streamed by the LIVE555 Media
Server
            comment         : test.ts
            encoder         : Lavf57.71.100
            Stream #0:0: Video: h264 (High) ([33][0][0][0] / 0x0021),
yuv420p(progressive), 640x360 [SAR 1:1 DAR 16:9], q=2-31, 24 fps, 24 tbr, 90k tbn,
90k tbc
            Stream #0:1(und): Audio: aac (LC) ([64][0][0][0] / 0x0040), 48000 Hz,
stereo, fltp, 6 kb/s
    Stream mapping:
        Stream #0:0 -> #0:0 (copy)
        Stream #0:1 -> #0:1 (copy)
    Press [q] to stop, [?] for help
    frame=204 fps=45 q=-1.0 Lsize=1286kB time=00:00:08.42 bitrate=1250.5kbits/s
speed=1.88x
```

从输出的内容可以看出，FFmpeg 已经从 RTSP 服务器中读取了 test.ts 数据，并且将其录制到本地存储为 output.mp4。

RTSP 录制流建连接时，可以通过抓网络传输的包看到交互内容，内容如下：

```
    OPTIONS rtsp://47.90.47.25:554/test.ts RTSP/1.0
    CSeq: 1
    User-Agent: Lavf57.71.100

    RTSP/1.0 200 OK
    CSeq: 1
```

```
    Date: Thu, Jul 20 2017 11:20:50 GMT
    Public: OPTIONS, DESCRIBE, SETUP, TEARDOWN, PLAY, PAUSE, GET_PARAMETER, SET_
PARAMETER
```

以上内容为 RTSP 标准中查询 RTSP 服务器所支持的方法所包含的内容。从输出的列表中可以看到该 RTSP 支持：DESCRIBE、SETUP、TEARDOWN、PLAY、PAUSE、OPTIONS、GET_PARAMETER、SET_PARAMETER；查询完成之后，继续进入下一步。

```
DESCRIBE rtsp://47.90.47.25:554/test.ts RTSP/1.0
Accept: application/sdp
CSeq: 2
User-Agent: Lavf57.71.100

RTSP/1.0 200 OK
CSeq: 2
Date: Thu, Jul 20 2017 11:32:24 GMT
Content-Base: rtsp://47.90.47.25/test.ts/
Content-Type: application/sdp
Content-Length: 391

v=0
o=- 1500550344674887 1 IN IP4 47.90.47.25
s=MPEG Transport Stream, streamed by the LIVE555 Media Server
i=test.ts
t=0 0
a=tool:LIVE555 Streaming Media v2017.05.29
a=type:broadcast
a=control:*
a=range:npt=0-
a=x-qt-text-nam:MPEG Transport Stream, streamed by the LIVE555 Media Server
a=x-qt-text-inf:test.ts
m=video 0 RTP/AVP 33
c=IN IP4 0.0.0.0
b=AS:5000
a=control:track1
```

根据协议中的内容可以看到，FFmpeg 与服务器之间又发起了 DESCRIBE 操作，RTSP 服务器返回了流数据的描述，数据为视频数据，编码为 H.264 格式，通过 RTP 进行传输；接下来进入下一步：

```
    SETUP rtsp://47.90.47.25/test.ts/ RTSP/1.0
    Transport: RTP/AVP/TCP;unicast;interleaved=0-1
    CSeq: 3
    User-Agent: Lavf57.71.100

    RTSP/1.0 200 OK
    CSeq: 3
    Date: Thu, Jul 20 2017 11:32:24 GMT
    Transport: RTP/AVP/TCP;unicast;destination=218.241.251.147;source=47.90.47.25;i
nterleaved=0-1
    Session: 216B4503;timeout=65
```

从输出的协议内容中可以看到，这一步为设置 SETUP 操作，建立会话，以后的交互都将通过该会话 Session 进行标识，得到 Session 之后再继续进入下一步。

```
PLAY rtsp://47.90.47.25/test.ts/ RTSP/1.0
Range: npt=0.000-
CSeq: 4
User-Agent: Lavf57.71.100
Session: 216B4503

RTSP/1.0 200 OK
CSeq: 4
Date: Thu, Jul 20 2017 11:32:24 GMT
Range: npt=0.000-
Session: 216B4503
RTP-Info: url=rtsp://47.90.47.25/test.ts/track1;seq=7095;rtptime=3592490952
```

从 SETUP 得到 Session 之后，带着这个 Session 发起 PLAY 操作，得到 RTSP 服务器的 OK 状态之后，即可进入接收视频数据的操作，也就是播放操作或录制操作等，如果希望退出播放，或者停止录制，则可以通过 TEARDOWN 来操作。

```
TEARDOWN rtsp://47.90.47.25/test.ts/ RTSP/1.0
CSeq: 5
User-Agent: Lavf57.71.100
Session: 216B4503

RTSP/1.0 200 OK
CSeq: 5
Date: Thu, Jul 20 2017 11:32:26 GMT
```

从上述协议内容中可以看到，接收数据的时候发起了 TEARDOWN，服务器关闭了 Session，整个会话结束。

2. User-Agent 设置参数

为了在访问的时候区分是不是自己访问的流，可以通过设置 User-Agent 进行区别，设置一个比较有特点的 User-Agent 做标识即可，下面就来举例说明如何设置 User-Agent 进行访问。

```
./ffmpeg -user-agent "ChinaFFmpeg-Player" -i rtsp://input:554/live/1/stream.sdp
-c copy -f mp4 -y output.mp4
```

执行这条命令行之后，即设置了 User-Agent，进行抓包后分析过程时可以看到包中的 User-Agent 已经设置生效。

```
OPTIONS rtsp://47.90.47.25:554/test.ts RTSP/1.0
CSeq: 1
User-Agent: ChinaFFmpeg-Player

RTSP/1.0 200 OK
CSeq: 1
Date: Thu, Jul 20 2017 11:35:12 GMT
Public: OPTIONS, DESCRIBE, SETUP, TEARDOWN, PLAY, PAUSE, GET_PARAMETER, SET_
PARAMETER
```

从上述协议内容中可以看到，User-Agent 已经被设置为 ChinaFFmpeg-Player，以后访问 RTSP 的时候如果加上这个 User-Agent，即可以判断是否为本次访问。

5.3　FFmpeg 录制 HTTP 流

在流媒体服务当中，HTTP 服务最为常见，尤其是点播。当然，直播也支持 HTTP 服务，例如使用 HTTP 传输 FLV 直播流、使用 HTTP 传输 TS 直播流，或者使用 HTTP 传输 M3U8 以及 TS 文件等。

5.3.1　HTTP 参数说明

在 FFmpeg 中支持 HTTP 进行流媒体的传输，无论是直播还是点播，均可以采用 HTTP，而 FFmpeg 既可以作为播放器，也可以作为服务器进行使用，使用时针对 HTTP，FFmpeg 有很多参数都可以使用，下面就来看一下 FFmpeg 中的 HTTP 都可以支持哪些参数，具体见表 5-3。

表 5-3　FFmpeg 操作 HTTP 的参数

参数	类型	说明
seekable	布尔	设置 HTTP 链接为可以 seek 操作
chunked_post	布尔	使用 Chunked 模式 post 数据
http_proxy	字符串	设置 HTTP 代理传输数据
headers	字符串	自定义 HTTP Header 数据
content_type	字符串	设置 POST 的内容类型
user_agent	字符串	设置 HTTP 请求客户端信息
multiple_requests	布尔	HTTP 长连接开启
post_data	二进制数据	设置将要 POST 的数据
cookies	字符串	设置 HTTP 请求时写代码的 Cookies
icy	布尔	请求 ICY 元数据：默认打开
auth_type	整数	HTTP 验证类型设置
offset	整数	初始化 HTTP 请求时的偏移位置
method	字符串	发起 HTTP 请求时使用的 HTTP 的方法
reconnect	布尔	在 EOF 之前断开发起重连
reconnect_at_eof	布尔	在得到 EOF 时发起重连
reply_code	整数	作为 HTTP 服务时向客户端反馈状态码

关于 FFmpeg 的 HTTP 参数均已在表 5-3 中列举出，例如设置 HTTP 请求时的 HTTP 头、设置 User-Agent 信息等；上述参数均是 FFmpeg 作为播放器或服务器的常用参数。

5.3.2　HTTP 参数使用举例

从表 5-3 所示的参数列表中可以看到，FFmpeg 的 HTTP 既可以作为客户端使用，又可以作为服务器端使用，FFmpeg 作为客户端使用的场景更多，所以本节专门针对客户端使用进行举例。

1. seekable 参数举例

在使用 FFmpeg 打开直播或者点播文件时，可以通过 seek 操作进行播放进度移动、定位等操作：

```
./ffmpeg -ss 300 -seekable 0 -i http://bbs.chinaffmpeg.com/test.ts -c copy
output.mp4
```

命令执行时，若 seekable 设置为 0，则 FFmpeg 的参数 ss 指定 seek 的时间位置。因为 seekable 参数是 0，所以会一直处于阻塞状态。而下面这条命令则会出现另外一种情况：

```
./ffmpeg -ss 30 -seekable 1 -i http://bbs.chinaffmpeg.com/test.ts -c copy -y
output.mp4
```

若 seekable 设置为 1，则命令行执行后输出如下：

```
Input #0, mpegts, from 'http://bbs.chinaffmpeg.com/test.ts':
    Duration: 02:22:50.15, start: 1.441667, bitrate: 1066 kb/s
    Program 1
        Metadata:
            service_name    : Service01
            service_provider: FFmpeg
      Stream #0:0[0x100]: Video: h264 (High) ([27][0][0][0] / 0x001B),
yuv420p(progressive), 640x360 [SAR 1:1 DAR 16:9], 24 fps, 24 tbr, 90k tbn, 48 tbc
      Stream #0:1[0x101](und): Audio: aac (LC) ([15][0][0][0] / 0x000F), 48000
Hz, stereo, fltp, 178 kb/s
Output #0, mp4, to 'output.mp4':
    Metadata:
        encoder         : Lavf57.71.100
            Stream #0:0: Video: h264 (High) ([33][0][0][0] / 0x0021),
yuv420p(progressive), 640x360 [SAR 1:1 DAR 16:9], q=2-31, 24 fps, 24 tbr, 90k tbn,
90k tbc
        Stream #0:1(und): Audio: aac (LC) ([64][0][0][0] / 0x0040), 48000 Hz,
stereo, fltp, 178 kb/s
Stream mapping:
    Stream #0:0 -> #0:0 (copy)
    Stream #0:1 -> #0:1 (copy)
Press [q] to stop, [?] for help
frame= 634 fps= 82 q=-1.0 size= 2419kB time=00:00:26.66 bitrate= 743.1kbits/s
speed=3.46x
```

因为 seekable 设置为 1，因此 FFmpeg 可以对 HTTP 服务进行 seek 操作，自然不会再有任何异常。

2. headers 参数举例

在使用 FFmpeg 拉取 HTTP 数据时，很多时候会遇到需要自己设置 HTTP 的 header 的情况，例如使用 HTTP 传输时在 header 中设置 referer 字段等操作，下面就来列举一个设置 Referer 参数的例子：

```
./ffmpeg -headers "referer: http://bbs.chinaffmpeg.com/index.html" -i http://
```

```
play.chinaffmpeg.com/live/class.flv -c copy -f flv -y output.flv
```

执行完这条命令行之后，即可以在 HTTP 传输时在 header 中增加 referer 字段，使用 Wireshark 抓包可以看到详细信息：

```
GET /live/class.flv HTTP/1.1
User-Agent: Lavf/57.71.100
Accept: */*
Range: bytes=0-
Connection: close
Host: play.chinaffmpeg.com
Icy-MetaData: 1
referer: http://bbs.chinaffmpeg.com/index.html

HTTP/1.1 200 OK
Server: gosun-cdn-server/1.0.3
Date: Wed, 19 Jul 2017 07:44:36 GMT
Content-Type: video/x-flv
Transfer-Encoding: chunked
Connection: close
session_id: 5d39f1d55180620d5003881609164da4
C4H-Cache:  sr006.gwbn-bjbj-01.c4hcdn.cn
Access-Control-Allow-Origin: *
```

如上述抓包信息所示，在 HTTP 的 header 中增加了 referer 字段，referer 的值为 http://bbs.chinaffmpeg.com/index.html。可见 HTTP 的 headers 信息已经设置成功。

3. user_agent 参数设置

在使用 FFmpeg 进行 HTTP 连接时，在 HTTP 服务器端会对连接的客户端进行记录与区分，例如使用的是不是 IE 浏览器，或者是不是 Firefox 浏览器，又或者是 Chrome 浏览器，均可以记录，而在流媒体中，常见的 User-Agent 还包括 Android 的 StageFright、iOS 的 QuickTime 等，而 FFmpeg 在进行 HTTP 连接时，所使用的 User-Agent 也有自己的特殊标识，FFmpeg 连接 HTTP 时采用的默认 User-Agent 如下所示：

```
GET /live/class.flv HTTP/1.1
User-Agent: Lavf/57.71.100
Accept: */*
Range: bytes=0-
Connection: close
Host: play.chinaffmpeg.com
Icy-MetaData: 1
```

从协议包中可以看到，FFmpeg 使用的默认 User-Agent 为 Lavf。在使用 FFmpeg 连接 HTTP 时，为了区分 FFmpeg 是自己的，可以通过参数 user_agent 进行设置：

```
./ffmpeg -user_agent "LiuQi's Player" -i http://bbs.chinaffmpeg.com/1.flv
```

命令行执行后，User-Agent 即被设置为 LiuQi’s Player，下面看一下执行后的效果：

```
GET /live/class.flv HTTP/1.1
User-Agent: LiuQi’s Player
```

```
Accept: */*
Range: bytes=0-
Connection: close
Host: play.chinaffmpeg.com
Icy-MetaData: 1
```

从上述协议包中可以看到，执行效果与预期相同，User-Agent设置成功。

5.3.3　HTTP拉流录制

粗略地了解了HTTP参数之后，接下来即可对HTTP服务器中的流媒体流进行录制，其不仅可以录制，还可以进行转封装，例如从HTTP传输的FLV直播流录制为HLS（M3U8）、MP4、FLV等，只要录制的封装格式支持流媒体中包含的音视频编码，就可以进行拉流录制。

5.3.4　拉取HTTP中的流录制FLV

1）拉取FLV直播流录制为FLV：

```
./ffmpeg -i http://bbs.chinaffmpeg.com/live.flv -c copy -f flv output.flv
```

2）拉取TS直播流录制为FLV：

```
./ffmpeg -i http://bbs.chinaffmpeg.com/live.ts -c copy -f flv output.flv
```

3）拉取HLS直播流录制为FLV：

```
./ffmpeg -i http://bbs.chinaffmpeg.com/live.m3u8 -c copy -f flv output.flv
```

通过以上三个例子可以看到，转封装录制的输出相同，输入略有差别，但均为HTTP传输协议的直播流。

5.4　FFmpeg录制和发布UDP / TCP流

FFmpeg支持流媒体时不仅仅支持RTMP、HTTP这类高层协议，同样也支持UDP、TCP这类底层协议，而且还可以支持UDP、TCP流媒体的录制与发布，下面就来参考一下TCP与UDP支持的相关参数。

5.4.1　TCP与UDP参数说明

FFmpeg对于TCP与UDP操作也支持很多参数进行组合，可以通过ffmpeg --help full查看FFmpeg支持的UDP与TCP的参数，分别见表5-4和表5-5。

表5-4　TCP参数列表

参数	类型	说明
listen	整数	作为Server时监听TCP的端口

（续）

参数	类型	说明
timeout	整数	获得数据超时时间（微秒）
listen_timeout	整数	作为 Server 时监听 TCP 端口的超时时间（毫秒）
send_buffer_size	整数	通过 socket 发送的 buffer 大小
recv_buffer_size	整数	通过 socket 读取的 buffer 大小

表 5-5　UDP 参数列表

参数	类型	说明
buffer_size	整数	系统数据 buffer 大小
bitrate	整数	每秒钟发送的码率
localport	整数	本地端口
localaddr	整数	本地地址
pkt_size	整数	最大 UDP 数据包大小
reuse	布尔型	UDP socket 复用
broadcast	布尔型	广播模式开启与关闭
ttl	整数	多播时配合使用的存活时间
fifo_size	整数	管道大小
timeout	整数	设置数据传输的超时时间

从表 5-4 和 5-5 中可以看到 FFmpeg 既支持 TCP、UDP 作为客户端，又支持 FFmpeg 作为服务器端，下面就来列举几个使用 UDP、TCP 进行工作的例子。

5.4.2　TCP 参数使用举例

使用 FFmpeg 既可以进行 TCP 的监听，也可以使用 FFmpeg 进行 TCP 的链接请求，使用 TCP 监听与请求可以是对称方式，下面举几个例子。

1. TCP 监听接收流

表 5-4 中介绍了 TCP 端口监听模式，使用方式如下：

```
./ffmpeg -listen 1 -f flv -i tcp://127.0.0.1:1234/live/stream -c copy -f flv output.flv
```

执行完命令行之后，FFmpeg 会进入端口监听模式，等待客户端连接到本地的 1234 端口。

2. TCP 请求发布流

上文介绍了 TCP 端口监听模式接收流，这里介绍一下 FFmpeg 请求 TCP 并发布流，使用方式如下：

```
./ffmpeg -re -i input.mp4 -c copy -f flv tcp://127.0.0.1:1234/live/stream
```

前文介绍过 TCP 监听端口为 1234，这里请求的端口即为 1234，并且指定输出的格式为 FLV 格式，因为 TCP 监听接收流时指定了接收 FLV 格式的流，下面就来看一下这条命令行执行之后的输出：

```
Input #0, mov,mp4,m4a,3gp,3g2,mj2, from 'input.mp4':
    Metadata:
        major_brand     : isom
        minor_version   : 512
        compatible_brands: isomiso2avc1mp41
        encoder         : Lavf57.66.102
    Duration: 00:00:10.01, start: 0.000000, bitrate: 2309 kb/s
        Stream #0:0(und): Video: h264 (High) (avc1 / 0x31637661), yuv420p,
1280x714 [SAR 1:1 DAR 640:357], 2183 kb/s, 25 fps, 25 tbr, 25k tbn, 50 tbc (default)
    Metadata:
        handler_name    : VideoHandler
    Stream #0:1(und): Audio: aac (LC) (mp4a / 0x6134706D), 48000 Hz, stereo,
fltp, 120 kb/s (default)
    Metadata:
        handler_name    : SoundHandler
Output #0, flv, to 'tcp://127.0.0.1:1234/live/stream':
    Metadata:
        major_brand     : isom
        minor_version   : 512
        compatible_brands: isomiso2avc1mp41
        encoder         : Lavf57.71.100
        Stream #0:0(und): Video: h264 (High) ([7][0][0][0] / 0x0007), yuv420p,
1280x714 [SAR 1:1 DAR 640:357], q=2-31, 2183 kb/s, 25 fps, 25 tbr, 1k tbn, 25k tbc
(default)
    Metadata:
        handler_name    : VideoHandler
    Stream #0:1(und): Audio: aac (LC) ([10][0][0][0] / 0x000A), 48000 Hz,
stereo, fltp, 120 kb/s (default)
    Metadata:
        handler_name    : SoundHandler
Stream mapping:
    Stream #0:0 -> #0:0 (copy)
    Stream #0:1 -> #0:1 (copy)
Press [q] to stop, [?] for help
frame=  128 fps= 25 q=-1.0 size= 1544kB time=00:00:05.08 bitrate=2489.8kbits/s
speed=   1x
```

输出成功，推流成功，推流格式为 FLV，推流地址为 tcp://127.0.0.1:1234/live/stream。

当这里发布流成功后，在端口监听一端同样也会有数据的输出，因为在前面介绍端口监听时，输入为 FLV 格式，输出为 output.flv 的 FLV 格式，所以可以在监听一端看到输出信息：

```
Input #0, flv, from 'tcp://127.0.0.1:1234/live/stream':
    Metadata:
        major_brand     : isom
        minor_version   : 512
        compatible_brands: isomiso2avc1mp41
        encoder         : Lavf57.71.100
    Duration: 00:00:00.00, start: 0.000000, bitrate: N/A
        Stream #0:0: Video: h264 (High), yuv420p(progressive), 1280x714 [SAR 1:1
DAR 640:357], 2183 kb/s, 25 fps, 25 tbr, 1k tbn, 50 tbc
```

```
        Stream #0:1: Audio: aac (LC), 48000 Hz, stereo, fltp, 120 kb/s
File 'output.flv' already exists. Overwrite ? [y/N] y
Output #0, flv, to 'output.flv':
    Metadata:
        major_brand     : isom
        minor_version   : 512
        compatible_brands: isomiso2avc1mp41
        encoder         : Lavf57.71.100
            Stream #0:0: Video: h264 (High) ([7][0][0][0] / 0x0007), yuv420p(progressive), 1280x714 [SAR 1:1 DAR 640:357], q=2-31, 2183 kb/s, 25 fps, 25 tbr, 1k tbn, 1k tbc
        Stream #0:1: Audio: aac (LC) ([10][0][0][0] / 0x000A), 48000 Hz, stereo, fltp, 120 kb/s
Stream mapping:
    Stream #0:0 -> #0:0 (copy)
    Stream #0:1 -> #0:1 (copy)
Press [q] to stop, [?] for help
frame=  250 fps= 76 q=-1.0 Lsize= 2826kB time=00:00:09.98 bitrate=2318.6kbits/s speed=3.02x
```

当监听 TCP 时指定格式与 TCP 客户端连接所发布的格式相同时均正常，如果 TCP 监听的输入格式与 TCP 客户端连接时所发布的格式不同时，将会出现解析格式异常，例如将请求发布流时的格式改为 MPEGTS 格式，监听端将无法正常解析格式而处于“无动于衷”的状态。

3. 监听端口超时 listen_timeout

监听端口时，默认处于持续监听状态，通过使用 listen_timeout 可以设置指定时间长度监听超时，例如设置 5 秒钟超时时间，到达超时时间则退出监听：

```
time ./ffmpeg -listen_timeout 5000 -listen 1 -f flv -i tcp://127.0.0.1:1234/live/stream -c copy -f flv output.flv
```

命令行执行后输出信息如下：

```
tcp://127.0.0.1:1234/live/stream: Operation timed out
real    0m5.350s
user    0m0.011s
sys 0m0.010s
```

从输出的内容中可以看到，超时时间为 5 秒，5 秒钟若未收到任何请求则自动退出监听。

4. TCP 拉流超时参数 timeout

使用 TCP 拉取直播流时，常常会遇到 TCP 服务器端没有数据却不主动断开连接的情况，导致客户端持续处于连接状态不断开，通过设置 timeout 参数可以解决这个问题。例如拉取一个 TCP 服务器中的流数据，若超过 20 秒没有数据则退出，实现方式如下：

```
time ./ffmpeg -timeout 20000000 -i tcp://192.168.100.179:1935/live/stream -c copy -f flv output.flv
```

这条命令行设置超时时间为 20 秒，连接 TCP 拉取端口 1935 的数据，如果超过 20 秒没有收到数据则自动退出，命令行执行后的效果如下：

```
tcp://192.168.100.179:1935/live/stream: Operation timed out

real    0m20.988s
user    0m0.010s
sys 0m0.016s
```

从以上输出的内容中可以看到，命令行执行耗时时长为 20 秒，设置超时时间生效。

5. TCP 传输 buffer 大小设置 send_buffer_size/recv_buffer_size

在 TCP 参数列表中可以看到 send_buffer_size 与 recv_buffer_size 参数，这两个参数的作用是设置 TCP 传输时 buffer 的大小，buffer 设置得越小，传输就会越频繁，网络开销就会越大：

```
./ffmpeg -re -i input.mp4 -c copy -send_buffer_size 265 -f flv
tcp://192.168.100.179:1234/live/stream
```

执行完这条命令行之后输出速度将会变慢，因为数据发送的 buffer 大小变成了 265，数据发送的频率变大，并且次数变多，网络的开销也变大，所以输出速度会变慢，命令行执行后相关的输出信息如下：

```
Input #0, mov,mp4,m4a,3gp,3g2,mj2, from 'input.mp4':
    Metadata:
        major_brand     : isom
        minor_version   : 1
        compatible_brands: isomavc1
        creation_time   : 2015-02-02T18:19:19.000000Z
    Duration: 00:45:02.06, start: 0.000000, bitrate: 2708 kb/s
            Stream #0:0(und): Video: h264 (High) (avc1 / 0x31637661), yuv420p,
1280x714 [SAR 1:1 DAR 640:357], 2576 kb/s, 25 fps, 25 tbr, 25k tbn, 50 tbc (default)
        Stream #0:1(und): Audio: aac (LC) (mp4a / 0x6134706D), 48000 Hz, stereo,
fltp, 127 kb/s (default)
Output #0, flv, to 'tcp://47.90.47.25:1234/live/stream':
    Metadata:
        major_brand     : isom
        minor_version   : 1
        compatible_brands: isomavc1
        encoder         : Lavf57.71.100
         Stream #0:0(und): Video: h264 (High) ([7][0][0][0] / 0x0007), yuv420p,
1280x714 [SAR 1:1 DAR 640:357], q=2-31, 2576 kb/s, 25 fps, 25 tbr, 1k tbn, 25k tbc
(default)
          Stream #0:1(und): Audio: aac (LC) ([10][0][0][0] / 0x000A), 48000 Hz,
stereo, fltp, 127 kb/s (default)
Stream mapping:
    Stream #0:0 -> #0:0 (copy)
    Stream #0:1 -> #0:1 (copy)
Press [q] to stop, [?] for help
```

从 FFmpeg 执行过程的内容中可以看到速度降低了，不仅仅是输出速度降低了，输出帧率也降低了，使用 Wireshark 抓包后可以看到网络传输数据大小设置为 265，情况如图 5-5 所示。

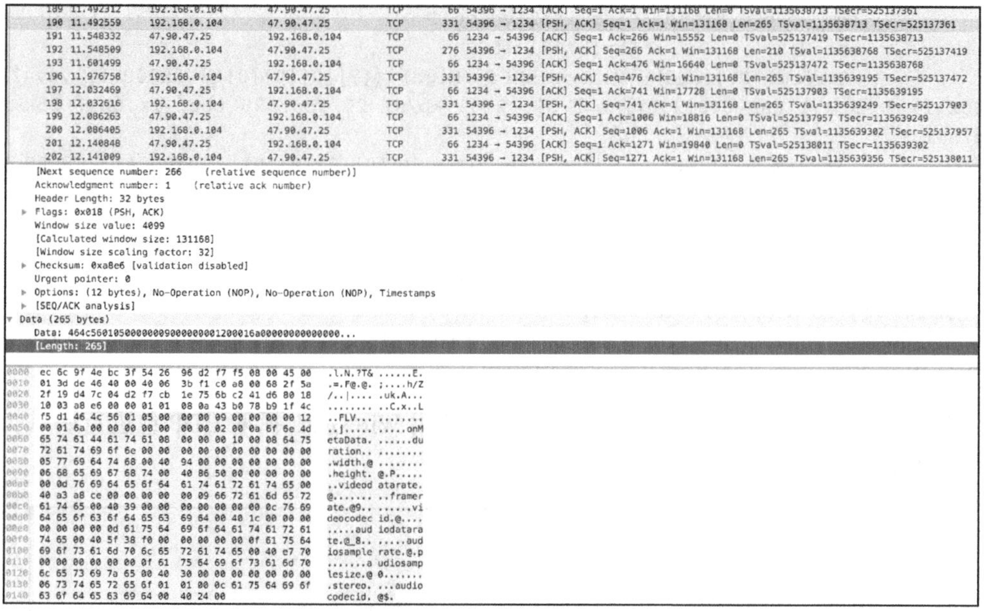

图 5-5 Wireshark 查看 FFmpeg 设置 send_buffer_size 后的传输效果

从图 5-5 中可以看到，Data 的大小为 265 字节，参数 send_buffer_size 设置成功。在接收 TCP 数据时同样可以使用 recv_buffer_size 设置读取的大小，这里就不再进行更加详细的举例了，参考使用 send_buffer_size 的方式进行验证即可。

6. 绑定本地 UDP 端口 localport

使用 FFmpeg 的 UDP 传输数据时，默认会由系统分配本地端口，使用 localport 参数时可以设置监听本地端口：

```
./ffmpeg -re -i input.mp4 -c copy -localport 23456 -f flv udp://192.168.100.179:1234/live/stream
```

命令行执行后可以看到相关输出如下：

```
Input #0, mov,mp4,m4a,3gp,3g2,mj2, from 'input.mp4':
    Metadata:
        major_brand     : isom
        minor_version   : 512
        compatible_brands: isomiso2avc1mp41
        encoder         : Lavf57.66.102
    Duration: 00:00:10.01, start: 0.000000, bitrate: 2309 kb/s
            Stream #0:0(und): Video: h264 (High) (avc1 / 0x31637661), yuv420p, 1280x714 [SAR 1:1 DAR 640:357], 2183 kb/s, 25 fps, 25 tbr, 25k tbn, 50 tbc (default)
        Stream #0:1(und): Audio: aac (LC) (mp4a / 0x6134706D), 48000 Hz, stereo, fltp, 120 kb/s (default)
Output #0, flv, to 'udp://192.168.100.179:1234/live/stream':
    Metadata:
        major_brand     : isom
        minor_version   : 512
```

```
            compatible_brands: isomiso2avc1mp41
            encoder         : Lavf57.71.100
            Stream #0:0(und): Video: h264 (High) ([7][0][0][0] / 0x0007), yuv420p,
1280x714 [SAR 1:1 DAR 640:357], q=2-31, 2183 kb/s, 25 fps, 25 tbr, 1k tbn, 25k tbc
(default)
            Stream #0:1(und): Audio: aac (LC) ([10][0][0][0] / 0x000A), 48000 Hz,
stereo, fltp, 120 kb/s (default)
    Stream mapping:
        Stream #0:0 -> #0:0 (copy)
        Stream #0:1 -> #0:1 (copy)
    Press [q] to stop, [?] for help
    frame=141 fps=25 q=-1.0 size=1720kB time=00:00:05.60 bitrate=2516.1kbits/s
speed= 1x
```

输出的时候可以使用 netstat 查看，也可以使用 Wireshark 抓取 UDP 包进行确认，如图 5-6 所示。

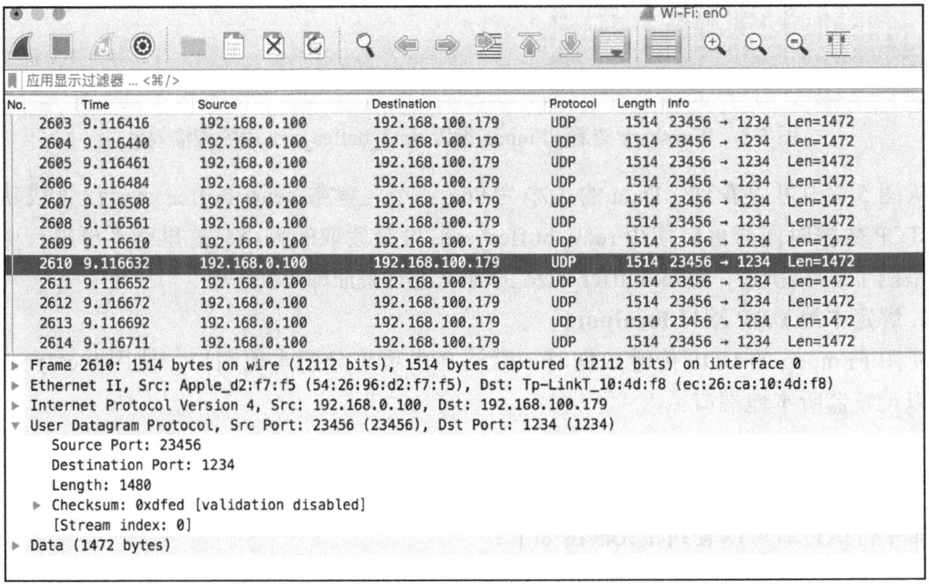

图 5-6　Wireshark 查看 FFmpeg 设置本地端口为 23456 后的效果

从图 5-6 中抓包的数据信息来看，UDP 的 Source Port 已经成功设置为 23456，可见 localport 参数设置生效。

5.4.3　TCP/UDP 使用小结

FFmpeg 的 TCP 与 UDP 传输常见于 TCP 或者 UDP 的网络裸传输场景，例如很多编码器常见的传输方式为 UDP 传输 MPEGTS 流，可以通过 FFmpeg 进行相关的功能支持，TCP 同理，不过使用 FFmpeg 进行 TCP 与 UDP 传输的参数还在不断更新中，可以根据本节介绍的方法持续关注与尝试。

5.5 FFmpeg 推多路流

早期 FFmpeg 在转码后输出直播流时并不支持编码一次之后同时输出多路直播流，需要使用管道方式进行输出，而在新版本的 FFmpeg 中已经支持 tee 文件封装及协议输出，可以使用 tee 进行多路流输出，本节将主要讲解管道方式输出多路流与 tee 协议输出方式输出多路流。

5.5.1 管道方式输出多路流

前面章节介绍过使用 FFmpeg 进行编码与转封装，编码消耗的资源比较多，转封装则相对较少，很多时候只需要转一次编码并且输出多个封装，早期 FFmpeg 本身并不支持这么做，尤其是一次转码多次输出 RTMP 流等操作，而是通过使用系统管道的方式进行操作，方式如下：

```
./ffmpeg -i input -acodec aac -vcodec libx264 -f flv - | ffmpeg -f mpegts -i -
-c copy output1 -c copy output2 -c copy output3
```

从命令行格式中可以看到，音频编码为 AAC，视频编码为 libx264，输出格式为 FLV，然后输出之后通过管道传给另一条 ffmpeg 命令，另一条 ffmpeg 命令直接执行对 codec 的 copy 即可实现一次编码多路输出：

```
./ffmpeg -i input.mp4 -vcodec libx264 -acodec aac -f flv - | ffmpeg -f flv -i
- -c copy -f flv rtmp://publish.chinaffmpeg.com/live/stream1 -c copy -f flv rtmp://
publish.chinaffmpeg.com/live/stream2
```

执行完这条命令之后，将会在 RTMP 服务器 192.168.100.179 中包含两路直播流，一路为 stream1，另外一路为 stream2，两路直播流的信息相同，下面用 FFmpeg 验证一下：

```
./ffmpeg -i rtmp://publish.chinaffmpeg.com/live/stream1  -i rtmp://publish.
chinaffmpeg.com/live/stream2
```

命令行执行后的效果如下：

```
Input #0, flv, from 'rtmp://publish.chinaffmpeg.com/live/stream1':
    Metadata:
        major_brand     : isom
        minor_version   : 1
        compatible_brands: isomavc1
        encoder         : Lavf57.71.100
    Duration: 00:00:00.00, start: 0.080000, bitrate: N/A
        Stream #0:0: Audio: aac (LC), 48000 Hz, stereo, fltp, 128 kb/s
        Stream #0:1: Video: h264 (High), yuv420p(progressive), 1280x714 [SAR 1:1
DAR 640:357], 25 fps, 25 tbr, 1k tbn, 50 tbc
Input #1, flv, from 'rtmp://publish.chinaffmpeg.com/live/stream2':
    Metadata:
        major_brand     : isom
        minor_version   : 1
        compatible_brands: isomavc1
        encoder         : Lavf57.71.100
```

```
    Duration: 00:00:00.00, start: 0.080000, bitrate: N/A
        Stream #1:0: Audio: aac (LC), 48000 Hz, stereo, fltp, 128 kb/s
        Stream #1:1: Video: h264 (High), yuv420p(progressive), 1280x714 [SAR 1:1
DAR 640:357], 25 fps, 25 tbr, 1k tbn, 50 tbc
```

如上述输出内容所示，两路直播流信息几乎一样，因为在编码推流时采用的是一次编码，多次输出支持所得到的流。

5.5.2　tee 封装格式输出多路流

FFmpeg 输出时支持 tee 封装格式输出，使用 -f tee 方式制定输出格式即可，下面就来看一下 tee 封装格式一次编码多路输出的方式：

```
./ffmpeg -re -i input.mp4 -vcodec libx264 -acodec aac -map 0 -f tee "[f=flv]
rtmp://publish.chinaffmpeg.com/live/stream1 | [f=flv]rtmp:// publish.chinaffmpeg.
com/live/stream2"
```

执行完命令行之后，ffmpeg 编码一次，输出 tee 封装格式，格式中包含两个 FLV 格式的 RTMP 流，一路为 stream1，另一路为 stream2。执行后的输出信息如下：

```
Input #0, mov,mp4,m4a,3gp,3g2,mj2, from 'input.mp4':
    Metadata:
        major_brand     : isom
        minor_version   : 1
        compatible_brands: isomavc1
        creation_time   : 2015-02-02T18:19:19.000000Z
    Duration: 00:45:02.06, start: 0.000000, bitrate: 2708 kb/s
            Stream #0:0(und): Video: h264 (High) (avc1 / 0x31637661), yuv420p,
1280x714 [SAR 1:1 DAR 640:357], 2576 kb/s, 25 fps, 25 tbr, 25k tbn, 50 tbc (default)
    Metadata:
        creation_time   : 2015-02-02T18:19:19.000000Z
        handler_name    : GPAC ISO Video Handler
        Stream #0:1(und): Audio: aac (LC) (mp4a / 0x6134706D), 48000 Hz, stereo,
fltp, 127 kb/s (default)
    Metadata:
        creation_time   : 2015-02-02T18:19:23.000000Z
        handler_name    : GPAC ISO Audio Handler
Stream mapping:
    Stream #0:0 -> #0:0 (h264 (native) -> h264 (libx264))
    Stream #0:1 -> #0:1 (aac (native) -> aac (native))
Press [q] to stop, [?] for help
[libx264 @ 0x7fa130001800] using SAR=1/1
[libx264 @ 0x7fa130001800] using cpu capabilities: MMX2 SSE2Fast SSSE3 SSE4.2
AVX
[libx264 @ 0x7fa130001800] profile High, level 3.1
Output #0, tee, to '[f=flv]rtmp://publish.chinaffmpeg.com/live/stream1 | [f=flv]
rtmp://publish.chinaffmpeg.com/live/stream2':
    Metadata:
        major_brand     : isom
        minor_version   : 1
        compatible_brands: isomavc1
        encoder         : Lavf57.71.100
        Stream #0:0(und): Video: h264 (libx264), yuv420p(progressive), 1280x714
```

```
[SAR 1:1 DAR 640:357], q=-1--1, 25 fps, 25 tbn, 25 tbc (default)
        Metadata:
            creation_time   : 2015-02-02T18:19:19.000000Z
            handler_name    : GPAC ISO Video Handler
            encoder         : Lavc57.89.100 libx264
        Side data:
            cpb: bitrate max/min/avg: 0/0/0 buffer size: 0 vbv_delay: -1
              Stream #0:1(und): Audio: aac (LC), 48000 Hz, stereo, fltp, 128 kb/s
(default)
        Metadata:
            creation_time   : 2015-02-02T18:19:23.000000Z
            handler_name    : GPAC ISO Audio Handler
            encoder         : Lavc57.89.100 aac
    frame=  266 fps= 22 q=28.0 size=N/A time=00:00:10.77 bitrate=N/A dup=2 drop=0
speed=0.908x
```

从上述输出内容中可以看到，使用 tee 封装格式推多路 RTMP 流成功，接下来可以验证服务器端是否存在两路相同的直播 RTMP 流：

```
./ffmpeg -i rtmp://publish.chinaffmpeg.com/live/stream1  -i rtmp://publish.
chinaffmpeg.com/live/stream2
```

命令行执行之后的效果如下：

```
Input #0, flv, from 'rtmp://publish.chinaffmpeg.com/live/stream1':
    Metadata:
        major_brand     : isom
        minor_version   : 1
        compatible_brands: isomavc1
        encoder         : Lavf57.71.100
    Duration: 00:00:00.00, start: 0.080000, bitrate: N/A
        Stream #0:0: Audio: aac (LC), 48000 Hz, stereo, fltp, 128 kb/s
        Stream #0:1: Video: h264 (High), yuv420p(progressive), 1280x714 [SAR 1:1
DAR 640:357], 25 fps, 25 tbr, 1k tbn, 50 tbc
Input #1, flv, from 'rtmp://publish.chinaffmpeg.com/live/stream2':
    Metadata:
        major_brand     : isom
        minor_version   : 1
        compatible_brands: isomavc1
        encoder         : Lavf57.71.100
    Duration: 00:00:00.00, start: 0.080000, bitrate: N/A
        Stream #1:0: Audio: aac (LC), 48000 Hz, stereo, fltp, 128 kb/s
        Stream #1:1: Video: h264 (High), yuv420p(progressive), 1280x714 [SAR 1:1
DAR 640:357], 25 fps, 25 tbr, 1k tbn, 50 tbc
```

经过验证，确认使用 tee 推流成功，现在流媒体服务器中存在两路相同的直播流。

5.5.3 tee 协议输出多路流

FFmpeg 在 3.1.3 版本之后支持 tee 协议输出多路流，使用方式比前文介绍的 FFmpeg 配合管道与 tee 封装格式更简单，下面详细举例说明：

```
./ffmpeg -re -i input.mp4 -vcodec libx264 -acodec aac -f flv "tee:rtmp://
publish.chinaffmpeg.com/live/stream1|rtmp://publish.chinaffmpeg.com/live/stream2"
```

执行命令行之后，FFmpeg 执行了一次编码，然后输出为 tee 协议格式，tee 中包含了两个子链接，协议全部为 RTMP，输出两路 RTMP 流，一路为 stream1，另一路为 stream2：

```
Input #0, mov,mp4,m4a,3gp,3g2,mj2, from 'input.mp4':
    Metadata:
        major_brand     : isom
        minor_version   : 512
        compatible_brands: isomiso2avc1mp41
        encoder         : Lavf57.66.102
    Duration: 00:00:10.01, start: 0.000000, bitrate: 2309 kb/s
        Stream #0:0(und): Video: h264 (High) (avc1 / 0x31637661), yuv420p, 
1280x714 [SAR 1:1 DAR 640:357], 2183 kb/s, 25 fps, 25 tbr, 25k tbn, 50 tbc (default)
    Metadata:
        handler_name    : VideoHandler
     Stream #0:1(und): Audio: aac (LC) (mp4a / 0x6134706D), 48000 Hz, stereo, 
fltp, 120 kb/s (default)
    Metadata:
        handler_name    : SoundHandler
Stream mapping:
    Stream #0:0 -> #0:0 (h264 (native) -> h264 (libx264))
    Stream #0:1 -> #0:1 (aac (native) -> aac (native))
Press [q] to stop, [?] for help
[libx264 @ 0x7f9bfb87aa00] using SAR=1/1
[libx264 @ 0x7f9bfb87aa00] using cpu capabilities: MMX2 SSE2Fast SSSE3 SSE4.2 
AVX
[libx264 @ 0x7f9bfb87aa00] profile High, level 3.1
Output #0, flv, to 'tee:rtmp://publish.chinaffmpeg.com/live/stream1|rtmp://
publish.chinaffmpeg.com/live/stream2':
    Metadata:
        major_brand     : isom
        minor_version   : 512
        compatible_brands: isomiso2avc1mp41
        encoder         : Lavf57.71.100
          Stream #0:0(und): Video: h264 (libx264) ([7][0][0][0] / 0x0007), 
yuv420p, 1280x714 [SAR 1:1 DAR 640:357], q=-1--1, 25 fps, 1k tbn, 25 tbc (default)
    Metadata:
        handler_name    : VideoHandler
        encoder         : Lavc57.89.100 libx264
    Side data:
        cpb: bitrate max/min/avg: 0/0/0 buffer size: 0 vbv_delay: -1
         Stream #0:1(und): Audio: aac (LC) ([10][0][0][0] / 0x000A), 48000 Hz, 
stereo, fltp, 128 kb/s (default)
    Metadata:
        handler_name    : SoundHandler
        encoder         : Lavc57.89.100 aac
```

如上述输出内容所示，推流成功，两路直播流相同与否，可以通过验证 FFmpeg 配合管道的方式或验证 tee 封装支持的方式进行检测，结果将会是相同的。

5.6　FFmpeg 生成 HDS 流

FFmpeg 支持文件列表方式的切片直播、点播流，除了 HLS 之外，还支持 HDS 流切片格式，使用 FFmpeg 可以生成 HDS 切片。

5.6.1 HDS 参数说明

使用 ffmpeg -h muxer=hds 可以得到 HDS 的参数列表，下面就来看一下 HDS 相关的操作参数都有哪些。

表 5-6 FFmpeg 生成 HDS 的参数

参数	类型	说明
window_size	整数	设置 HDS 文件列表的最大文件数
extra_window_size	整数	设置 HDS 文件列表之外的文件保留数
min_frag_duration	整数	设置切片文件时长（单位：微秒）
remove_at_exit	布尔	生成 HDS 文件退出时删除所有列表及文件

如表 5-6 所示，FFmpeg 中做 HDS 格式封装主要包含四个参数，分别为 HDS 切片信息窗口大小、HDS 切片信息窗口之外保留的切片文件个数、最小切片时间、在 HDS 封装结束时删除所有文件。下面就来对这些参数进行举例说明。

5.6.2 HDS 使用举例

由于 FFmpeg 生成 HDS 文件与 HLS 类似，既可以生成点播文件列表，也可以生成直播文件列表；既可以保留历史文件，也可以刷新历史文件窗口大小，以上这些操作均可以通过参数进行控制。

1. window_size 参数控制文件列表大小

设置 HDS 为直播模式时，需要实时更新列表，可以通过 window_size 参数控制文件列表窗口大小，例如 HDS 文件列表中只保存 4 个文件，通过设置 window_size 即可实现，下面举例说明：

```
./ffmpeg -i input -c copy -f hds -window_size 4 output
```

执行完以上命令行之后，会生成 output 目录，目录下面包含三种文件，具体如下。

- index.f4m：索引文件，主要为 F4M 参考标准中 mainfest 相关、Metadata 信息等
- stream0.abst：文件流相关描述信息
- stream0Seg1-Frag：相似规则文件切片，文件切片中均为 mdat 信息

生成 output 目录信息如下：

```
output
├── index.f4m
├── stream0.abst
├── stream0Seg1-Frag1
├── stream0Seg1-Frag2
├── stream0Seg1-Frag3
├── stream0Seg1-Frag4
└── stream0Seg1-Frag5
```

```
0 directories, 7 files
```

可以看到设置的窗口大小已经生效，如果不设置 window_size 限制窗口大小，则使用如下命令行：

```
./ffmpeg -i input -c copy -f hds output
```

生成的文件列表如下：

```
output
├── index.f4m
├── stream0.abst
├── stream0Seg1-Frag1
├── stream0Seg1-Frag10
├── stream0Seg1-Frag11
├── stream0Seg1-Frag12
├── stream0Seg1-Frag13
├── stream0Seg1-Frag14
├── stream0Seg1-Frag15
├── stream0Seg1-Frag16
├── stream0Seg1-Frag17
├── stream0Seg1-Frag18
├── stream0Seg1-Frag19
├── stream0Seg1-Frag2
├── stream0Seg1-Frag20
├── stream0Seg1-Frag21
├── stream0Seg1-Frag22
├── stream0Seg1-Frag23
├── stream0Seg1-Frag24
├── stream0Seg1-Frag3
├── stream0Seg1-Frag4
├── stream0Seg1-Frag5
├── stream0Seg1-Frag6
├── stream0Seg1-Frag7
├── stream0Seg1-Frag8
└── stream0Seg1-Frag9

0 directories, 26 files
```

使用 window_size 控制列表大小生效，默认不控制生成列表的大小。

2. extra_window_size 参数控制文件个数

在控制 window_size 之后，HLS 切片的情况与之类似，列表之外的文件会有一些残留，通过使用 extra_window_size 可以控制残留文件个数：

将 extra_window_size 设置为 1，则会在 window_size 之外多留一个历史文件，下面就来执行命令行测试一下：

```
./ffmpeg -re -i input.mp4 -c copy -f hds -window_size 4 -extra_window_size 1
output
```

命令行执行之后，将会在 output 目录生成 HDS 文件，这要比 window_size 规定的窗口大小之外多出来 1 个文件，下面就来看一下效果：

```
output
├── index.f4m
├── stream0.abst
├── stream0Seg1-Frag57
├── stream0Seg1-Frag58
├── stream0Seg1-Frag59
├── stream0Seg1-Frag60
└── stream0Seg1-Frag61

0 directories, 7 files
```

从如上所示的输出内容中可以看到，在 output 目录中生成了 index.f4m 索引文件以及 5 个切片文件，其中有 4 个文件为 window_size 中列表文件的实体文件，多出来的一个切片文件为 extra_window_size 规定的保留文件，下面将 extra_window_size 设置为 5 个，则目录中将会有 9 个切片文件：

```
./ffmpeg -re -i input.mp4 -c copy -f hds -window_size 4 -extra_window_size 5
output
```

命令行执行之后的输出效果如下：

```
output
├── index.f4m
├── stream0.abst
├── stream0Seg1-Frag88
├── stream0Seg1-Frag89
├── stream0Seg1-Frag90
├── stream0Seg1-Frag91
├── stream0Seg1-Frag92
├── stream0Seg1-Frag93
├── stream0Seg1-Frag94
├── stream0Seg1-Frag95
└── stream0Seg1-Frag96

0 directories, 11 files
```

如上述输出的目录所示，extra_window_size 设置成功。

3. 其他参数

remove_at_exit 参数在 FFmpeg 退出时会删除所有生成的文件，如果 min_frag_duration 参数的值设置得比较小并且设置在使用 codec copy 时不会有效果，则需要在重新编码时将 GOP 间隔设置得比 min_frag_duration 时间短即可。

5.7 FFmpeg 生成 DASH 流

列表类型直播除了 HLS 与 HDS 之外，还有一种比较流行的列表方式是 DASH 方式直播，本节将重点介绍如何使用 FFmpeg 生成 DASH 流，下面就来介绍一下 FFmpeg 的 DASH 参数。

5.7.1　DASH参数说明

使用ffmpeg -h muxer=dash可以得到DASH的参数列表，下面就来看一下DASH都有哪些相关操作的参数，具体见表5-7。

表5-7　FFmpeg生成DASH的参数

参数	类型	说明
window_size	整数	索引文件中文件的条目数
extra_window_size	整数	索引文件之外的切片文件保留数
min_seg_duration	整数	最小切片时长（微秒）
remove_at_exit	布尔	当FFmpeg退出时删除所有切片
use_template	布尔	按照模板切片
use_timeline	布尔	设置切片模板为时间模板
single_file	布尔	设置切片为单文件模式
single_file_name	字符串	设置切片文件命名模板
init_seg_name	字符串	设置切片初始命名模板
media_seg_name	字符串	设置切片文件名模板

从表5-7中可以看出，对于DASH的封装操作FFmpeg所支持的参数稍微多一些，例如除了与HDS相似的参数之外，还可以支持单文件模式，是否使用timeline模式，设置切片名等操作，下面就来举例说明对DASH封装操作的常见参数。

5.7.2　DASH参数使用举例

1. window_size与extra_window_size参数举例

与HDS设置类似，DASH参数设置同样可以支持window_size与extra_window_size参数设置列表中的切片个数与列表外切片的保留个数，设置方式如下：

```
./ffmpeg -re -i input.mp4 -c:v copy -acodec copy -f dash -window_size 4 -extra_
window_size 5 index.mpd
```

执行完命令行之后会生成文件索引列表index.mpd，文件列表长度为4个切片长度，切片之外会保留5个切片，在DASH直播格式中，音视频是分开切片的，也就是说视频是一路切片，音频是一路切片，即音频切片文件会有9个，视频切片文件会有9个，其中包含了2个初始化信息切片，1个索引文件，可以参考如下信息：

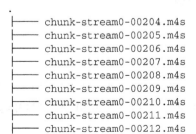

```
.
├── chunk-stream0-00204.m4s
├── chunk-stream0-00205.m4s
├── chunk-stream0-00206.m4s
├── chunk-stream0-00207.m4s
├── chunk-stream0-00208.m4s
├── chunk-stream0-00209.m4s
├── chunk-stream0-00210.m4s
├── chunk-stream0-00211.m4s
├── chunk-stream0-00212.m4s
```

```
├── chunk-stream1-00204.m4s
├── chunk-stream1-00205.m4s
├── chunk-stream1-00206.m4s
├── chunk-stream1-00207.m4s
├── chunk-stream1-00208.m4s
├── chunk-stream1-00209.m4s
├── chunk-stream1-00210.m4s
├── chunk-stream1-00211.m4s
├── chunk-stream1-00212.m4s
├── index.mpd
├── init-stream0.m4s
└── init-stream1.m4s

0 directories, 21 files
```

2. single_file 参数举例

FFmpeg 支持生成 DASH 时将切片列表中的文件写入到一个文件，使用 single_file 参数即可，参考命令行如下：

```
./ffmpeg -re -i input.mp4 -c:v copy -acodec copy -f dash -window_size 4 -extra_
window_size 5 -single_file 1 index.mpd
```

执行命令行之后，目录中将会生成 3 个文件：1 个索引文件、1 个音频文件、1 个视频文件，可参考的信息如下：

```
.
├── index-stream0.m4s
├── index-stream1.m4s
└── index.mpd

0 directories, 3 files
```

5.8 小结

FFmpeg 对流媒体的支持非常广泛，本章重点介绍 RTMP、RTSP、TCP、UDP、HLS、HDS、DASH 相关的支持情况，主要以推流、生成为主，以及对 FFmpeg 支持的 HTTP 传输参数做简略的分析，阅读完本章之后，将会对流媒体协议有一个基本的了解，并能够使用工具进行常规的媒体信息分析。

第 6 章
FFmpeg 滤镜使用

FFmpeg 除了具有强大的封装 / 解封装、编 / 解码功能之外，还包含了一个非常强大的组件——滤镜 avfilter。avfilter 组件经常用于进行多媒体的处理与编辑，FFmpeg 中包括多种滤镜。

本章将重点介绍常见的滤镜，内容概览如下。

- 6.1 节重点介绍 FFmpeg 滤镜的基本语法与基本的内置变量，在日常使用 FFmpeg 的滤镜时将会频繁用到这些语法和变量。
- 6.2 节、6.3 节与 6.4 节将重点介绍如何通过使用 FFmpeg 的 overlay 滤镜配合内部变量搭配，展示不同的图像显示效果。
- 6.5 节与 6.6 节将重点介绍 FFmpeg 与音频相关的支持操作，如获取音频的音量、可视化数据、做多声道等滤镜操作。
- 6.7 节重点介绍 FFmpeg 将字幕与视频融合的滤镜操作。
- 6.8 节重点介绍 FFmpeg 通过 chromakey 滤镜实现绿幕抠像的操作。
- 6.9 节重点介绍 FFmpeg 对 3D 视频的不同效果的操作，如左右眼、红蓝眼镜等。
- 6.10 节重点介绍 FFmpeg 视频截图功能的多种操作。
- 6.11 节重点介绍 FFmpeg 本身的滤镜支持生成测试数据的相关操作。
- 6.12 节重点介绍 FFmpeg 的变速滤镜操作。

6.1 FFmpeg 滤镜 Filter 描述格式

在使用 FFmpeg 的滤镜处理音视频特效之前，首先需要了解一下 Filter 的基本格式。

6.1.1 FFmpeg 滤镜 Filter 的参数排列方式

为了便于理解 Filter 使用的方法，下面先用最简单的方式来描述 Filter 使用时的参数排列方式：

```
[输入流或标记名]滤镜参数[临时标记名];[输入流或标记名]滤镜参数[临时标记名]…
```

文字描述的排列方式很明确，接下来列举一个简单的例子：输入两个文件，一个视频 input.mp4，一个图片 logo.png，将 logo 进行缩放，然后放在视频的左上角：

```
./ffmpeg -i input.mp4 -i logo.png -filter_complex "[1:v]
scale=176:144[logo];[0:v][logo]overlay=x=0:y=0" output.mp4
```

从上述命令可以看出，将 logo.png 的图像流缩放为 176×144 的分辨率，然后定义一个临时标记名 logo，最后将缩放后的图像 [logo] 铺在输入的视频 input.mp4 的视频流 [0:v] 的左上角。

6.1.2 FFmpeg 滤镜 Filter 时间内置变量

在使用 Filter 时，经常会用到根据时间轴进行操作的需求，在使用 FFmpeg 的 Filter 时可以使用 Filter 的时间相关的内置变量，下面先来了解一下这些相关的变量，见表 6-1。

表 6-1 FFmpeg 滤镜 Filter 基本内置变量

变量	说明
t	时间戳以秒表示，如果输入的时间戳是未知的，则是 NAN
n	输入帧的顺序编号，从 0 开始
pos	输入帧的位置，如果未知则是 NAN
w	输入视频帧的宽度
h	输入视频帧的高度

关于变量的详细示例，将在下面章节的实例中使用到，读者可以根据具体的使用示例加深理解。

6.2 FFmpeg 为视频加水印

FFmpeg 可以为视频添加水印，水印可以是文字，也可以是图片，主要用来标记视频所属标记等。下面就来看一下 FFmpeg 加水印的多种方式。

6.2.1 文字水印

在视频中增加文字水印需要准备的条件比较多，需要有文字字库处理的相关文件，在编译 FFmpeg 时需要支持 FreeType、FontConfig、iconv，系统中需要有相关的字库，在 FFmpeg 中增加纯字母水印可以使用 drawtext 滤镜进行支持，下面就来看一下 drawtext 的滤镜参数，具体见表 6-2。

表 6-2 FFmpeg 文字滤镜参数

参数	类型	说明
fontfile	字符串	字体文件

（续）

参数	类型	说明
text	字符串	文字
textfile	字符串	文字文件
fontcolor	色彩	字体颜色
box	布尔	文字区域背景框
boxcolor	色彩	展示字体的区域块的颜色
fontsize	整数	显示字体的大小
font	字符串	字体名称（默认为 Sans 字体）
x	整数	文字显示的 x 坐标
y	整数	文字显示的 y 坐标

drawtext 滤镜使用举例

使用 drawtext 可以根据前面介绍过的参数进行加水印设置，例如将文字的水印加在视频的左上角，命令行如下：

```
./ffmpeg -i input.mp4 -vf "drawtext=fontsize=100:fontfile=FreeSerif.
ttf:text='hello world':x=20:y=20" output.mp4
```

执行完这条命令行之后，即可在 output.mp4 视频的左上角增加“ hello world”文字水印，为了使文字展示得更清楚一些，将文字大小设置为 100 像素，下面来看一下效果图，如图 6-1 所示。

图 6-1　drawtext 加水印效果

如图 6-1 所示，视频的左上角加入了“hello world”文字水印。

图 6-1 的文字水印为纯黑色，会展现得比较突兀，为了使水印更加柔和，可以通过

drawtext 滤镜的 fontcolor 参数调节颜色，例如将字体的颜色设置为绿色：

```
./ffmpeg -i input.mp4 -vf "drawtext=fontsize=100:fontfile=FreeSerif.
ttf:text='hello world':fontcolor=green" output.mp4
```

执行完命令行之后，文字水印即为绿色，如图 6-2 所示。

图 6-2　drawtext 设置水印字体颜色的效果

如果想调整文字水印显示的位置，调整 x 与 y 参数的数值即可。

文字水印还可以增加一个框，然后给框加上背景颜色：

```
./ffmpeg -i input.mp4 -vf "drawtext=fontsize=100:fontfile=FreeSerif.
ttf:text='hello world':fontcolor=green:box=1:boxcolor=yellow" output.mp4
```

执行完命令行之后，视频左上角显示文字水印，水印背景色为黄色，效果如图 6-3 所示。

至此，文字水印的基础功能已经添加完成。

有些时候文字水印希望以本地时间作为水印内容，可以在 drawtext 滤镜中配合一些特殊用法来完成，例如：

```
./ffmpeg -re -i input.mp4 -vf "drawtext=fontsize=60:fontfile=FreeSerif.
ttf:text='%{localtime\:%Y\-%m\-%d %H-%M-%S}':fontcolor=green:box=1:boxcolor=yellow"
output.mp4
```

在 text 中显示本地当前时间，格式为年月日时分秒的方式，具体情况如图 6-4 所示。

在个别场景中，需要定时显示水印，定时不显示水印，这种方式同样可以配合 drawtext 滤镜进行处理，使用 drawtext 与 enable 配合即可，例如每 3 秒钟显示一次文字水印：

图 6-3　drawtext 设置文字背景色的水印效果

图 6-4　drawtext 设置本地时间水印效果

```
./ffmpeg -re -i input.mp4 -vf "drawtext=fontsize=60:fontfile=FreeSerif.ttf:text
='test':fontcolor=green:box=1:boxcolor=yellow:enable=lt(mod(t\,3)\,1)" output.mp4
```

执行完命令行之后，即可达到每三秒钟闪一下文字水印的效果，由于其是一个动态展示的视频，所以在这里就不抓图展示了。

当然，大多数时候文字水印会有中文字符，此时系统需要包含中文字库与中文编码支持，这样才能够将中文水印加入到视频中并正常显示。

```
./ffmpeg -re -i input.mp4 -vf "drawtext=fontsize=50:fontfile=/Library/Fonts/
Songti.ttc:text='文字水印测试':fontcolor=green:box=1:boxcolor=yellow" output.mp4
```

执行完命令行之后即可将中文水印加入到视频当中，并且中文字符的字体为宋体，效果如图 6-5 所示。

图 6-5　drawtext 设置中文水印效果

6.2.2　图片水印

FFmpeg 除了可以向视频添加文字水印之外，还可以向视频添加图片水印、视频跑马灯等，本节将重点介绍如何为视频添加图片水印；为视频添加图片水印可以使用 movie 滤镜，下面就来熟悉一下 movie 滤镜的参数，如表 6-3 所示。

表 6-3　FFmpeg movie 滤镜的参数

参数	类型	说明
filename	字符串	输入的文件名，可以是文件、协议、设备
format_name，f	字符串	输入的封装格式
stream_index，si	整数	输入的流索引编号
seek_point，sp	浮点数	Seek 输入流的时间位置
stream，s	字符串	输入的多个流的流信息
loop	整数	循环次数
discontinuity	时间差值	支持跳动的时间戳差值

下面举例说明，在 FFmpeg 中加入图片水印有两种方式，一种是通过 movie 指定水印文件路径，另外一种方式是通过 filter 读取输入文件的流并指定为水印，这里重点介绍如何读取 movie 图片文件作为水印，举例如下：

```
./ffmpeg -i input.mp4 -vf "movie=logo.png[wm]; [in][wm]overlay=30:10[out]"
output.mp4
```

执行完命令行之后 logo.png 水印将会打入到 input.mp4 视频中，显示在 x 坐标 30、y 坐标 10 的位置，如图 6-6 所示。

图 6-6　设置图片水印效果

如图 6-6 所示，由于 logo.png 图片的背景色是白色，所以显示起来比较生硬，如果水印图片是透明背景的，效果会更好，下面找一张透明背景色的图片试一下，效果如图 6-7 所示。

图 6-7　设置图片透明水印效果

从图 6-7 中可以看到，将透明水印加入到视频中的效果更好一些。当只有纯色背景的 logo 图片时，可以考虑使用 movie 与 colorkey 滤镜配合做成半透明效果，例如：

```
./ffmpeg -i input.mp4 -vf "movie=logo.png,colorkey=black:1.0:1.0 [wm]; [in] [wm]
overlay=30:10 [out]" output.mp4
```

执行完命令行之后，将会根据 colorkey 设置的颜色值、相似度、混合度与原片混合为半透明水印，效果如图 6-8 所示。

图 6-8 设置图片半透明水印效果

6.3 FFmpeg 生成画中画

在使用 FFmpeg 处理流媒体文件时，有时需要使用画中画的效果。在 FFmpeg 中，可以通过 overlay 将多个视频流、多个多媒体采集设备、多个视频文件合并到一个界面中，生成画中画的效果。在前面的滤镜使用中，以至于以后的滤镜使用中，与视频操作相关的处理，大多数都会与 overlay 滤镜配合使用，尤其是用在图层处理与合并场景中，下面就来了解一下 overlay 的参数，具体见表 6-4。

表 6-4 FFmpeg 滤镜 overlay 基本参数

参数	类型	说明
x	字符串	x 坐标
y	字符串	y 坐标
eof_action	整数	遇到 eof 标志时的处理方式，默认为重复。 • repeat（值为 0）：重复前一帧 • endall（值为 1）：停止所有的流 • pass（值为 2）：保留主图层

（续）

参数	类型	说明
shortest	布尔	终止最短的视频时全部终止（默认关闭）
format	整数	设置 output 的像素格式，默认为 yuv420。 • yuv420（值为 0） • yuv422（值为 1） • yuv444（值为 2） • rgb（值为 3）

从参数列表中可以看到，主要参数并不多，但实际上在 overlay 滤镜使用中，还有很多组合的参数可以使用，可以使用一些内部变量，例如 overlay 图层的宽、高、坐标等；下面再列举几个画中画的例子：

```
./ffmpeg -re -i input.mp4 -vf "movie=sub.mp4,scale=480x320[test]; [in][test]
overlay [out]" -vcodec libx264 output.flv
```

执行完命令行之后会将 sub.mp4 视频文件缩放成宽 480、高 320 的视频，然后显示在视频 input.mp4 的 x 坐标为 0、y 坐标为 0 的位置，下面看一下命令行执行后生成的 output.flv 的效果，如图 6-9 所示。

图 6-9　设置画中画效果

图 6-9 即为显示画中画的最基本方式，如果希望子视频显示在指定位置，例如显示在画面的右下角，则需要用到 overlay 中 x 坐标与 y 坐标的内部变量：

```
./ffmpeg -re -i input.mp4 -vf "movie=sub.mp4,scale=480x320[test]; [in][test]
overlay=x=main_w-480:y=main_h-320 [out]" -vcodec libx264 output.flv
```

根据命令行可以分析出，除了显示在 overlay 画面中，子视频将会定位在主画面的最右边减去子视频的宽度，最下边减去子视频的高度的位置，生成的视频播放效果如图 6-10

所示。

图 6-10　设置画中画子画面位置效果

以上两种视频画中画的处理均为静态位置处理，使用 overlay 还可以配合正则表达式进行跑马灯式画中画处理，动态改变子画面的 x 坐标与 y 坐标即可：

```
./ffmpeg -re -i input.mp4 -vf "movie=sub.mp4,scale=480x320[test]; [in][test]
overlay=x='if(gte(t,2), -w+(t-2)*20, NAN)':y=0 [out]" -vcodec libx264 output.flv
```

命令行执行之后，子视频将会从主视频的左侧开始渐入视频从左向右游动，效果如图 6-11 所示。

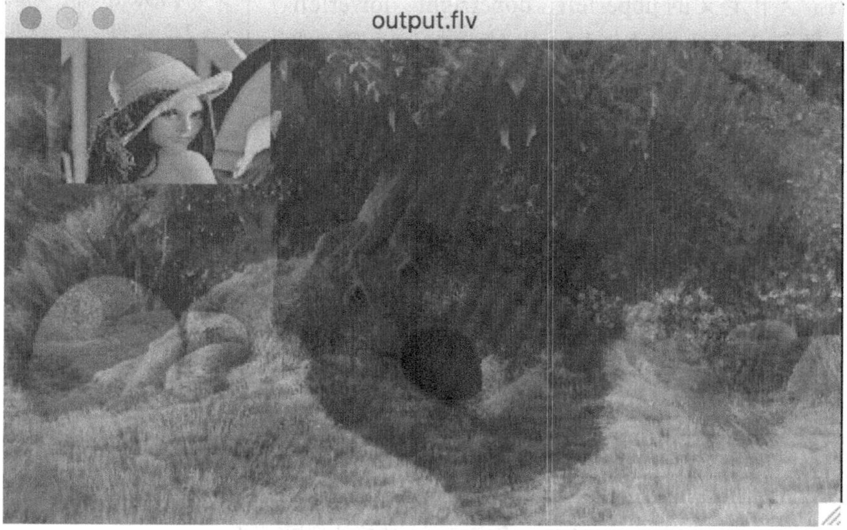

图 6-11　设置滚动画中画效果

视频画中画的基本处理至此已介绍完毕，重点为 overlay 滤镜的使用。

6.4　FFmpeg 视频多宫格处理

视频除了画中画显示，还有一种场景为以多宫格的方式呈现出来，除了可以输入视频文件，还可以输入视频流、采集设备等。从前文中可以看出进行视频图像处理时，overlay 滤镜为关键画布，可以通过 FFmpeg 建立一个画布，也可以使用默认的画布。如果想以多宫格的方式展现，则可以自己建立一个足够大的画布，下面就来看一下多宫格展示的例子：

```
./ffmpeg -re -i input1.mp4 -re -i input2.mp4 -re -i input3.m2t -re -i input4.mp4 -filter_complex "nullsrc=size=640x480 [base]; [0:v] setpts=PTS-STARTPTS, scale=320x240 [upperleft]; [1:v] setpts=PTS-STARTPTS, scale=320x240 [upperright]; [2:v] setpts=PTS-STARTPTS, scale=320x240 [lowerleft]; [3:v] setpts=PTS-STARTPTS, scale=320x240 [lowerright]; [base][upperleft] overlay=shortest=1 [tmp1]; [tmp1][upperright] overlay=shortest=1:x=320 [tmp2]; [tmp2][lowerleft] overlay=shortest=1:y=240 [tmp3]; [tmp3][lowerright] overlay=shortest=1:x=320:y=240" -c:v libx264 output.flv
```

执行完命令行之后，即可通过 nullsrc 创建一个 overlay 画布，画布的大小为宽 640 像素、高 480 像素，使用 [0:v][1:v][2:v][3:v] 将输入的 4 个视频流取出，分别进行缩放处理，处理为宽 320、高 240 的视频，然后基于 nullsrc 生成的画布进行视频平铺，平铺的整体情况如图 6-12 所示。

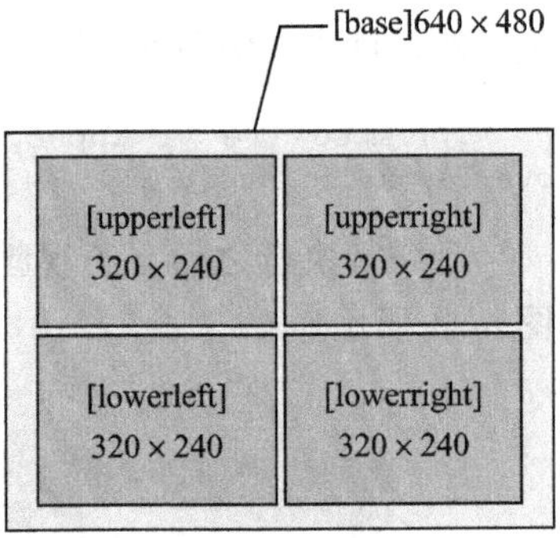

图 6-12　多宫格画面示意图

根据命令中定义的 upperleft、upperright、lowerleft、lowerright 进行不同位置的平铺，平铺的整体步骤如图 6-13 所示。

执行完命令行之后的最终展现形式如图 6-14 所示。

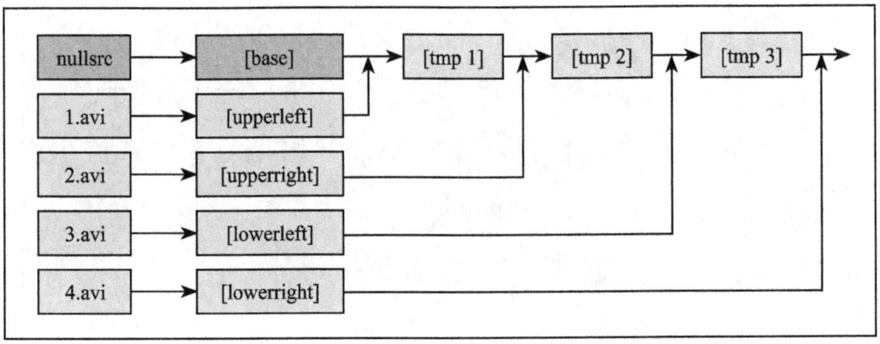

图 6-13　多宫格画面滤镜处理原理图

图 6-14　多宫格处理后效果图

直播视频流的多宫格展现形式将 input 更改为直播流地址即可。

6.5　FFmpeg 音频流滤镜操作

FFmpeg 除了可以操作视频之外，还可以对音频进行操作，例如拆分声道、合并多声道为单声道、调整声道布局、调整音频采样率等，而进行音频的拆分与合并，在 FFmpeg 中可以使用滤镜进行操作，可以通过 amix、amerge、pan、channelsplit、volume、volumedetect 等滤镜进行常用的音频操作，下面就来了解一下相关的操作。

6.5.1　双声道合并单声道

在进行音频转换时常常会遇到音频声道发生改变的情况，例如将双声道合并为单声道，通过 ffmpeg -layouts 参数可以查看音频的声道布局支持情况，例如将双声道合并为单声道操作，则是将 stereo 转变为 mono 模式，如图 6-15 所示。

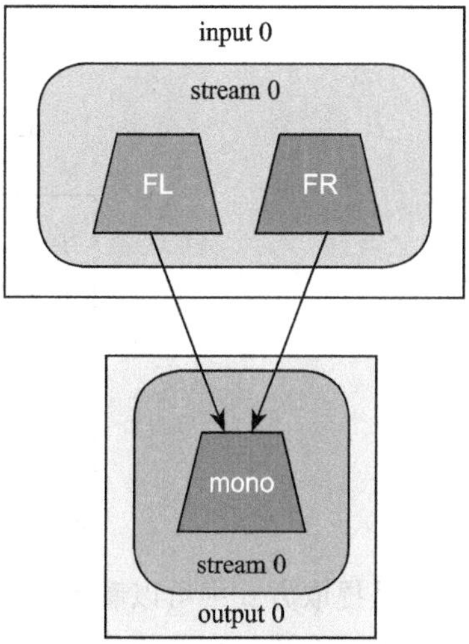

图 6-15　左右声道 layout 合并为 mono layout 原理图

如果要使用 FFmpeg 实现图 6-15 所示的操作，执行如下命令即可：

```
./ffmpeg -i input.aac -ac 1 output.aac
```

执行完命令行之后，input.aac 的音频原为双声道，现被转为单声道，下面来看一下执行后的对比信息：

```
Input #0, aac, from 'input.aac':
    Duration: 00:00:50.82, bitrate: 127 kb/s
        Stream #0:0: Audio: aac (LC), 48000 Hz, stereo, fltp, 127 kb/
Output #0, adts, to 'output.aac':
    Metadata:
        encoder         : Lavf57.71.100
        Stream #0:0: Audio: aac (LC), 48000 Hz, mono, fltp, 69 kb/s
```

从图 6-15 中可以看到，input.aac 的音频是 stereo 布局方式，即 FL 与 FR 两个声道，通过 ac 将双声道转为单声道 mono 布局，输出为 output.aac。原本双声道的音频，左耳右耳都可以听到声音，调整后依然可以左右耳都听到声音，只是布局发生了改变，为中央布局；接下来可以将双声道拆分成左耳与右耳两个音频，每个耳朵只能听到一个声道的声音。

6.5.2　双声道提取

使用 FFmpeg 可以提取多声道的音频并输出至新音频文件或者多个音频流，以便于后续的编辑等，下面看一下提取多声道音频的方式，如图 6-16 所示。

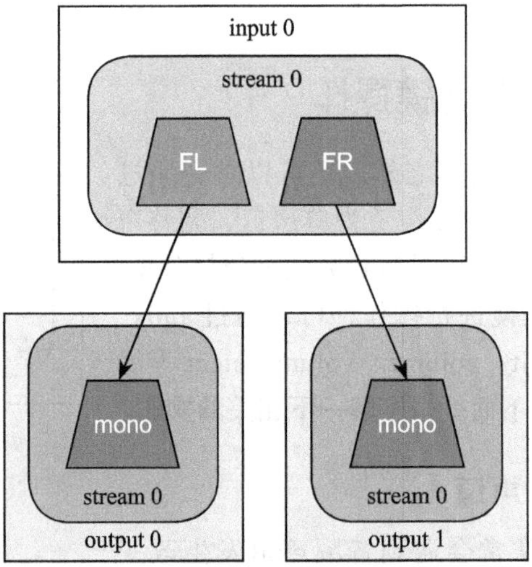

图 6-16　双声道提取多单声道音频文件原理图

从提取方式中可以看到，将音频为 stereo 的布局提取为两个 mono 流，左声道一个流，右声道一个流，命令格式如下。

可以使用 FFmpeg 的 map_channel 参数实现：

```
./ffmpeg -i input.aac -map_channel 0.0.0 left.aac -map_channel 0.0.1 right.aac
```

这里也可以使用 pan 滤镜实现：

```
./ffmpeg -i input.aac -filter_complex "[0:0]pan=1c|c0=c0[left];[0:0]
pan=1c|c0=c1[right]" -map "[left]" left.aac -map "[right]" right.aac
```

命令行执行后，会将布局格式为 stereo 的 input.aac 转换为两个 mono 布局的 left.aac 与 right.aac：

```
Input #0, aac, from 'input.aac':
    Duration: 00:00:50.82, bitrate: 127 kb/s
        Stream #0:0: Audio: aac (LC), 48000 Hz, stereo, fltp, 127 kb/s
Input #1, aac, from 'left.aac':
    Duration: 00:00:49.21, bitrate: 73 kb/s
        Stream #1:0: Audio: aac (LC), 48000 Hz, mono, fltp, 73 kb/s
Input #2, aac, from 'right.aac':
    Duration: 00:00:49.21, bitrate: 73 kb/s
        Stream #2:0: Audio: aac (LC), 48000 Hz, mono, fltp, 73 kb/s
```

从上述输出中可以看到，input.aac 为 stereo，而 left.aac 与 right.aac 为 mono。

6.5.3　双声道转双音频流

FFmpeg 不但可以将双声道音频提取出来生成两个音频文件，还可以将双声道音频提取出来转为一个音频文件两个音频流，每个音频流为一个声道，转换方式如图 6-17 所示。

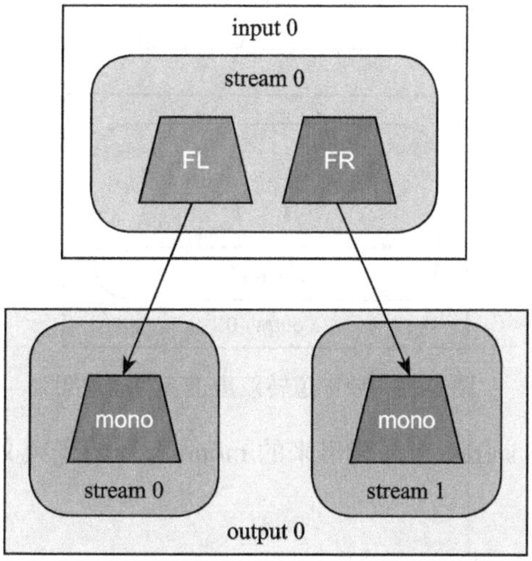

图 6-17　左右声道单流音频转多音频流的原理图

如图 6-17 所示，根据这个原理举例如下：

```
./ffmpeg -i input.aac -filter_complex channelsplit=channel_layout=stereo output.
mka
```

命令行通过 channelsplit 滤镜将 stereo 布局方式的音频切分开，分成两个音频流，下面来看一下切分前后的音频效果：

```
Input #0, aac, from 'input.aac':
    Duration: 00:00:50.82, bitrate: 127 kb/s
        Stream #0:0: Audio: aac (LC), 48000 Hz, stereo, fltp, 127 kb/s
Output #0, matroska, to 'output.mka':
        Stream #0:0: Audio: ac3 ([0] [0][0] / 0x2000), 48000 Hz, mono, fltp, 96
kb/s
        Stream #0:1: Audio: ac3 ([0] [0][0] / 0x2000), 48000 Hz, mono, fltp, 96
kb/s
```

如这里查看到的信息所示，文件 output.mka 中的音频为两个 stream；大多数播放器在默认情况下会播放第一个音频 Stream 但不会播放第二个，指定播放对应的 Stream 除外。

6.5.4　单声道转双声道

使用 FFmpeg 可以将单声道转换为双声道，即当只有中央声道或者只有 mono 布局时，才可以通过 FFmpeg 转换为 stereo 布局，转换方式如图 6-18 所示。

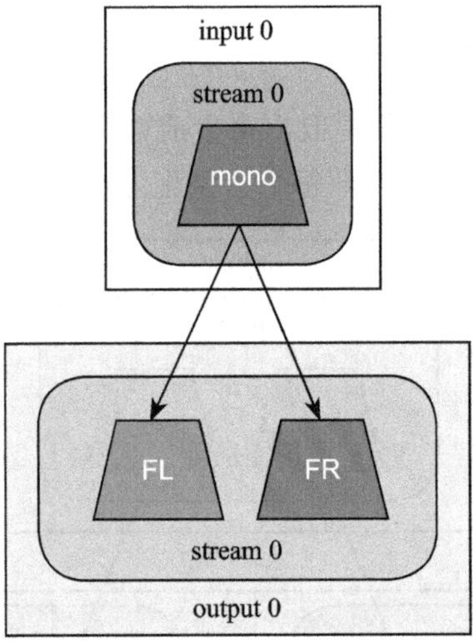

图 6-18　单声道转双声道音频原理图

根据前面章节提到的 stereo 布局转出来的 mono 布局的音频文件 left.aac 进行生成，命令行如下：

```
./ffmpeg -i left.aac -ac 2 output.m4a
```

执行完命令行之后，将会从 left.aac 中，将布局为 mono 的音频转换为 stereo 布局的音频文件 output.m4a，下面查看一下输入与输出文件：

```
Input #0, aac, from 'left.aac':
    Duration: 00:00:49.21, bitrate: 73 kb/s
```

```
        Stream #0:0: Audio: aac (LC), 48000 Hz, mono, fltp, 73 kb/s
    Output #0, ipod, to 'output.m4a':
            Stream #0:0: Audio: aac (LC) (mp4a / 0x6134706D), 48000 Hz, stereo,
fltp, 128 kb/s
```

从以上的输出信息中可以看到，输入的 left.aac 中音频为 mono 布局，而输出的文件 output.m4a 中的音频布局则为 stereo。除了使用 ac 参数，还可以使用 amerge 滤镜进行处理，命令行如下：

```
./ffmpeg -i left.aac -filter_complex "[0:a][0:a]amerge=inputs=2[aout]" -map
"[aout]" output.m4a
```

命令行执行后的效果与使用 ac 的效果相同。

当然，这样执行之后的双声道并不是真正的双声道，而是由单声道处理成的多声道，效果不会比原有的多声道效果好。

6.5.5　两个音频源合并双声道

前面讲过将单 mono 处理为双声道，如果将输入的单 mono 转换为 stereo 双声道为伪双声道，则可以考虑将两个音频源合并为双声道，相对来说这样操作更容易理解一些，下面就来看一下如何将两个音频源输入为双声道，如图 6-19 所示。

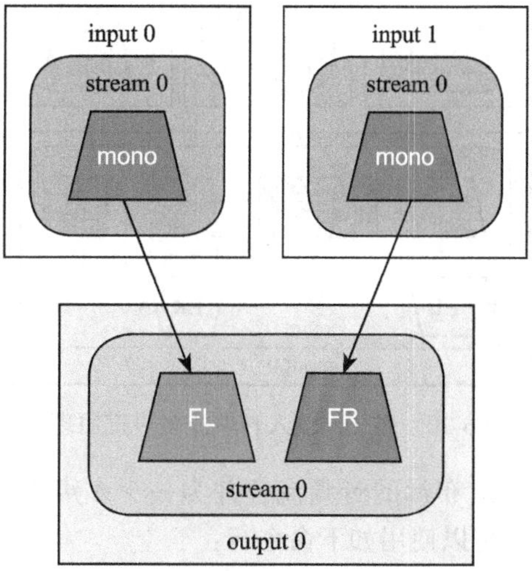

图 6-19　多音文件转多声道流原理图

输入两个布局为 mono 的音频源，合并为一个布局为 stereo 双声道的音频流，输出到 output 文件，下面用命令行执行来举例说明：

```
./ffmpeg -i left.aac -i right.aac -filter_complex "[0:a][1:a]
amerge=inputs=2[aout]" -map "[aout]" output.mka
```

命令行执行之后，会将 left.aac 与 right.aac 两个音频为 mono 布局的 AAC 合并为一个布局为 stereo 的音频流，输出至 output.mka 文件，下面就来看一下输入文件与输出文件信息：

```
Input #0, aac, from 'left.aac':
    Duration: 00:00:49.21, bitrate: 73 kb/s
        Stream #0:0: Audio: aac (LC), 48000 Hz, mono, fltp, 73 kb/s
Input #1, aac, from 'right.aac':
    Duration: 00:00:49.21, bitrate: 73 kb/s
        Stream #1:0: Audio: aac (LC), 48000 Hz, mono, fltp, 73 kb/s
Input #2, matroska,webm, from 'output.mka':
    Duration: 00:00:50.05, start: 0.000000, bitrate: 193 kb/s
        Stream #2:0: Audio: ac3, 48000 Hz, stereo, fltp, 192 kb/s (default)
```

从以上三个 Input 信息可以看，输入的两路 mono 转换为 stereo 了，输出音频为 AC3，这个可以通过 acodec aac 指定为输出 AAC 编码的音频。

6.5.6 多个音频合并为多声道

除了双声道音频，FFmpeg 还可以支持多声道，通过 ffmpeg -layouts 即可看到声道布局有很多种，常见的多声道还有一种是 5.1 方式的多声道，其原理如图 6-20 所示。

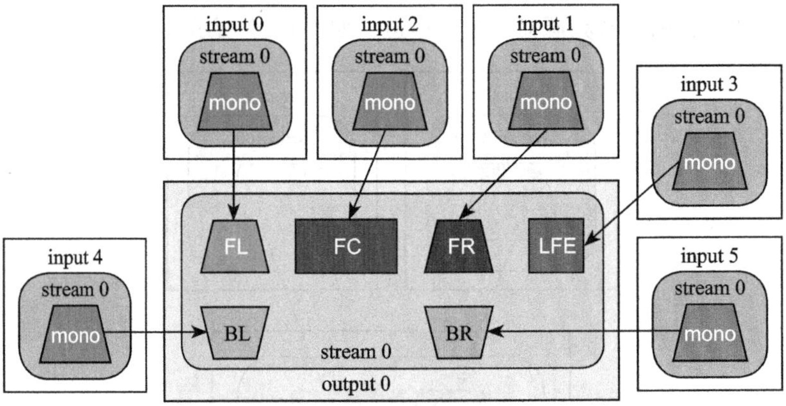

图 6-20 多文件输入转单流多声道原理图

图 6-20 表示将 6 个 mono 布局的音频流合并为一个多声道（5.1 声道）的音频流。如果希望实现这样的效果，则可以使用如下命令行：

```
./ffmpeg -i front_left.wav -i front_right.wav -i front_center.wav -i lfe.wav
-i back_left.wav -i back_right.wav -filter_complex "[0:a][1:a][2:a][3:a][4:a][5:a]
amerge=inputs=6[aout]" -map "[aout]" output.wav
```

命令行执行之后，将会生成一个 5.1 布局的音频，下面就来看一下执行后的效果：

```
Input #0, wav, from 'output.wav':
    Metadata:
        encoder         : Lavf57.71.100
    Duration: 00:00:50.03, bitrate: 4608 kb/s
```

```
            Stream #0:0: Audio: pcm_s16le ([1][0][0][0] / 0x0001), 48000 Hz, 5.1,
s16, 4608 kb/s
```

如 Input 信息所示，多音频输入合并后生成为 5.1 布局的音频，码率为 4608kbit/s。

使用 FFmpeg 除了可以生成以上这些布局方式之外，还可以生成很多种，可以通过 ffmpeg -layouts 方式获得布局方式信息。

6.6 FFmpeg 音频音量探测

在拿到音频文件播放音频时，有时会需要根据音频的音量绘制出音频的波形，而有时候会希望根据音频的音量来过滤音频文件，本节将重点介绍音频音量与音频波形相关的滤镜操作。

6.6.1 音频音量获得

使用 FFmpeg 可以获得音频的音量分贝，以及与音频相关的一些信息，可以使用滤镜 volumedetect 获得，下面举例说明：

```
./ffmpeg -i output.wav -filter_complex volumedetect -c:v copy -f null /dev/null
```

命令行执行之后，输出信息如下：

```
Input #0, wav, from 'output.wav':
    Metadata:
        encoder         : Lavf57.71.100
    Duration: 00:00:50.03, bitrate: 4608 kb/s
            Stream #0:0: Audio: pcm_s16le ([1][0][0][0] / 0x0001), 48000 Hz, 5.1,
s16, 4608 kb/s
[Parsed_volumedetect_0 @ 0x7fd34dc10b00] n_samples: 0
Output #0, null, to '/dev/null':
    Metadata:
        encoder         : Lavf57.71.100
        Stream #0:0: Audio: pcm_s16le, 48000 Hz, 5.1, s16, 4608 kb/s
        Metadata:
            encoder         : Lavc57.89.100 pcm_s16le
size=N/A time=00:00:50.02 bitrate=N/A speed= 419x
video:0kB audio:28140kB subtitle:0kB other streams:0kB global headers:0kB
muxing overhead: unknown
[Parsed_volumedetect_0 @ 0x7fd34df00000] n_samples: 14407680
[Parsed_volumedetect_0 @ 0x7fd34df00000] mean_volume: -16.6 dB
[Parsed_volumedetect_0 @ 0x7fd34df00000] max_volume: -0.9 dB
[Parsed_volumedetect_0 @ 0x7fd34df00000] histogram_0db: 6
[Parsed_volumedetect_0 @ 0x7fd34df00000] histogram_1db: 186
[Parsed_volumedetect_0 @ 0x7fd34df00000] histogram_2db: 2898
[Parsed_volumedetect_0 @ 0x7fd34df00000] histogram_3db: 10842
[Parsed_volumedetect_0 @ 0x7fd34df00000] histogram_4db: 25656
```

从输出信息中可以看到，mean_volume 为获得的音频的平均大小，即 −16.6dB。

6.6.2 绘制音频波形

一些应用场景需要用到音频的波形图，随着声音分贝的增大，波形波动越强烈，使用FFmpeg可以通过showwavespic滤镜来绘制音频的波形图，下面将列举几个例子，首先看一下如何使用FFmpeg绘制简单的波形图：

```
./ffmpeg -i output.wav -filter_complex "showwavespic=s=640x120" -frames:v 1
output.png
```

命令行执行之后将会生成一个宽高为640×120大小的output.png图片，图片内容为音频波形，如图6-21所示。

图6-21 音频波形绘制

图6-21中所绘的为音频波形的全部信息。前边章节中看到的output.wav为5.1布局方式的多声道音频，如果希望看到每个声道的音频的波形图，则可以使用showwavepic与split_channel滤镜配合绘制出不同声道的波形图。

```
./ffmpeg -i output.wav -filter_complex "showwavespic=s=640x240:split_channels=1"
-frames:v 1 output.png
```

由于现实的波形有些多，所以生成图片的宽高会发生一些改变，可以将高度设置得大一些，这条命令执行完之后会将音频的每一个声道进行拆分，然后绘制出图像，如图6-22所示。

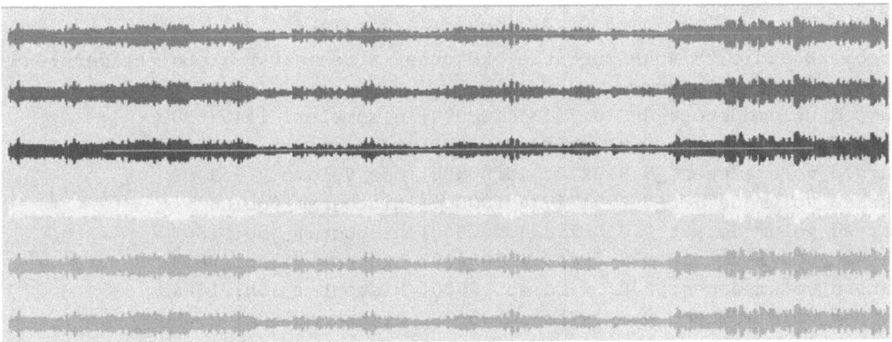

图6-22 5.1声道布局音频数据波形图

六条波形图分别表示 5.1 布局每一个声道的波形图。

6.7　FFmpeg 为视频加字幕

为视频添加字幕的方式有很多种，大概可以分为将字幕编码进视频流中以及在封装容器中加入字幕流。将字幕编码进入视频流中的方式与为视频增加水印的方式基本相似，而在封装容器中加入字幕流的方式则需要封装容器支持加入字幕流，下面就来看一下如何使用 FFmpeg 为视频文件增添字幕。

6.7.1　ASS 字幕流写入视频流

使用 FFmpeg 可以将字幕流写入视频流，通过 ASS 滤镜即可，首先需要将视频流进行解码，然后将 ASS 字幕写入视频流，编码压缩之后再进行容器封装即可完成，字幕文件的内容格式大致如下：

```
[Script Info]


[V4+ Styles]
Format: Name, Fontname, Fontsize, PrimaryColour, SecondaryColour, OutlineColour, BackColour, Bold, Italic, Underline, StrikeOut, ScaleX, ScaleY, Spacing, Angle, BorderStyle, Outline, Shadow, Alignment, MarginL, MarginR, MarginV, Encoding
Style: *Default,微软雅黑,21,&H00FFFFFF,&H0000FFFF,&H2D804000,&H32000000,-1,0,0,0,100,100,0,0,0,2,1,2,5,5,5,134
Style: logo,微软雅黑,21,&H00FFFFFF,&HF0000000,&H00000000,&H00000000,0,0,0,0,100,100,0,0,1,2,1,2,5,5,5,134


[Events]
Format: Layer, Start, End, Style, Actor, MarginL, MarginR, MarginV, Effect, Text
Dialogue: 0,0:00:00.91,0:00:02.56,*Default,NTP,0000,0000,0000,,前情提要\N{\1c&HFFFFFF&}{\3a&H82&\4c&H030303&}{\fnArial Black}{\fs20}{\b1}{\fe0}{\shad1}{\3c&H030303&}{\4c&H030303&}Previously on “the Vampire Diaries” ...
Dialogue: 0,0:00:02.59,0:00:05.47,*Default,NTP,0000,0000,0000,,Elena很享受你们兄弟俩对她的爱慕吧\N{\1c&HFFFFFF&}{\3a&H82&\4c&H030303&}{\fnArial Black}{\fs20}{\b1}{\fe0}{\shad1}{\3c&H030303&}{\4c&H030303&}Does Elena enjoy having both of you worship at her altar?
Dialogue: 0,0:00:05.50,0:00:06.66,*Default,NTP,0000,0000,0000,,我听说过你\N{\1c&HFFFFFF&}{\3a&H82&\4c&H030303&}{\fnArial Black}{\fs20}{\b1}{\fe0}{\shad1}{\3c&H030303&}{\4c&H030303&}I've heard about you...
```

打开的文件中的内容为字幕文件的片段，内容格式为 ASS 字幕格式。下面将字幕写入视频流中：

```
./ffmpeg -i input.mp4 -vf ass=t1.ass -f mp4 output.mp4
```

命令行执行之后即可根据 input.mp4 的信息增加 ASS 字幕，将字幕写入视频流中生成

output.mp4，下面可以看一下输入与输出文件的情况：

```
    Input #0, mov,mp4,m4a,3gp,3g2,mj2, from 'input.mp4':
        Duration: 00:00:50.01, start: 0.000000, bitrate: 2616 kb/s
                Stream #0:0(und): Video: h264 (High) (avc1 / 0x31637661), yuv420p,
1280x714 [SAR 1:1 DAR 640:357], 2484 kb/s, 25 fps, 25 tbr, 25k tbn, 50 tbc (default)
            Stream #0:1(und): Audio: aac (LC) (mp4a / 0x6134706D), 48000 Hz, stereo,
fltp, 126 kb/s (default)
    Input #1, mov,mp4,m4a,3gp,3g2,mj2, from 'output.mp4':
        Duration: 00:00:50.04, start: 0.000000, bitrate: 2625 kb/s
                Stream #1:0(und): Video: h264 (High) (avc1 / 0x31637661), yuv420p,
1280x714 [SAR 1:1 DAR 640:357], 2490 kb/s, 25 fps, 25 tbr, 12800 tbn, 50 tbc
(default)
            Stream #1:1(und): Audio: aac (LC) (mp4a / 0x6134706D), 48000 Hz, stereo,
fltp, 128 kb/s (default)
```

从 Input 信息中可以看到，输入与输出的封装容器格式基本相同，均为一个视频流和一个音频流，并未包含字幕流，因为字幕已经通过 ASS 容器将文字写入视频流中。播放效果如图 6-23 所示。

图 6-23　带字幕的视频效果图

从图 6-23 所示的播放效果可以看到，字幕流已经写入视频文件中，并且在播放时可以看到字幕。

6.7.2　ASS 字幕流写入封装容器

前面已经介绍过，在视频播放时显示字幕，除了将字幕加入至视频编码中，还可以在视频封装容器中增加字幕流，只要封装容器格式支持字幕流即可，下面看一下如何利用 FFmpeg 将 ASS 字幕流写入 MKV 封装容器中，并以字幕流的形式存在：

```
./ffmpeg -i input.mp4 -i t1.ass -acodec copy -vcodec copy -scodec copy output.
mkv
```

命令行执行之后，会将 input.mp4 中的音频流、视频流、t1.ass 中的字幕流在不改变编码的情况下封装入 output.mkv 文件中，而 output.mkv 文件将会包含三个流，分别为视频流、音频流以及字幕流；而在 input.mp4 中或者输入的视频文件中原本同样带有字幕流，并希望使用 t1.ass 字幕流时，可以通过 map 功能将对应的字幕流指定封装入 output.mkv，例如：

```
./ffmpeg -i input.mp4 -i t1.ass -map 0:0 -map 0:1 -map 1:0 -acodec copy -vcodec copy -scodec copy output.mkv
```

会分别将第一个输入文件的第一个流和第二个流与第二个输入文件的第一个流写入 output.mkv 中。输入信息如下：

```
Input #0, mov,mp4,m4a,3gp,3g2,mj2, from 'input.mp4':
    Metadata:
        major_brand      : isom
        minor_version    : 512
        compatible_brands: isomiso2avc1mp41
        encoder          : Lavf57.66.102
    Duration: 00:00:50.01, start: 0.000000, bitrate: 2616 kb/s
        Stream #0:0(und): Video: h264 (High) (avc1 / 0x31637661), yuv420p, 1280x714 [SAR 1:1 DAR 640:357], 2484 kb/s, 25 fps, 25 tbr, 25k tbn, 50 tbc (default)
    Metadata:
        handler_name     : VideoHandler
    Stream #0:1(und): Audio: aac (LC) (mp4a / 0x6134706D), 48000 Hz, stereo, fltp, 126 kb/s (default)
    Metadata:
        handler_name     : SoundHandler
Input #1, ass, from 'input.ass':
    Duration: N/A, bitrate: N/A
        Stream #1:0: Subtitle: ass
```

命令行执行之后生成的文件信息如下：

```
Input #0, matroska,webm, from 'output.mkv':
    Metadata:
        COMPATIBLE_BRANDS: isomiso2avc1mp41
        MAJOR_BRAND      : isom
        MINOR_VERSION    : 512
        ENCODER          : Lavf57.71.100
    Duration: 00:40:45.84, start: 0.000000, bitrate: 54 kb/s
        Stream #0:0: Video: h264 (High), yuv420p(progressive), 1280x714 [SAR 1:1 DAR 640:357], 25 fps, 25 tbr, 1k tbn, 50 tbc (default)
    Metadata:
        HANDLER_NAME     : VideoHandler
        DURATION         : 00:00:50.120000000
    Stream #0:1: Audio: aac (LC), 48000 Hz, stereo, fltp (default)
    Metadata:
        HANDLER_NAME     : SoundHandler
        DURATION         : 00:00:50.006000000
```

```
Stream #0:2: Subtitle: ass
Metadata:
    DURATION        : 00:40:45.840000000
```

如以上内容所示，MKV 文件中共包含了三个流：视频流、音频流以及字幕流，通过 mplayer 播放视频时可以看到字幕流封装之后的效果，如图 6-24 所示。

图 6-24　播放器播放视频流与字幕流效果

从图 6-24 中可以看到，字幕流被播放器成功地加载并播放出来，这个视频的源片 input.mp4 的播放效果如图 6-25 所示。

图 6-25　播放器播放源视频效果

至此，为视频添加字幕已全部介绍完毕。

6.8　FFmpeg 视频抠图合并

在前面水印处理章节中有过将滤镜处理为半透明、透明的介绍，这些是比较简单的处理方式，本节将会介绍，除了半透明、透明水印处理方式之外，FFmpeg 还可以进行视频抠图与背景视频合并的操作——chromakey 操作，下面就来介绍 chromakey 操作。

FFmpeg 滤镜 chromakey 参数具体见表 6-5。

表 6-5　FFmpeg 滤镜 chromakey 参数

参数	类型	说明
color	颜色	设置 chromakey 颜色值，默认为黑色
similarity	浮点	设置 chromakey 相似值
blend	浮点	设置 chromakey 融合值
yuv	布尔	yuv 替代 rgb，默认为 false

参数介绍完毕，接下来再举一个例子实战体验一下。如果当前有两个视频：一个为 input.mp4，另一个为绿色背景的视频 input_green.mp4。

背景颜色可以根据 `ffmpeg -colors` 查询颜色支持，这个背景颜色为绿色，那么可以设置透明色部分为绿色，下面使用 chromakey 滤镜将绿色背景中的人物抠出来，然后贴到以 input.mp4 为背景的视频中：

```
./ffmpeg -i input.mp4 -i input_green.mp4 -filter_complex "[1:v]chromakey=Green:0.1:0.2[ckout];[0:v][ckout]overlay[out]" -map "[out]" output.mp4
```

命令行执行之后，会设置 chromakey 的背景色为绿色，设置标签为 ckout，然后将 ckout 铺在以 input.mp4 的视频为背景的画布上，最后输出 output.mp4，输出效果如图 6-26 所示。

图 6-26　视频合成效果

从图 6-26 中可以看到，人物已经被铺在了视频中，两个图层已经合并。chromakey 效果已经达到。可以在 bbs.chinaffmpeg.com 中查看得到更多的相关参考示例。

> **注意：**
>
> FFmpeg 中除了有 chromakey 滤镜之外，还有一个 colorkey 参数，chromakey 滤镜主要处理 YUV 数据，所以一般来说做绿幕处理更有优势；而 colorkey 处理纯色均可以，因为 colorkey 处理主要以 RGB 数据为主。

6.9 FFmpeg 3D 视频处理

VR 推出时，配备的头戴设备也随之推出，同时还出现了左右眼的问题，如果只是单个画面，那么视频将会无法观看，此时需要将视频调整为左右眼状态，如果是红蓝眼镜 3D 视频，则同样也可以调整为左右眼视频，或者将左右眼视频调整为红蓝眼镜视频，使用 FFmpeg 可以进行相关的处理，下面介绍一下如何通过 stereo3d 滤镜方式实现 3D 效果。

6.9.1 stereo3d 处理 3D 视频

FFmpeg 滤镜 stereo3d 参数具体见表 6-6。

表 6-6　FFmpeg 滤镜 stereo3d 参数

参数	类型	说明
in	整数	sbsl：并排平行（左眼左，右眼右） sbsr：并排对穿（右眼左，左眼右） sbs2l：并排半宽度分辨率（左眼左，右眼右） sbs2r：并排对穿半宽度分辨率（右眼左，左眼右） abl：上下（左眼上，右眼下） abr：上下（右眼上，左眼下） ab2l：上下半高度分辨率（左眼上，右眼下） ab2r：上下半高度分辨率（右眼上，左眼下） al：交替帧显示（左眼先显示，右眼后显示） ar：交替帧显示（右眼先显示，左眼后显示） irl：交错行（左眼上面一行，右眼开始下一行） irr：交错行（右眼上面一行，左眼开始下一行） icl：交叉列（左眼先显示） icr：交叉列（右眼先显示） 默认是为 sbsl
out	整数	sbsl：并排平行（左眼左，右眼右） sbsr：并排对穿（右眼左，左眼右） sbs2l：并排半宽度分辨率（左眼左，右眼右） sbs2r：并排对穿半宽度分辨率（右眼左，左眼右） abl：上下（左眼上，右眼下） abr：上下（右眼上，左眼下） ab2l：上下半高度分辨率（左眼上，右眼下）

（续）

参数	类型	说明
out	整数	ab2r：上下半高度分辨率（右眼上，左眼下） al：交替帧显示（左眼先显示，右眼后显示） ar：交替帧显示（右眼先显示，左眼后显示） irl：交错行（左眼上面一行，右眼开始下一行） irr：交错行（右眼上面一行，左眼开始下一行） arbg：浮雕红 / 蓝灰色（红色左眼，右眼蓝色） argg：浮雕红 / 绿灰色（红色左眼，绿色右眼） arcg：浮雕红 / 青灰色（红色左眼，右眼青色） arch：浮雕红 / 青半彩色（红色左眼，右眼青色） arcc：浮雕红 / 青颜色（红色左眼，右眼青色） arcd：浮雕红 / 青颜色优化的最小二乘预测（红色左眼，右眼青色） agmg：浮雕绿色 / 红色灰色（绿色左眼，右眼红色） agmh：浮雕绿色 / 红色一半颜色（绿色左眼，右眼红色） agmc：浮雕绿色 / 红色颜色（绿色左眼，右眼红色） agmd：浮雕绿色 / 红色颜色优化的最小二乘预测（绿色左眼，右眼红色） aybg：浮雕黄 / 蓝灰色（黄色左眼，右眼蓝色） aybh：浮雕黄 / 蓝一半颜色（黄色左眼，右眼蓝色） aybc：浮雕黄色 / 蓝色颜色（黄色左眼，右眼蓝色） aybd：浮雕黄色 / 蓝色优化的最小二乘预测（黄色左眼，右眼蓝色） ml：mono 输出（只显示左眼） mr：mono 输出（只显示右眼） irl：交错行（左眼上面一行，右眼开始下一行） irr：交错行（右眼上面一行，左眼开始下一行） 默认值是 arcd

至此，参数已介绍完毕，接下来举个例子验证一下，首先获得一个左右眼的视频，然后将其转变为红蓝眼镜观看的视频。

6.9.2 3D 图像转换举例

下面例举一个左右眼 3D 转黄蓝（或红蓝）3D 的例子，当使用 VR 眼镜观看一个视频图像时，常见的是左右排列的视频图像，可以看到效果图像如图 6-27 所示。

图 6-27 左右眼 3D 效果

3D 视频除了用 VR 眼镜观看之外，还有一种场景是在电影院裸眼用黄蓝眼镜观看，这时候看这样的视频同样是左右效果而不是 3D 效果，可以通过 stereo3d 滤镜转换之后使用黄蓝眼镜观看：

```
ffplay -vf "stereo3d=sbsl:aybd" input.mp4
```

命令行执行后，会将原片的左右排列效果合并为黄蓝合并排列效果，视频播放起来将会更有立体感；如果使用红蓝眼镜观看视频，可以使用红蓝输出参数：

```
ffplay -vf "stereo3d=sbsl:arbg" input.mp4
```

下面看一下左右转换为红蓝排列效果，如图 6-28 所示。

图 6-28　红蓝眼镜 3D 视频效果

从图 6-28 中可以看到视频的宽度变小，但是图像的效果更具立体感，戴上红蓝眼镜观看处理过的视频效果更好。

6.10　FFmpeg 定时视频截图

视频播放时，经常会看到一个功能，那就是将鼠标移动到播放器进度条上时，播放器中会弹出一个与进度条的进度相对应的缩略图；还有一个场景，当在主播平台中打开首页时，会列出主播当前窗口的缩略图；还有一个比较符合实际场景的应用的功能，例如鉴黄，当主播在直播视频时，定期截取主播窗口的当前图像，并将图像转为图片上传至鉴黄系统进行鉴别等。以上场景均要用到截图功能，本节就来重点介绍如何使用 FFmpeg 定时视频截图。使用 FFmpeg 截图有很多种，常见的为使用 vframe 参数与 fps 滤镜，下面重点介绍 vframe 参数与 fps 滤镜两种方法的使用例子。

6.10.1　vframe 参数截取一张图片

在获取指定时间位置的视频图像缩略图时，可使用 vframe 获得，通过 FFmpeg 参数 ss

与 vframe 即可获得，下面来看一下例子：

```
./ffmpeg -i input.flv -ss 00:00:7.435 -vframes 1 out.png
```

命令行执行之后，FFmpeg 会定位到 input.flv 的第 7 秒位置，获得对应的视频帧，然后将图像解码出来编码成 RGB24 的图像并封装成 PNG 图像，过程如下：

```
Input #0, flv, from 'input.flv':
    Metadata:
        encoder         : Lavf57.66.102
    Duration: 00:00:50.12, start: 0.000000, bitrate: 2614 kb/s
        Stream #0:0: Video: h264 (High), yuv420p(progressive), 1280x714 [SAR 1:1
DAR 640:357], 2484 kb/s, 25 fps, 25 tbr, 1k tbn, 50 tbc
        Stream #0:1: Audio: aac (LC), 48000 Hz, stereo, fltp, 126 kb/s
Stream mapping:
    Stream #0:0 -> #0:0 (h264 (native) -> png (native))
Press [q] to stop, [?] for help
Output #0, image2, to 'out.png':
    Metadata:
        encoder         : Lavf57.71.100
        Stream #0:0: Video: png, rgb24, 1280x714 [SAR 1:1 DAR 640:357], q=2-31,
200 kb/s, 25 fps, 25 tbn, 25 tbc
        Metadata:
            encoder         : Lavc57.89.100 png
frame=    1 fps=0.0 q=-0.0 Lsize=N/A time=00:00:00.04 bitrate=N/A
speed=0.0612x
```

6.10.2 fps 滤镜定时获得图片

在直播场景中，需要定义每隔一段时间就从视频中截取图像生成图片以作他用，例如上传至鉴黄中心，例如为进度条做缩略图等，下面来看一下 FFmpeg 的 fps 滤镜是如何在间隔时间获得图片的：

```
./ffmpeg -i input.flv -vf fps=1 out%d.png
```

命令行执行之后，将会每隔 1 秒钟生成一张 PNG 图片。

```
./ffmpeg -i input.flv -vf fps=1/60 img%03d.jpg
```

命令行执行之后，将会每隔 1 分钟生成一张 JPEG 图片。

```
./ffmpeg -i input.flv -vf fps=1/600 thumb%04d.bmp
```

命令行执行之后，将会每隔 10 分钟生成一张 BMP 图片。

以上三种方式均为按照时间截取图片，那么如果希望按照关键帧截取图片，可以使用 select 来截取：

```
./ffmpeg -i input.flv -vf "select='eq(pict_type,PICT_TYPE_I)'" -vsync vfr
thumb%04d.png
```

命令行执行之后，FFmpeg 将会判断图像类型是否为 I 帧，如果是 I 帧则会生成一张 PNG 图像。

6.11 FFmpeg 生成测试元数据

FFmpeg 不但可以处理音视频文件，还可以生成音视频文件，可以通过 lavfi 设备虚拟音视频源数据，下面就来简单介绍几个常用的案例。

6.11.1 FFmpeg 生成音频测试流

在 FFmpeg 中，可以通过 lavfi 虚拟音频源的 abuffer、aevalsrc、anullsrc、flite、anoisesrc、sine 滤镜生成音频流，下面就来举例说明：

```
./ffmpeg -re -f lavfi -i abuffer=sample_rate=44100:sample_fmt=s16p:channel_layout=stereo -acodec aac -y output.aac
```

命令行执行之后，FFmpeg 会根据 lavfi 设备输入的 abuffer 中定义的采样率、格式，以及声道布局，通过 AAC 编码，然后生成 AAC 音频文件；下面再列举一个例子：

```
./ffmpeg -re -f lavfi "aevalsrc=sin(420*2*PI*t)|cos(430*2*PI*t):c=FC|BC" -acodec aac output.aac
```

命令行执行之后，音频为使用 aevalsrc 生成的双通道音频，输出为 output.aac，下面就来使用前边提到过的波形查看方式查看一下音频波形，效果如图 6-29 所示。

图 6-29 aevalsrc 生成数据波形图效果

从图 6-29 中可以看到，音频生成得比较均匀。

以上举例为 abuffer 与 aevalsrc 两种输入举例，还可以以类似的方式使用 anullsrc、flite、anoisesrc、sine 来虚拟输入的音频设备生成音频流。以便使用 FFmpeg 测试音频流处理。

6.11.2 FFmpeg 生成视频测试流

在使用 FFmpeg 测试流媒体时，如果没有输入文件，则可以通过 FFmpeg 虚拟设备虚拟出来一个输入视频流，可以通过 FFmpeg 模拟多种视频源：allrgb、allyuv、color、haldclutsrc、nullsrc、rgbtestsrc、smptebars、smptehdbars、testsrc、testsrc2、yuvtestsrc；下面就对常见的视频源进行举例测试。

```
./ffmpeg -re -f lavfi -i testsrc=duration=5.3:size=qcif:rate=25 -vcodec libx264 -r:v 25 output.mp4
```

命令行执行之后，FFmpeg 会根据 testsrc 生成长度为 5.3 秒、图像大小为 QCIF 分辨率、帧率为 25fps 的视频图像数据，并编码成为 H.264，然后输出 output.mp4 视频文件，下面就来看一下生成的 MP4 文件，如图 6-30 所示。

从图 6-30 中可以看到，生成的内容为 testsrc 的内容。

```
./ffmpeg -re -f lavfi -i testsrc2=duration=5.3:size=qcif:rate=25 -vcodec libx264 -r:v 25 output.mp4
```

命令行执行之后，会根据 testsrc2 生成一个视频图像内容，其他参数与 testsrc 相同。下面就来看一下命令行执行之后生成的 output.mp4 文件内容，如图 6-31 所示。

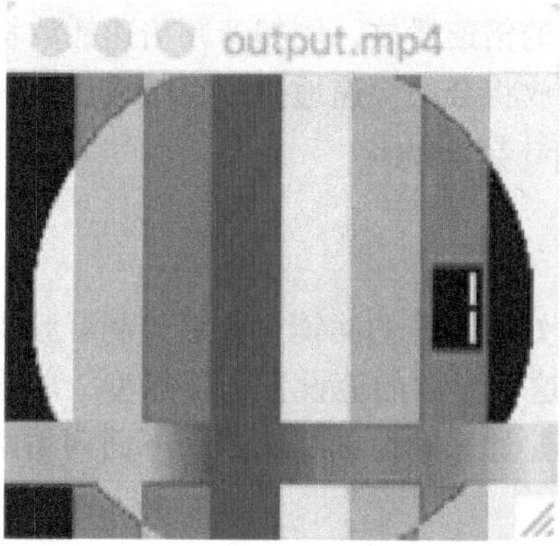

图 6-30 testsrc 生成的视频效果

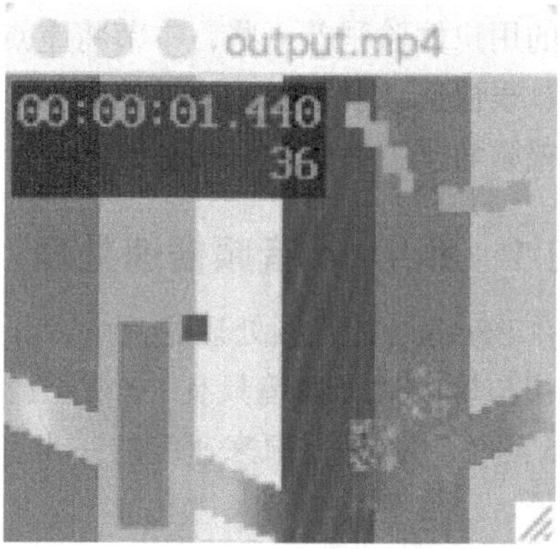

图 6-31 testsrc2 生成的视频效果

```
./ffmpeg -re -f lavfi -i color=c=red@0.2:s=qcif:r=25 -vcodec libx264 -r:v 25 output.mp4
```

命令行执行之后，会使用 color 作为视频源，图像内容为纯红色，编码为 H.264，编码出来后生成的 output.mp4 视频内容如图 6-32 所示。

```
./ffmpeg -re -f lavfi -i "nullsrc=s=256x256, geq=random(1)*255:128:128" -vcodec libx264 -r:v 25 output.mp4
```

命令行执行之后，会使用 nullsrc 作为视频源，宽高为 256×256，数据为随机雪花样。下面看一下命令行执行之后的效果图，如图 6-33 所示。

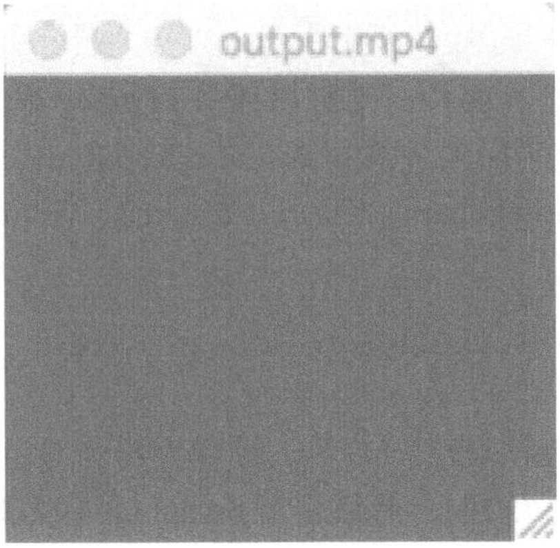

图 6-32　color 生成纯色视频效果

图 6-33　nullsrc 生成雪花视频效果

6.12　FFmpeg 对音视频倍速处理

在音视频处理中，常见的处理还包括音视频的倍速处理，如 2 倍速播放、4 倍速播放，常见的处理方式包含跳帧播放与不跳帧播放，两种处理方式 FFmpeg 均可支持，跳帧处理方式的用户体验稍差一些，本节将重点介绍不跳帧的倍速播放，例如音频倍速播放将会很平滑、很快速或者很慢速地播放音频，视频倍速播放将会很快速地播放视频或者很慢速地播放视频而非丢帧，下面就来了解两个滤镜：atempo 与 setpts。

6.12.1　atempo 音频倍速处理

在 FFmpeg 的音频处理滤镜中，atempo 是用来处理倍速的滤镜，能够控制音频播放速度的快与慢，这个滤镜只有一个参数：tempo，将这个参数的值设置为浮点型，取值范围从 0.5 到 2，0.5 则是原来速度的一半，调整为 2 则是原来速度的 2 倍速。下面列举两个测试例子。

（1）半速处理

```
./ffmpeg -i input.wav -filter_complex "atempo=tempo=0.5" -acodec aac output.aac
```

命令行执行之后，FFmpeg 将会输出如下执行信息：

```
Input #0, aac, from 'input_audio.aac':
    Duration: 00:00:50.82, bitrate: 127 kb/s
        Stream #0:0: Audio: aac (LC), 48000 Hz, stereo, fltp, 127 kb/s
Stream mapping:
    Stream #0:0 (aac) -> atempo
    atempo -> Stream #0:0 (aac)
Press [q] to stop, [?] for help
Output #0, adts, to 'output.aac':
    Metadata:
        encoder         : Lavf57.71.100
```

```
        Stream #0:0: Audio: aac (LC), 48000 Hz, stereo, fltp, 128 kb/s
        Metadata:
            encoder         : Lavc57.89.100 aac
size=    1600kB time=00:01:39.94 bitrate= 131.1kbits/s speed=31.8
```

从命令行执行后的内容中可以看到，该命令行执行总时长消耗为输入的 duration 的 2 倍，处理过后的 output.aac 可以通过播放器播放，效果是源音频速度的一半。

（2）2 倍速处理

```
./ffmpeg -i input.wav -filter_complex "atempo=tempo=2.0" -acodec aac output.aac
```

命令行执行之后，FFmpeg 将会输出如下执行信息：

```
Input #0, aac, from 'input_audio.aac':
    Duration: 00:00:50.82, bitrate: 127 kb/s
        Stream #0:0: Audio: aac (LC), 48000 Hz, stereo, fltp, 127 kb/s
Stream mapping:
    Stream #0:0 (aac) -> atempo
    atempo -> Stream #0:0 (aac)
Press [q] to stop, [?] for help
Output #0, adts, to 'output.aac':
    Metadata:
        encoder         : Lavf57.71.100
        Stream #0:0: Audio: aac (LC), 48000 Hz, stereo, fltp, 128 kb/s
        Metadata:
            encoder         : Lavc57.89.100 aac
size=     400kB time=00:00:24.98 bitrate= 131.2kbits/s speed=30.4x
```

从以上输出的内容中可以看到，该命令执行总时长消耗为输入的 duration 的二分之一，处理过后的 output.aac 可以通过播放器播放，效果会比源音频快一倍。

6.12.2 setpts 视频倍速处理

在 FFmpeg 的视频处理滤镜中，通过 setpts 能够控制视频速度的快与慢，这个滤镜只有一个参数：expr，这个参数可用来描述视频的每一帧的时间戳，下面就来看一下 setpts 的可用的常见值，具体见表 6-7。

表 6-7 FFmpeg 滤镜 setpts 参数

值	说明
FRAME_RATE	根据帧率设置帧率值，只用于固定帧率
PTS	输入的 pts 时间戳
RTCTIME	使用 RTC 的时间作为时间戳（即将弃用）
TB	输入的时间戳的时间基

下面对如何使用 PTS 值来控制播放速度的应用列举两个例子。

（1）半速处理

```
./ffmpeg -re -i input.mp4 -filter_complex "setpts=PTS*2" output.mp4
```

命令行执行之后 FFmpeg 将会输出如下信息：

```
Input #0, mov,mp4,m4a,3gp,3g2,mj2, from 'input_video.mp4':
    Metadata:
        major_brand     : isom
        minor_version   : 512
        compatible_brands: isomiso2avc1mp41
        encoder         : Lavf57.66.102
    Duration: 00:00:50.00, start: 0.080000, bitrate: 2486 kb/s
            Stream #0:0(und): Video: h264 (High) (avc1 / 0x31637661), yuv420p,
1280x714 [SAR 1:1 DAR 640:357], 2484 kb/s, 25 fps, 25 tbr, 25k tbn, 50 tbc (default)
        Metadata:
            handler_name    : VideoHandler
Stream mapping:
    Stream #0:0 (h264) -> setpts
    setpts -> Stream #0:0 (libx264)
Press [q] to stop, [?] for help
[libx264 @ 0x7fe5eb801c00] using SAR=1/1
[libx264 @ 0x7fe5eb801c00] using cpu capabilities: MMX2 SSE2Fast SSSE3 SSE4.2
AVX
[libx264 @ 0x7fe5eb801c00] profile High, level 3.1
Output #0, mp4, to 'output.mp4':
    Metadata:
        major_brand     : isom
        minor_version   : 512
        compatible_brands: isomiso2avc1mp41
        encoder         : Lavf57.71.100
            Stream #0:0: Video: h264 (libx264) ([33][0][0][0] / 0x0021), yuv420p,
1280x714 [SAR 1:1 DAR 640:357], q=-1--1, 25 fps, 12800 tbn, 25 tbc (default)
    Metadata:
        encoder         : Lavc57.89.100 libx264
    Side data:
        cpb: bitrate max/min/avg: 0/0/0 buffer size: 0 vbv_delay: -1
frame= 2497 fps= 37 q=-1.0 Lsize=    19256kB time=00:01:39.76
bitrate=1581.2kbits/s dup=1248 drop=0 speed=1.49x
```

如上述输出内容所示，输出的视频 output.mp4 的时长刚好是 input.mp4 的 duration 的 2 倍，因为是半速的视频，所以处理时间长度是原视频的 2 倍，而使用播放器播放 output.mp4 时将会看到其速度比原视频慢一半的运动效果。

（2）2 倍速处理

```
./ffmpeg -i input.mp4 -filter_complex "setpts=PTS/2" output.mp4
```

命令行执行之后 FFmpeg 将会输出如下信息：

```
Input #0, mov,mp4,m4a,3gp,3g2,mj2, from 'input_video.mp4':
    Metadata:
        major_brand     : isom
        minor_version   : 512
        compatible_brands: isomiso2avc1mp41
        encoder         : Lavf57.66.102
    Duration: 00:00:50.00, start: 0.080000, bitrate: 2486 kb/s
            Stream #0:0(und): Video: h264 (High) (avc1 / 0x31637661), yuv420p,
1280x714 [SAR 1:1 DAR 640:357], 2484 kb/s, 25 fps, 25 tbr, 25k tbn, 50 tbc (default)
```

```
        Metadata:
            handler_name    : VideoHandler
Stream mapping:
    Stream #0:0 (h264) -> setpts
    setpts -> Stream #0:0 (libx264)
Press [q] to stop, [?] for help
[libx264 @ 0x7fd5b8002200] using SAR=1/1
[libx264 @ 0x7fd5b8002200] using cpu capabilities: MMX2 SSE2Fast SSSE3 SSE4.2
AVX
[libx264 @ 0x7fd5b8002200] profile High, level 3.1
Output #0, mp4, to 'output.mp4':
    Metadata:
        major_brand     : isom
        minor_version   : 512
        compatible_brands: isomiso2avc1mp41
        encoder         : Lavf57.71.100
         Stream #0:0: Video: h264 (libx264) ([33][0][0][0] / 0x0021), yuv420p,
1280x714 [SAR 1:1 DAR 640:357], q=-1--1, 25 fps, 12800 tbn, 25 tbc (default)
        Metadata:
            encoder         : Lavc57.89.100 libx264
        Side data:
            cpb: bitrate max/min/avg: 0/0/0 buffer size: 0 vbv_delay: -1
frame=627 fps= 24 q=-1.0 Lsize=9988kB time=00:00:24.96 bitrate=3277.9kbits/s
dup=0 drop=622 speed=0.947x
```

如以上输出内容所示，输出的视频 output.mp4 的时长刚好是 input.mp4 的 duration 的一半，因为是 2 倍速的视频，所以处理时间长度是原视频的一半，使用播放器播放 output.mp4 时将会看到速度比原视频快一倍的运动效果。

6.13 小结

FFmpeg 功能强大的主要原因是其包含了滤镜处理 avfilter，FFmpeg 的 avfilter 能够实现的音频、视频、字幕渲染效果数不胜数，并且时至今日还在不断地增加新的功能，除了本章介绍的内容之外，还可以从 FFmpeg 官方网站的文档页面获得 FFmpeg 的 avfilter 更多的信息。

第 7 章 FFmpeg 采集设备

在使用 FFmpeg 作为编码器时，可以使用 FFmpeg 采集本地的音视频采集设备的数据，然后进行编码、封装、传输等操作。例如我们可以采集摄像头的图像作为视频，采集麦克风的数据作为音频，然后对采集的音视频数据进行编码，最后将编码后的数据封装成多媒体文件或者作为音视频流发送到服务器上（流媒体）。

本章介绍 Linux、OS X、Windows 平台下通过 FFmpeg 进行音视频设备采集的方法和步骤，其中包含了多个简单的例子。

本章各小节内容介绍如下。

- 7.1 节介绍了在 Linux 平台上如何查看设备列表，并介绍了 fbdev、v4l2、x11grab 这三种设备类型的采集。
- 7.2 节介绍了在 OS X 平台上如何查看设备列表和如何使用 avfoundation 进行设备采集。
- 7.3 节介绍了在 Windows 平台上如何查看设备列表，并介绍了三种设备类型的采集：dshow、vfwcap、gdigrab。

7.1 FFmpeg 中 Linux 设备操作

FFmpeg 在 Linux 下支持的采集设备多种多样，包含 FrameBuffer（fbdev）设备操作、v4l2 设备操作、DV1394 设备操作、OSS 设备操作、x11grab 设备操作等。本章将重点介绍 FrameBuffer 设备操作、v4l2 设备操作、x11grab 设备操作。操作设备之前，首先需要查看当前系统中可以支持操作的设备，然后查看对应的设备所支持的参数。

7.1.1 Linux 下查看设备列表

首先需要查看系统当前支持的设备，将设备列出来，并根据前面章节中介绍的 FFmpeg 帮助信息查看方式，通过如下命令查看系统当前支持的设备。

```
./ffmpeg -hide_banner -devices
```

输出如下：

```
Devices:
    D. = Demuxing supported
    .E = Muxing supported
    --
    D  dv1394           DV1394 A/V grab
    DE fbdev            Linux framebuffer
    D  lavfi            Libavfilter virtual input device
    DE oss              OSS (Open Sound System) playback
        E sdl,sdl2          SDL2 output device
        E v4l2              Video4Linux2 output device
    D  video4linux2,v4l2 Video4Linux2 device grab
    D  x11grab          X11 screen capture, using XCB
```

从以上输出的内容中可以看到，系统当前可以支持的设备具体如下。

- 输入设备：dv1934、fbdev、lavfi、oss、video4linux2、x11grab
- 输出设备：fbdev、sdl、v4l2

设备列表查看完毕之后，可以得到对应的设备名称，接下来重点查看常用的设备操作参数并举例。

7.1.2 Linux 采集设备 fbdev 参数说明

使用 fbdev 设备之前，需要了解清楚 fbdev 设备操作参数的情况，FFmpeg 可通过如下命令来查询 fbdev 支持的参数：

```
./ffmpeg -h demuxer=fbdev
```

命令行执行后输出的参数如表 7-1 所示。

表 7-1 fbdev 设备参数

参数	类型	说明
framerate	帧率	采集时视频图像的刷新帧率，默认值为 25

从表 7-1 中可以看出，FFmpeg 针对 FrameBuffer 操作的参数比较少，指定帧率即可，下面就来举例说明 fbdev 使用的例子。

7.1.3 Linux 采集设备 fbdev 使用举例

在 Linux 的图形图像设备中，FrameBuffer 是一个比较有年份的设备，专门用于图像展示操作，例如早期的图形界面也是基于 FrameBuffer 进行绘制的，有时在向外界展示 Linux 的命令行操作又不希望别人看到你的桌面时，可以通过获得 FrameBuffer 设备图像数据进行编码然后推流或录制：

```
./ffmpeg -framerate 30 -f fbdev -i /dev/fb0 output.mp4
```

命令行执行之后，Linux 系统将会获取终端中的图像，而不是图形界面的图像，可以通过这种方法录制 Linux 终端中的操作，并以视频的方式展现。

7.1.4　Linux 采集设备 v4l2 参数说明

Linux 下，常见的视频设备还有 video4linux，现在是 video4linux2，设备一般缩写为 v4l2，尤其是用于摄像头设备，下面查看一下 v4l2 设备的参数：

```
./ffmpeg -h demuxer=v4l2
```

命令行执行之后，将会输出 v4l2 相关的操作参数。输出参数如表 7-2 所示。

表 7-2　v4l2 参数说明

参数	类型	说明
standard	字符串	设置 TV 标准，仅用于模拟器分析帧时使用
channel	整数	设置 TV 通道，仅用于模拟器分析帧时使用
video_size	图像大小	设置采集视频帧大小
pixel_format	字符串	设置采集视频的分辨率
input_format	字符串	设置采集视频的分辨率
framerate	字符串	设置采集视频帧率
list_formats	整数	列举输入视频信号的信息
list_standards	整数	列举标准信息（与 standard 配合使用）
timestamps	整数	设置时间戳类型
ts	整数	设置模拟器分析帧时使用的时间戳
use_libv4l2	布尔	使用第三方库 libv4l2 选项

FFmpeg 下的 v4l2 可以支持设置帧率、时间戳、输入分辨率、视频帧大小等，下面针对这些参数进行举例说明。

7.1.5　Linux 采集设备 v4l2 使用举例

使用 FFmpeg 采集 Linux 下的 v4l2 设备时，主要用来采集摄像头，而摄像头通常支持多种像素格式，有些摄像头还支持直接输出已经编码好的 H.264 数据，下面看一下笔者所用电脑的 v4l2 摄像头所支持的色彩格式及分辨率：

```
./ffmpeg -hide_banner -f v4l2 -list_formats all -i /dev/video0
```

命令行执行后输出内容如下：

```
    [video4linux2,v4l2 @ 0x1ff73a0] Raw        :      yuyv422 :            YUYV 4:2:2
: 640x480 320x240 352x288 1280x720 960x540 800x448 640x360 424x240 640x480
    [video4linux2,v4l2 @ 0x1ff73a0] Compressed:        mjpeg :            Motion-JPEG
: 640x480 320x240 352x288 1280x720 960x540 800x448 640x360 424x240 640x480
```

正如输出的信息所展示的，输入设备 /dev/video0 输出了 raw、yuyv422、yuyv 4:2:2，同时输出了支持采集的图像分辨率大小，如 320×240、1280×720 等；除了这些 Raw 数据之外，还支持摄像头常见的压缩格式 MJPEG 格式，输出的分辨率与 Raw 基本可以对应上。

下面我们把这个摄像头采集为视频文件来看一下效果：

```
./ffmpeg -hide_banner -s 1920x1080 -i /dev/video0 output.avi
```

根据命令行分析，我们获得的是摄像头的 1920×1080 分辨率的视频图像，下面来看一下终端输出信息：

```
    Input #0, video4linux2,v4l2, from '/dev/video0':
        Duration: N/A, start: 312295.946438, bitrate: 117964 kb/s
              Stream #0:0: Video: rawvideo (YUY2 / 0x32595559), yuyv422, 1280x720,
117964 kb/s, 8 fps, 8 tbr, 1000k tbn, 1000k tbc
    Output #0, avi, to 'output.avi':
        Metadata:
            ISFT            : Lavf57.63.100
             Stream #0:0: Video: mpeg4 (FMP4 / 0x34504D46), yuv420p, 1280x720, q=2-
31, 200 kb/s, 8 fps, 8 tbn, 8 tbc
            Metadata:
                encoder         : Lavc57.75.100 mpeg4
        Side data:
                cpb: bitrate max/min/avg: 0/0/200000 buffer size: 0 vbv_delay: -1
    Stream mapping:
        Stream #0:0 -> #0:0 (rawvideo (native) -> mpeg4 (native))
    Press [q] to stop, [?] for help
    frame=    63 fps=7.8 q=31.0 size= 588kB time=00:00:08.50 bitrate= 566.5kbits/s
speed=1.05x
```

如 FFmpeg 执行时输出的信息所示，采集的图像分辨率为 1280×720，输出视频编码采用 AVI 默认视频编码和码率等参数，录制成 output.avi 文件，播放效果如图 7-1 所示。

图 7-1 视频图像采集效果

FFmpeg 采集了摄像头数据，并将摄像头数据录制成 AVI 文件，播放的视频图像即为摄像头采集的数据。

7.1.6　Linux 采集设备 x11grab 参数说明

使用 FFmpeg 采集 Linux 下面的图形部分桌面图像时，通常采用 x11grab 设备采集图像，下面就来了解一下 x11grab 的参数，如表 7-3 所示。

表 7-3　x11grab 参数说明

参数	类型	说明
draw_mouse	整数	支持绘制鼠标光标
follow_mouse	整数	跟踪鼠标轨迹数据
framerate	字符串	输入采集的视频帧率
show_region	整数	获得输入桌面的指定区域
region_border	整数	当 show_region 为 1 时，设置输入指定区域的边框的粗细程度
video_size	字符串	输入采集视频的分辨率

x11grab 可以使用 6 个参数，支持的功能主要有绘制鼠标光标，跟踪鼠标轨迹数据，设置采集视频帧率，指定采集桌面区域，设置指定区域的变宽参数，设置采集视频的分辨率等。下面就来针对这些参数进行举例说明。

7.1.7　Linux 采集设备 x11grab 使用举例

FFmpeg 通过 x11grab 录制屏幕时，输入设备的设备名规则如下：

```
[主机名]:显示编号 id.屏幕编号 id[+起始 x 轴，起始 y 轴]
```

其中主机名、起始 x 轴与起始 y 轴均为可选参数，下面看一下默认获取屏幕的例子。

（1）桌面录制

在有些 Linux 的教学或者演示时，需要用到 Linux 桌面的图像直播或者录制，参考本节前面介绍的设备名规则，可以使用如下命令对桌面进行录制：

```
./ffmpeg -f x11grab -framerate 25 -video_size 1366x768 -i :0.0 out.mp4
```

我们设置输入帧率为 25，图像分辨率为 1366×768，采集的设备为“0.0”，输出文件为 out.mp4，播放效果如图 7-2 所示。

从播放的效果可以看到，Linux 桌面图像已经被录制下来，这是完整的桌面。

（2）桌面录制指定起始位置

前文我们录制的区域为整个桌面，有时候并不一定符合我们的要求，FFmpeg 提供了录制某个区域的方法：

```
./ffmpeg -f x11grab -framerate 25 -video_size 352x288 -i :0.0+300,200 out.mp4
```

我们通过参数“:0.0+300,200”指定了 x 坐标为 300，y 坐标为 200。需要注意的是，video_size 需要按实际大小指定，最好保证此大小不要超出实际采集区域的大小。

播放效果如图 7-3 所示。

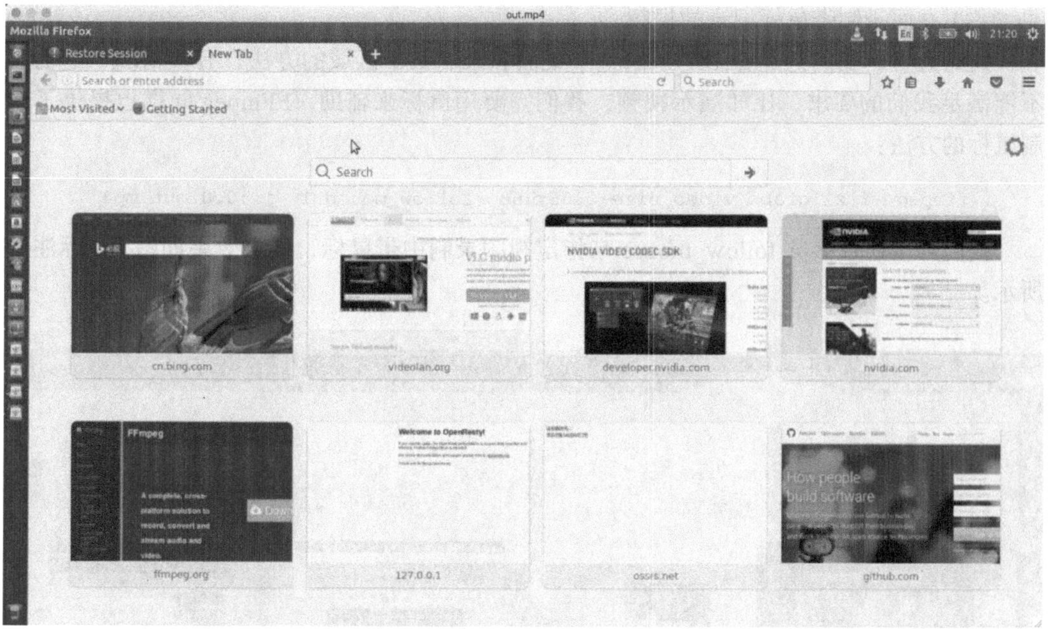

图 7-2　x11grab 录制 Linux 桌面图像

图 7-3　指定录制区域

从播放的效果可以看到，视频区域是桌面的局部区域，与命令行执行时设置的区域刚好吻合。

（3）桌面录制带鼠标记录的视频

到此为止，我们已经介绍了录制整个桌面和录制某个区域的方法，有些情况下这仍然不能满足我们的要求，比如演示视频，我们需要用鼠标来辅助，FFmpeg 同样也提供了录制鼠标的方法：

```
./ffmpeg -f x11grab -video_size 1366x768 -follow_mouse 1 -i :0.0 out.mp4
```

我们可以通过参数 follow_mouse 来指定视频录制中带鼠标，播放效果如图 7-4 标注处所示。

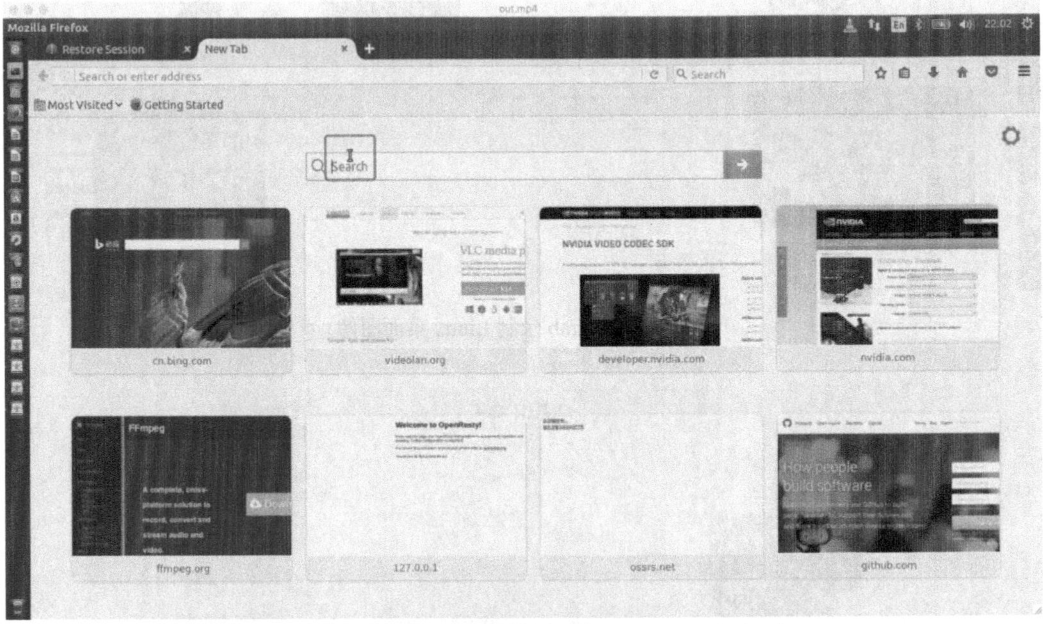

图 7-4　录制带有鼠标的图像

从播放的效果可以看到，标注的地方有一个鼠标的图标，该图标为视频录制时被录制进视频中的。

至此，Linux 下的桌面图像录制已经全部介绍完毕。

7.2　FFmpeg 中 OS X 设备操作

在 FFmpeg 中采集 OS X 系统的输入输出设备，常规方式采用的是 OS X 的 avfoundation 设备进行采集，下面了解一下 avfoundation 的参数，如表 7-4 所示。

表 7-4　avfoundation 参数说明

参数	类型	说明
list_devices	布尔	列举当前可用设备信息

（续）

参数	类型	说明
video_device_index	整数	视频设备索引编号
audio_device_index	整数	音频设备索引编号
pixel_format	色彩格式	色彩格式，例如 yuv420、nv12、rgb24 等
framerate	帧率	视频帧率，例如 25
video_size	分辨率	图像分辨率，类似于 1280×720
capture_cursor	整数	获取屏幕上鼠标图像
capture_mouse_clicks	整数	获得屏幕上鼠标点击的事件

FFmpeg 对 avfoundation 设备操作可以使用的参数已经列举在表 7-4 中，主要涉及枚举设备、音视频设备编号、像素格式、帧率、图像分辨率等，接下来我们会着重介绍这些参数的使用。

7.2.1　OS X 下查看设备列表

FFmpeg 可以直接从系统的采集设备中采集摄像头、桌面、麦克风等。在采集数据之前，首先需要知道当前系统都支持哪些设备：

```
./ffmpeg -devices
```

输出如下，我们可以查看到当前 OS X 支持的设备：

```
Devices:
    D. = Demuxing supported
    .E = Muxing supported
    --
    D  avfoundation    AVFoundation input device
    D  lavfi           Libavfilter virtual input device
    D  qtkit           QTKit input device
```

从输出的信息中可以看到，通过 ffmpeg -devices 查看的信息分为两大部分：

- 解封装或封装的支持情况
- 设备列表

从设备列表部分可以看到，这里共列出了 3 个设备：avfoundation、lavfi 和 qtkit，本章将重点介绍 avfoundation，关于 lavfi 的使用方法可以参考滤镜处理的相关章节，本章不再介绍。

7.2.2　OS X 下设备采集举例

在使用 avfoundation 操作设备采集之前，需要枚举 avfoundation 支持的输入设备，可以通过如下命令行查看：

```
./ffmpeg -f avfoundation -list_devices true -i ""
```

命令行执行之后，结果如下：

```
[AVFoundation input device @ 0x7f96a0500460] AVFoundation video devices:
[AVFoundation input device @ 0x7f96a0500460] [0] FaceTime HD Camera (Built-in)
[AVFoundation input device @ 0x7f96a0500460] [1] Capture screen 0
[AVFoundation input device @ 0x7f96a0500460] AVFoundation audio devices:
[AVFoundation input device @ 0x7f96a0500460] [0] Built-in Microphone
```

从输出的信息中可以看到，当前系统中包含了 3 个设备，分别如下。

视频输入设备：

- [0] FaceTime HD Camera (Built-in)
- [1] Capture screen 0

音频输入设备：

- [0] Built-in Microphone

avfoundation 除了枚举了物理摄像头（FaceTime 高清相机）之外，还包括了 1 个虚拟设备，即 Capture screen 0 设备代表了 OS X 桌面。

下面通过例子来演示在 OS X 上如何采集摄像头、系统麦克风和桌面。

（1）采集内置摄像头

在一些实时沟通场景中也会用到摄像头，而苹果电脑本身是带有内置摄像头的，通过 FFmpeg 可以直接获得摄像头并将摄像头内容录制下来或者直播推出去，下面就来看一下录制下来的效果：

```
ffmpeg -f avfoundation -i " FaceTime HD Camera (Built-in)" out.mp4
```

命令行执行之后，会生成 out.mp4 视频文件，播放 out.mp4 的效果如图 7-5 所示。

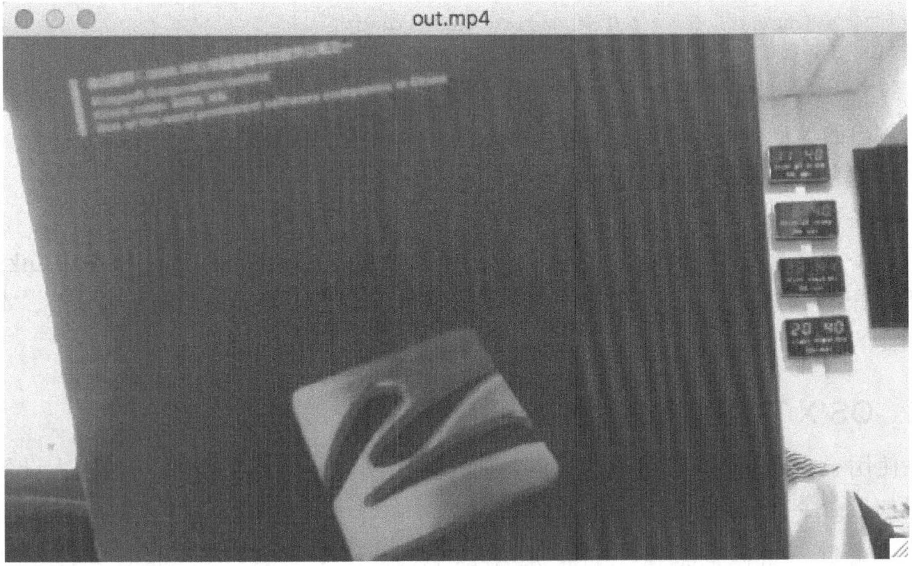

图 7-5　OS X 采集摄像头示例

从图 7-5 可以看到，FFmpeg 从苹果电脑摄像头采集到了图像。

（2）采集 OS X 桌面

从设备列表中可以知道 FFmpeg 除了可以获得 OS X 的摄像头，还可以获得桌面图像，下面尝试一下获得桌面图像：

```
ffmpeg -f avfoundation -i "Capture screen 0" -r:v 30 out.mp4
```

命令行执行后将会录制桌面的图像为 out.mp4，然后播放 out.mp4 看一下效果，如图 7-6 所示。

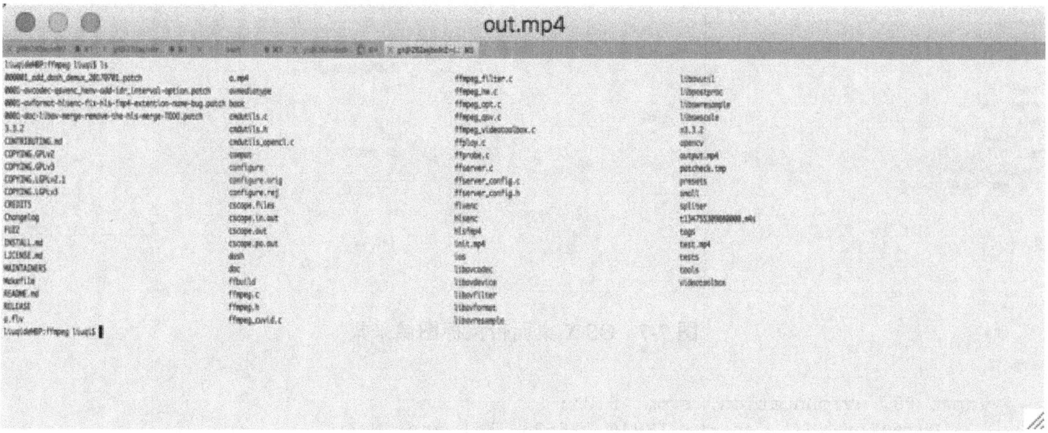

图 7-6 OS X 采集桌面示例

参数 Capture screen 0 指定了桌面 0 为输入设备，与 x11grab 的方式类似，我们也可以录制鼠标，在 OS X 上通过 capture_cursor 来指定：

```
ffmpeg -f avfoundation -capture_cursor 1 -i "Capture screen 0" -r:v 30 out.mp4
```

命令行执行后会将桌面图像带上鼠标一起录制下来，然后播放 out.mp4 验证一下，如图 7-7 所示。

从图 7-7 中可以看到，播放的视频中包含了鼠标的图像，已经用高亮方框圈起来了。

（3）采集麦克风

使用 FFmpeg 的 avfoundation 除了可以获得图像之外，还可以获得音频数据，从 avfoundation 的设备列表中可以看到其能够识别麦克风，接下来考虑将音视频都采集下来然后进行录制，由于 avfoundation 通过图像采集的方式前面已经介绍过，现在考虑用设备号进行采集的方式来举例说明：

```
ffmpeg -f avfoundation -i "0:0" out.aac
```

我们通过参数 0:0 分别指定了第 0 个视频设备和第 0 个音频设备，输出的信息如下：

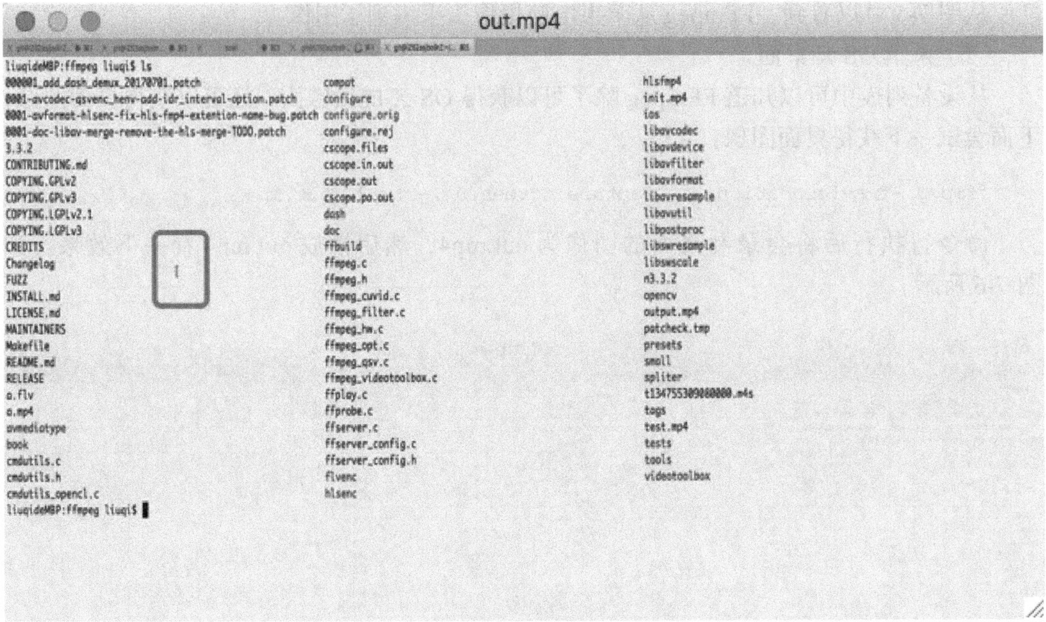

图 7-7 OS X 桌面带鼠标图像采集

```
Input #0, avfoundation, from '0:0':
    Duration: N/A, start: 18846.215533, bitrate: N/A
        Stream #0:0: Video: rawvideo (UYVY / 0x59565955), uyvy422, 1280x720, 30
tbr, 1000k tbn, 1000k tbc
        Stream #0:1: Audio: pcm_f32le, 44100 Hz, stereo, flt, 2822 kb/s
Output #0, adts, to 'out.aac':
    Metadata:
        encoder         : Lavf57.66.102
        Stream #0:0: Audio: aac (LC), 44100 Hz, stereo, fltp, 128 kb/s
        Metadata:
            encoder         : Lavc57.81.100 aac
Stream mapping:
    Stream #0:1 -> #0:0 (pcm_f32le (native) -> aac (native))
Press [q] to stop, [?] for help
size=     187kB time=00:00:11.76 bitrate= 130.0kbits/s speed=1.01x
```

如以上输出信息所示，采集的数据包含了视频 rawvideo 数据和音频 pcm_f32le 数据，但是编码输出只有 AAC 的编码的数据。

除了这个方法，还可以使用设备索引参数指定设备采集：

```
ffmpeg -f avfoundation -video_device_index 0 -i ":0" out.aac
ffmpeg -f avfoundation -video_device_index 0 -audio_device_index 0 out.aac
```

这两条 FFmpeg 命令与前面的那条命令效果相同；至此，OS X 下用 avfoundation 采集音视频设备的方法已全部介绍完毕。

7.3 FFmpeg 中 Windows 设备操作

Windows 采集设备的主要方式是 dshow、vfwcap、gdigrab，其中 dshow 可以用来抓取摄像头、采集卡、麦克风等，vfwcap 主要用来采集摄像头类设备，gdigrab 则是抓取 Windows 窗口程序。

本节重点介绍如下几个方面。

- 使用 dshow 枚举和采集音视频设备
- 使用 vfwcap 枚举和采集视频设备
- 使用 gdigrab 采集桌面或窗口

7.3.1 FFmpeg 使用 dshow 采集音视频设备

（1）使用 dshow 枚举设备

我们可以使用 dshow 来枚举当前系统上存在的音视频设备，这些设备主要是摄像头、麦克风，命令如下：

```
./ffmpeg.exe -f dshow -list_devices true -i dummy
```

输出如下：

```
[dshow @ 0048e620] DirectShow video devices (some may be both video and audio devices)
[dshow @ 0048e620]  "Integrated Camera"
[dshow @ 0048e620]     Alternative name "@device_pnp_\\?\usb#vid_04f2&pid_b2ea&mi_00#7&6fe2ea7&0&0000#{65e8773d-8f56-11d0-a3b9-00a0c9223196}\global"
[dshow @ 0048e620] DirectShow audio devices
[dshow @ 0048e620]  "麦克风 (High Definition Audio 设备)"
[dshow @ 0048e620]     Alternative name "@device_cm_{33D9A762-90C8-11D0-BD43-00A0C911CE86}\麦克风 (High Definition Audio 设备)"
```

注意第一行的提示“some may be both video and audio devices”，这也是在告诉我们，有些视频设备同时也具备音频输出能力。

（2）使用 dshow 展示摄像头

下面可以尝试打开设备，并使用 ffplay 来展示摄像头：

```
ffplay.exe -f dshow -video_size 1280x720  -i video="Integrated Camera"
```

其中 video_size 指定了视频的分辨率，是摄像头支持采集的分辨率值，video = "Integrated Camera" 指定了需要采集的摄像头名字。

摄像头输出如图 7-8 所示。

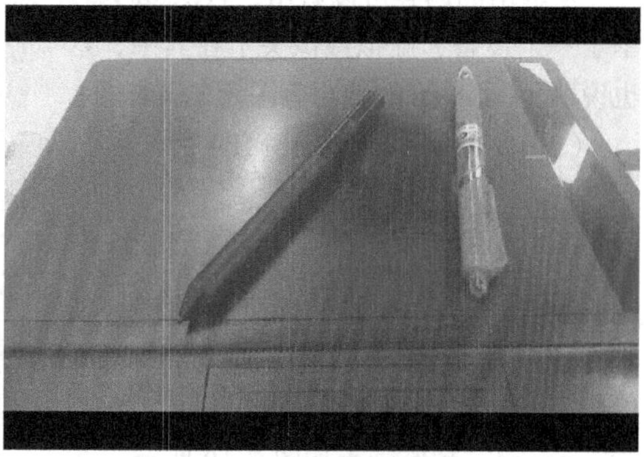

图 7-8 dshow 展示摄像头

（3）将摄像头数据保存为 MP4 文件

我们可以通过如下命令将摄像头和电脑播放的声音录制为 MP4 文件，原理就是打开两个设备，一个为摄像头，一个为虚拟声音设备：

```
./ffmpeg.exe -f dshow -i video
="Integrated Camera" -f dshow -i
audio="virtual-audio-capturer"
out.mp4
```

我们指定了 FFmpeg 默认的音频和视频编码方式，可以参照前面的章节来指定适合自己的音视频编码方式，如 H.264、AAC 等，预览画面如图 7-9 所示。

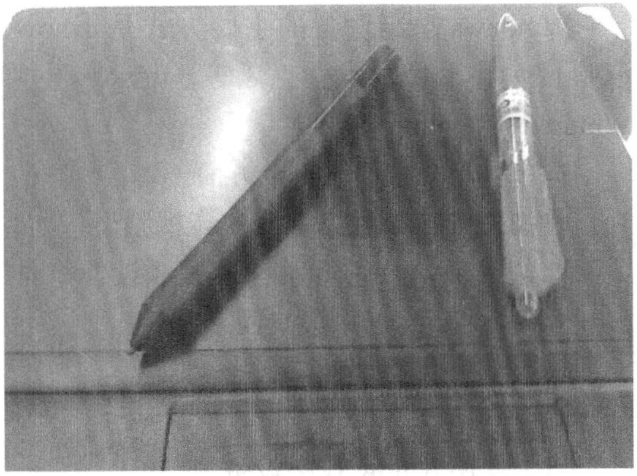

图 7-9　dshow 录制摄像头

7.3.2　FFmpeg 使用 vfwcap 采集视频设备

在 Windows 平台上，我们可以使用 vfwcap 去采集摄像头，但是这种方式已经过时了，虽然 FFmpeg 也提供了支持，但是我们推荐使用 dshow 去采集摄像头和麦克风。

vfwcap 主要支持两个参数 video_size、framerate，分别指示采集图像的大小和帧率。

（1）使用 vfwcap 枚举支持采集的设备

```
./ffmpeg.exe -f vfwcap -i list
```

输出如下：

```
[vfwcap @ 004fe280] Driver 0
[vfwcap @ 004fe280]  Microsoft WDM Image Capture (Win32)
[vfwcap @ 004fe280]  Version:  6.1.7601.17514
list: I/O error
```

从输出的内容可以看出，vfwcap 只枚举了一个设备，虚拟摄像头不在其中，这也说明了 vfwcap 的使用有一定的局限性。

（2）使用 vfwcap 生成 MP4 文件

```
./ffmpeg.exe -f vfwcap -i 0 -r 25
-vcodec libx264 out.mp4
```

我们通过 -i 指定了待录像的摄像头索引号，-r 则指定了需要录像的帧率，vcodec 指定了录像视频的编码格式，输出为 out.mp4，预览画面如图 7-10 所示。

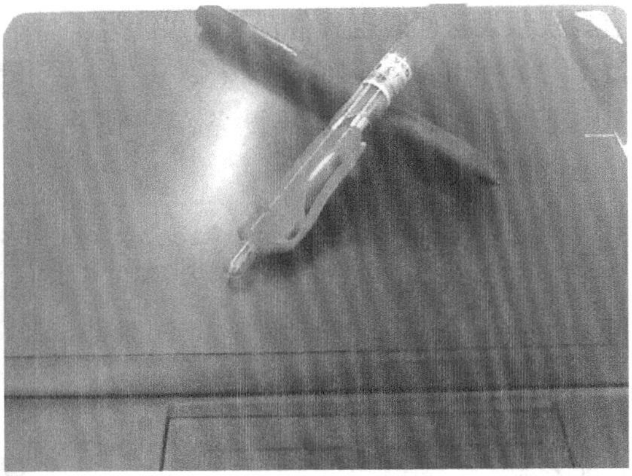

图 7-10　vfwcap 录制摄像头

7.3.3 FFmpeg 使用 gdigrab 采集窗口

在 Windows 平台，FFmpeg 支持采集基于 gdi 的屏幕采集设备，这个设备同时支持采集显示器的某一块区域，gdigrab 支持的主要参数如表 7-5 所示。

表 7-5 gdigrab 主要参数

参数	主要作用
draw_mouse	是否绘制采集鼠标指针
show_region	是否绘制采集的边界
framerate	设置视频帧率，默认为 25 帧，两个标准值分别为 pal、ntsc
video_size	设置视频分辨率
offset_x	采集区域偏移 x 个像素
offset_y	采集区域偏移 y 个像素

gdigrab 的输入主要有两种方式：desktop 和 title = window_title，其中 desktop 代表采集整个桌面，而 title = window_title 则是采集标题为 window_title 的窗口，下面分别介绍 gdigrab 如何采集桌面和窗口。

（1）使用 gdigrab 采集整个桌面

```
./ffmpeg.exe -f gdigrab -framerate 6 -i desktop out.mp4
```

需要录制整个桌面时，我们只需要简单地指定输入对象为 desktop 即可，输出画面预览如图 7-11 所示。

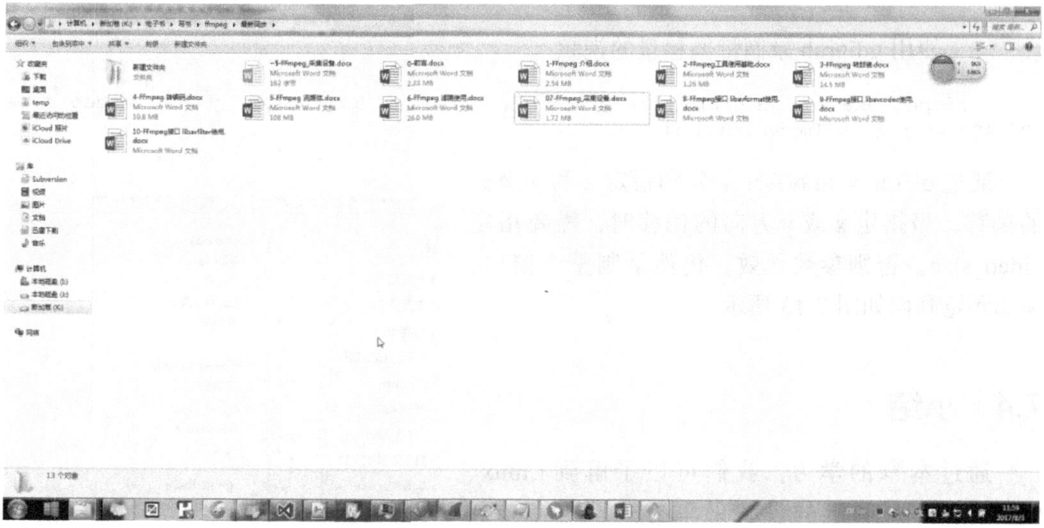

图 7-11 gdigrab 采集整个桌面

（2）使用 gdigrab 采集某个窗口

```
./ffmpeg.exe -f gdigrab -framerate 6 -i title=ffmpeg out.mp4
```

当需要录制某个窗口时，我们需要根据窗口的标题来进行窗口的查找，即通过 -i title 来指定。需要注意的是，在录制期间，我们应该尽量避免调整录制窗口的大小，这可能会导致画面异常。输出预览画面如图 7-12 所示。

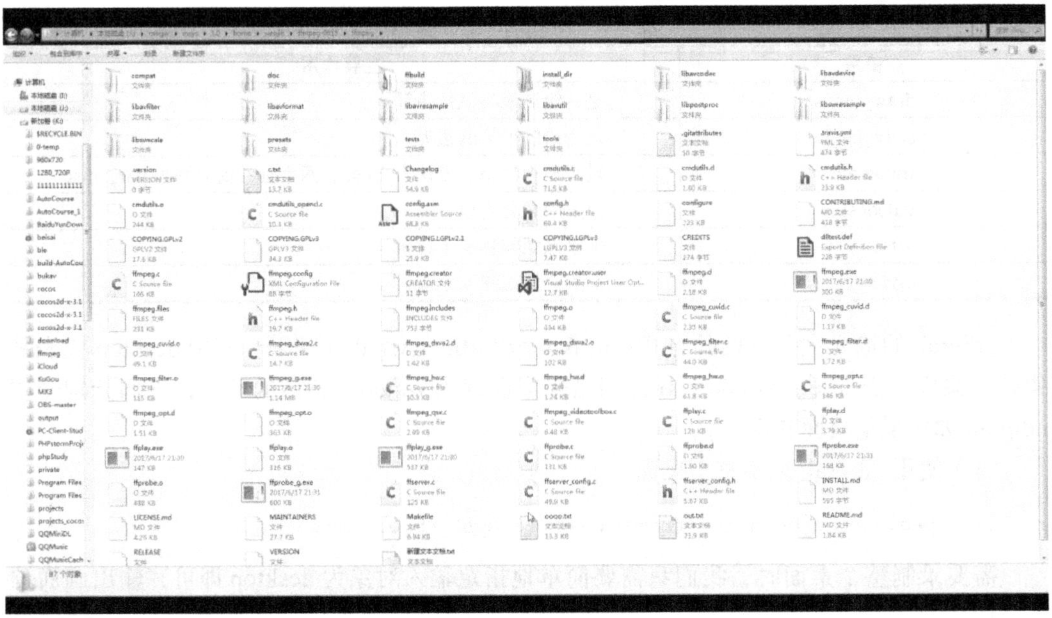

图 7-12　gdigrab 采集指定窗口

（3）使用 gdigrab 录制带偏移量的视频

```
./ffmpeg.exe -f gdigrab -framerate 6 -offset_x 50 -offset_y 50 -video_size
400x400 -i title=ffmpeg out.mp4
```

通过 offset_x 和 offset_y 分别指定 x 和 y 坐标的偏移，当指定 x 或 y 方向的偏移时，需要指定 video_size，否则参数无效，仍然录制整个窗口，输出预览画面如图 7-13 所示。

图 7-13　gdigrab 采集窗口指定区域

7.4　小结

通过本章的学习，我们可以了解到 Linux、OS X、Windows 上的设备采集方式，内容涉及 fbdev、v4l2、x11grab、avfoundation、dshow、vfwcap、gdigrab 等。

至此，FFmpeg 设备采集命令行部分已全部介绍完毕。

第二部分

FFmpeg的API使用篇

在介绍FFmpeg的SDK应用之前，首先需要考虑使用FFmpeg的SDK的前置准备，下载FFmpeg的SDK只需要在FFmpeg官方网站下载最新版本的FFmpeg压缩包，解压后直接参考INSTALL说明文档安装即可。也可以根据第1章中介绍的编译FFmpeg的方式自己编译一套FFmpeg开发组件，只需要执行make doc/examples/muxing即可编译muxing示例。其他示例可以使用同样的方式，关于其他示例，在此后的章节中将会做进一步介绍。

第 8 章 FFmpeg 接口 libavformat 的使用

libavformat 是 FFmpeg 中处理音频、视频以及字幕封装和解封装的通用框架，内置了很多处理多媒体文件的 Muxer 和 Demuxer，它支持如 AVInputFormat 的输入容器和 AVOutputFormat 的输出容器，同时也支持基于网络的一些流媒体协议，如 HTTP、RTSP、RTMP 等。

本章主要介绍 FFmpeg 的媒体格式、协议封装与解封装的 API 函数使用方法，重点以 API 使用的介绍为主，分别介绍从视频流封装为某种封装格式，视频文件封装为 FLV、MP4、MPEGTS 等封装格式，将 FLV、MP4、MPEGTS 等封装格式解封装，将 FLV、MP4、MPEGTS 封装格式转变为另外一种封装格式，将 FLV、MP4、MPEGTS 等多媒体流封装为某种流媒体网络协议等。

本章主要介绍的内容概括如下。

- 8.1 节介绍音视频流封装的思路和步骤，并介绍几个重要的视频合成 API。
- 8.2 节介绍音视频流解封装的思路和步骤，同时也以 API 调用的过程来表述。
- 8.3 节介绍 FFmpeg 中最常用的功能，即文件格式转换，前面的章节介绍了命令行的形式，而本节则是通过 API 来实现，并通过把一个 FLV 文件转换为 MP4 格式来进行表述。
- 8.4 节介绍如何从视频文件中截取其中一部分，即简单的视频处理，介绍视频截取的 4 种方式。
- 8.5 节介绍如何从内存中获取数据，并且将数据保存到文件容器中的方法，这个应用场景还是非常多的，比如从一些硬件编码器取出编码后的流，直接保存为视频文件。

8.1 音视频流封装

使用 FFmpeg 的 API 进行封装（Muxing）操作的主要步骤比较简单，流程如图 8-1 所示。

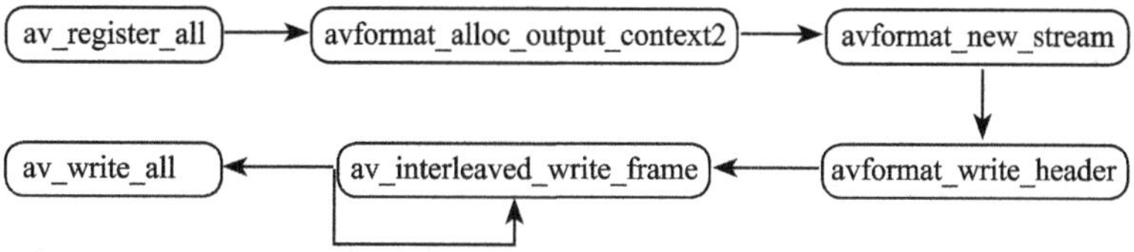

图 8-1 文件 Muxing 接口调用流程

如图 8-1 所示，几个重要的步骤已经罗列出来了，下面分别进行详细的讲解。

（1）API 注册

在使用 FFmpeg 的 API 之前，首先要注册使用 FFmpeg 的 API，需要引用一些必要的头文件：

```
#include <stdlib.h>
#include <stdio.h>
#include <string.h>
#include <math.h>
#include <libavutil/channel_layout.h> // 用户音频声道布局操作
#include <libavutil/opt.h> // 设置操作选项操作
#include <libavutil/mathematics.h> // 用于数学相关操作
#include <libavutil/timestamp.h> // 用于时间戳操作
#include <libavformat/avformat.h> // 用于封装与解封装操作
#include <libswscale/swscale.h> // 用于缩放、转换颜色格式操作
#include <libswresample/swresample.h> // 用于进行音频采样率操作
int main(int argc, char **argv)
{
av_register_all();
    return 0;
}
```

（2）申请 AVFormatContext

在使用 FFmpeg 进行，封装格式相关的操作时，需要使用 AVFormatContext 作为操作的上下文的操作线索：

```
AVOutputFormat *fmt;
AVFormatContext *oc;
avformat_alloc_output_context2(&oc, NULL, "flv", filename);
if (!oc) {
printf( "cannot alloc flv format\n" );
    return 1;
}
fmt = oc->oformat;
```

（3）申请 AVStream

申请一个将要写入的 AVStream 流，AVStream 流主要作为存放音频、视频、字幕数据流使用：

```
AVStream *st;
AVCodecContext *c;
st = avformat_new_stream(oc, NULL);
```

```
if (!ost->st) {
fprintf(stderr, "Could not allocate stream\n");
exit(1);
}
st->id = oc->nb_streams-1;
```

至此，需要将 Codec 与 AVStream 进行对应，可以根据视频的编码参数对 AVCodecContext 的参数进行设置：

```
c->codec_id        = codec_id
c->bit_rate               = 400000;
c->width           = 352;
c->height          = 288;
st->time_base      = (AVRational){ 1, 25 };
c->time_base    = st->time_base;
c->gop_size        = 12;
c->pix_fmt                =  AV_PIX_FMT_YUV420P;
```

然后为了兼容新版本 FFmpeg 的 AVCodecparameters 结构，需要做一个参数 copy 操作：

```
/* copy the stream parameters to the muxer */
ret = avcodec_parameters_from_context(ost->st->codecpar, c);
if (ret < 0) {
    printf("Could not copy the stream parameters\n");
    exit(1);
}
```

至此，相关参数已经设置完毕，可以通过 av_dump_format 接口看到参数信息。

（4）增加目标容器头信息

在操作封装格式时，有些封装格式需要写入头部信息，所以在 FFmpeg 写封装数据时，需要先写封装格式的头部：

```
ret = avformat_write_header(oc, &opt);
if (ret < 0) {
    printf("Error occurred when opening output file: %s\n",av_err2str(ret));
    return 1;
}
```

（5）写入帧数据

在 FFmpeg 操作数据包时，均采用写帧操作进行音视频数据包的写入，而每一帧在常规情况下均使用 AVPacket 结构进行音视频数据的存储，AVPacket 结构中包含了 PTS、DTS、Data 等信息，数据在写入封装中时，会根据封装的特性写入对应的信息：

```
AVFormatContext *ifmt_ctx = NULL;
AVIOContext* read_in =avio_alloc_context(inbuffer, 32 * 1024 ,0,NULL,
get_input_buffer,NULL,NULL);
if(read_in==NULL)
    goto end;
ifmt_ctx->pb=read_in;
ifmt_ctx->flags=AVFMT_FLAG_CUSTOM_IO;
if ((ret = avformat_open_input(&ifmt_ctx, "h264", NULL, NULL)) < 0) {
```

```
        av_log(NULL, AV_LOG_ERROR, "Cannot get h264 memory data\n");
        return ret;
    }
    while(1) {
        AVPacket pkt = { 0 };
        av_init_packet(&pkt);
        ret = av_read_frame(ifmt_ctx, &pkt);
        if (ret < 0)
            break;
        /* rescale output packet timestamp values from codec to stream timebase */
        av_packet_rescale_ts(pkt, *time_base, st->time_base);
        pkt->stream_index = st->index;
            /* Write the compressed frame to the media file. */
        return av_interleaved_write_frame(fmt_ctx, pkt);
    }
```

如上述这段代码所示，从内存中读取数据，需要将通过 avio_alloc_context 接口中获得的 buffer 与 AVFormatConext 建立关联，然后再像操作文件一样进行操作即可，接下来就可以从 AVFormatContext 中获得 packet，然后将 packet 通过 av_interleaved_write_frame 写入到输出的封装格式中。

（6）写容器尾信息

在写入数据即将结束时，将会进行收尾工作，例如写入封装格式的结束标记等，例如 FLV 的 sequence end 标识等：

```
av_write_trailer(oc);
```

至此，通过 FFmpeg 将一段数据写入至封装容器中的实现原理已经讲解完毕，具体的代码 demo，可以下载 FFmpeg 的源代码之后，从源代码的 doc/examples/muxing.c 中进行查看，也可以通过 FFmpeg 的官方网站 demo 进行查看：http://ffmpeg.org/doxygen/trunk/muxing_8c-example.html。

8.2　音视频文件解封装

音视频文件解封装为播放器、转码、转封装的常见操作，音视频文件解封装常见 API 操作步骤如图 8-2 所示。

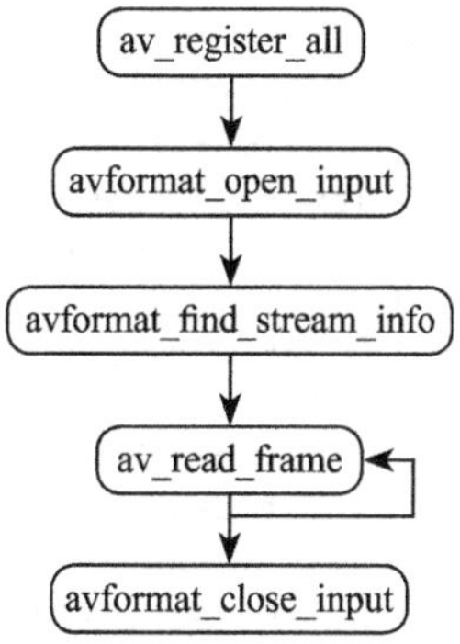

图 8-2　文件 Demuxing 接口调用流程

如图 8-2 所示，几个解封装的主要 API 已经列出，下面详细解析每一个解封装操作的步骤。

（1）API 注册

与前面介绍的相同，在使用 FFmpeg API 之前，需要先注册 API，然后才可以使用 API：

```
int main(int argc, char * argv[])
{
```

```
    av_register_all();
    return 0;
}
```

（2）构建 AVFormatContext

在注册过 FFmpeg 之后，可以声明输入的封装结构体为主线，然后通过输入文件或者输入流媒体流链接为封装结构的句柄：

```
static AVFormatContext *fmt_ctx = NULL;
/* open input file, and allocate format context */
if (avformat_open_input(&fmt_ctx, input_filename, NULL, NULL) < 0) {
    fprintf(stderr, "Could not open source file %s\n", src_filename);
    exit(1);
}
```

如上述代码所示，可通过 avformat_open_input 接口将 input_filename 句柄挂载至 fmt_ctx 结构里，之后 FFmpeg 即可对 fmt_ctx 进行操作。

（3）查找音视频流信息

在输入封装与 AVFormatContext 结构做好关联之后，即可通过 avformat_find_stream_info 从 AVFormatContext 中建立输入文件的对应的流信息：

```
/* retrieve stream information */
if (avformat_find_stream_info(fmt_ctx, NULL) < 0) {
    fprintf(stderr, "Could not find stream information\n");
    exit(1);
}
```

如上述代码所示，从 fmt_ctx 中可以获得音视频流信息。

（4）读取音视频流

获得音视频流之后，即可通过 av_read_frame 从 fmt_ctx 中读取音视频流数据包，将音视频流数据包读取出来存储至 AVPackets 中，然后就可以通过对 AVPackets 包进行判断，确定其为音频、视频、字幕数据，最后进行解码，或者进行数据存储：

```
/* initialize packet, set data to NULL, let the demuxer fill it */
av_init_packet(&pkt);
pkt.data = NULL;
pkt.size = 0;
/* read frames from the file */
while (av_read_frame(fmt_ctx, &pkt) >= 0) {
    AVPacket orig_pkt = pkt;
    do {
        ret = decode_packet(&got_frame, pkt);
        if (ret < 0)
            break;
        pkt.data += ret;
        pkt.size -= ret;
    } while (pkt.size > 0);
    av_packet_unref(&orig_pkt);
}
```

如上述代码所示，通过循环调用 av_read_frame 读取 fmt_ctx 中的数据至 pkt 中，然后解码 pkt，如果读取 fmt_ctx 中的数据结束，则退出循环，开始执行结束操作。

（5）收尾

执行结束操作主要为关闭输入文件以及释放资源等：

```
avformat_close_input(&fmt_ctx);
```

至此，解封装操作已全部介绍完毕。具体的代码 demo，可以下载 FFmpeg 的源代码，从源代码的 doc/examples/demuxing_decoding.c 中进行查看，也可以通过 FFmpeg 官方网站 demo 查看：http://ffmpeg.org/doxygen/trunk/demuxing_decoding_8c-example.html。

8.3 音视频文件转封装

音视频文件转封装操作是将一种格式转换为另一种格式的操作，例如从 FLV 格式转换为 MP4 格式，本节将根据前两节所描述的封装与解封装的过程，重点讲解如何进行转封装操作，下面看一下转封装所用到的接口，如图 8-3 所示。

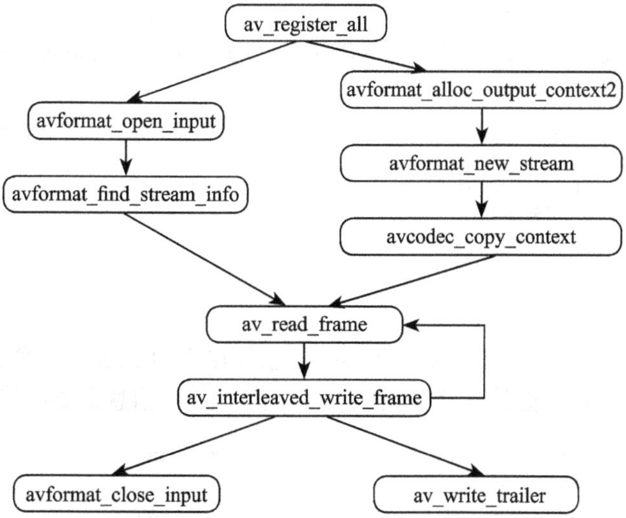

图 8-3 文件 remuxing 接口调用流程

如图 8-3 所列的是转封装所用的主要接口，结合 8.1 节、8.2 节介绍的封装与解封装操作，梳理转封装操作，主要步骤具体如下。

（1）API 注册

首先在使用 FFmpeg 接口之前，需要进行 FFmpeg 使用接口的注册操作：

```
int main(int argc, char *[argv])
{
    av_register_all();
```

```
    return 0;
}
```

（2）构建输入 AVFormatContext

注册之后，打开输入文件并与 AVFormatContext 建立关联：

```
AVFormatContext *ifmt_ctx = NULL;
if ((ret = avformat_open_input(&ifmt_ctx, in_filename, 0, 0)) < 0) {
    fprintf(stderr, "Could not open input file '%s'", in_filename);
    goto end;
}
```

（3）查找流信息

建立关联之后，与解封装操作类似，可以通过接口 avformat_find_stream_info 获得流信息：

```
if ((ret = avformat_find_stream_info(ifmt_ctx, 0)) < 0) {
    fprintf(stderr, "Failed to retrieve input stream information");
    goto end;
}
```

（4）构建输出 AVFormatContext

输入文件打开完成之后，可以打开输出文件并与 AVFormatContext 建立关联：

```
AVFormatContext *ofmt_ctx = NULL;
avformat_alloc_output_context2(&ofmt_ctx, NULL, NULL, out_filename);
if (!ofmt_ctx) {
    fprintf(stderr, "Could not create output context\n");
    ret = AVERROR_UNKNOWN;
    goto end;
}
```

（5）申请 AVStream

建立关联之后，需要申请输入的 stream 信息与输出的 stream 信息，输入 stream 信息可以从 ifmt_ctx 中获得，但是存储至 ofmt_ctx 中的 stream 信息需要申请独立内存空间：

```
AVStream *out_stream = avformat_new_stream(ofmt_ctx, in_stream->codec->codec);
if (!out_stream) {
    fprintf(stderr, "Failed allocating output stream\n");
    ret = AVERROR_UNKNOWN;
}
```

（6）stream 信息的复制

输出的 stream 信息建立完成之后，需要从输入的 stream 中将信息复制到输出的 stream 中，由于本节重点介绍转封装，所以 stream 的信息不变，仅仅是改变了封装格式：

```
ret = avcodec_copy_context(out_stream->codec, in_stream->codec);
if (ret < 0) {
fprintf(stderr, "Failed to copy context from input to output stream codec context\n");
}
```

在新版本的 FFmpeg 中，AVStream 中的 AVCodecContext 被逐步弃用，转而使用 AVCodecParameters，所以在新版本的 FFmpeg 中可以增加一个操作步骤：

```
ret = avcodec_parameters_from_context(out_stream->codecpar
, out_stream->codec );
if (ret < 0) {
    fprintf(stderr, "Could not copy the stream parameters\n");
}
```

（7）写文件头信息

输出文件打开之后，根据前面章节中介绍的封装方式，接下来可以进行写文件头的操作：

```
ret = avformat_write_header(ofmt_ctx, NULL);
if (ret < 0) {
    fprintf(stderr, "Error occurred when opening output file\n");
}
```

（8）数据包读取和写入

输入与输出均已经打开，并与对应的 AVFormatContext 建立了关联，接下来可以从输入格式中读取数据包，然后将数据包写入至输出文件中，当然，随着输入的封装格式与输出的封装格式的差别化，时间戳也需要进行对应的计算改变：

```
while (1) {
    AVStream *in_stream, *out_stream;
    ret = av_read_frame(ifmt_ctx, &pkt);
    if (ret < 0)
        break;
    in_stream  = ifmt_ctx->streams[pkt.stream_index];
    out_stream = ofmt_ctx->streams[pkt.stream_index];
    /* copy packet */
    pkt.pts = av_rescale_q_rnd(pkt.pts, in_stream->time_base
, out_stream->time_base, AV_ROUND_NEAR_INF|AV_ROUND_PASS_MINMAX);
    pkt.dts = av_rescale_q_rnd(pkt.dts, in_stream->time_base
, out_stream->time_base, AV_ROUND_NEAR_INF|AV_ROUND_PASS_MINMAX);
pkt.duration = av_rescale_q(pkt.duration, in_stream->time_base, out_stream-
            >time_base);
    pkt.pos = -1;
    ret = av_interleaved_write_frame(ofmt_ctx, &pkt);
    if (ret < 0) {
        fprintf(stderr, "Error muxing packet\n");
        break;
    }
    av_packet_unref(&pkt);
}
```

（9）写文件尾信息

解封装读取数据并将数据写入新的封装格式的操作已经完成，接下来即可进行写文件尾至输出格式的操作：

```
av_write_trailer(ofmt_ctx);
```

（10）收尾

输出格式写完之后即可关闭输入格式：

```
avformat_close_input(&ifmt_ctx);
```

至此，转封装操作结束。具体的代码 demo，可以下载 FFmpeg 的源代码，从源代码的 doc/examples/remuxing.c 中进行查看，也可以通过 FFmpeg 官方网站 demo 查看：http://ffmpeg.org/doxygen/trunk/remuxing_8c-example.html。

8.4　视频截取

在日常处理视频文件时，常常会用到视频片段的截取功能，FFmpeg 可以支持该功能，其处理方式与转封装类似，仅仅是多了一个视频的起始时间定位以及截取视频长度的接口调用 av_seek_frame，下面举例说明截取视频的步骤，如图 8-4 所示。

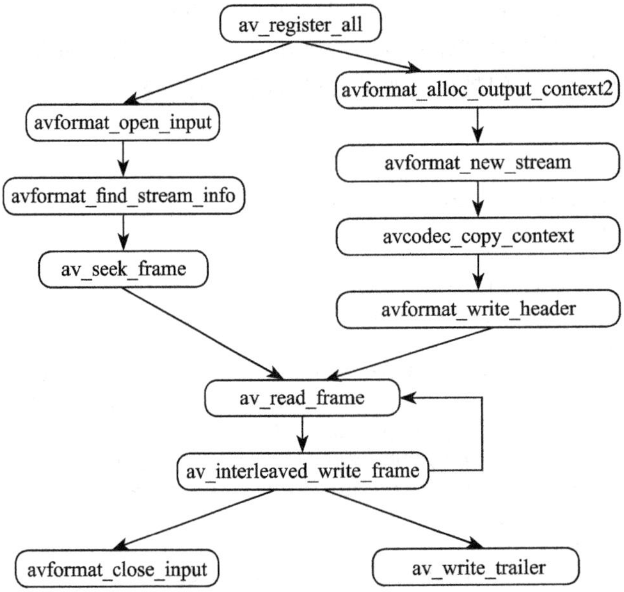

图 8-4　视频剪切接口调用流程

如图 8-4 所示，从接口调用的步骤中可以看到其中加入了 av_seek_frame 的调用，可以参考 av_seek_frame 接口的注释然后再进行使用：

```
int av_seek_frame(AVFormatContext *s, int stream_index, int64_t timestamp, int
flags);
```

根据 av_seek_frame 的接口说明可以看到，seek 接口中总共包含 4 个参数，分别如下。

- AVFormatContext：句柄
- stream_index：流索引

- timestamp：时间戳
- flags seek：方法

而在传递 flags 参数时，可以设置多种 seek 策略，下面就来看一下 flags 对应的多种策略定义：

```
#define AVSEEK_FLAG_BACKWARD          1
#define AVSEEK_FLAG_BYTE              2
#define AVSEEK_FLAG_ANY               4
#define AVSEEK_FLAG_FRAME             8
```

flags 总共包含四种策略，分别为向前查找方法，根据字节位置进行查找，seek 至非关键帧查找，根据帧位置查找。在播放器进度条拖动时常见的查找策略为 AVSEEK_FLAG_BACKWARD 方式查找。如果需要更精确的 seek，则需要对应的封装格式支持，例如 MP4 格式，调用 av_seek_frame 截取视频可以根据 8.3 节的代码进行修改，在 av_read_frame 前调用 av_seek_frame 即可：

```
    av_seek_frame(ifmt_ctx, ifmt_ctx->streams[pkt.stream_index], ts_start, AVSEEK_
FLAG_BACKWARD);
    while (1) {
        AVStream *in_stream, *out_stream;
        ret = av_read_frame(ifmt_ctx, &pkt);
        if (ret < 0)
            break;
        in_stream  = ifmt_ctx->streams[pkt.stream_index];
    out_stream = ofmt_ctx->streams[pkt.stream_index];
    if (av_compare_ts(pkt.pts, in_stream->time_base, 20, (AVRational){ 1, 1 }) >= 0)
            break;
        /* copy packet */
    pkt.pts = av_rescale_q_rnd(pkt.pts, in_stream->time_base, out_stream->time_
            base, AV_ROUND_NEAR_INF|AV_ROUND_PASS_MINMAX);
    pkt.dts = av_rescale_q_rnd(pkt.dts, in_stream->time_base, out_stream->time_
            base, AV_ROUND_NEAR_INF|AV_ROUND_PASS_MINMAX);
    pkt.duration = av_rescale_q(pkt.duration, in_stream->time_base, out_stream-
                >time_base);
        pkt.pos = -1;
        ret = av_interleaved_write_frame(ofmt_ctx, &pkt);
        if (ret < 0) {
            fprintf(stderr, "Error muxing packet\n");
            break;
        }
        av_packet_unref(&pkt);
    }
```

从上述代码实现中可以看到，除了 av_seek_frame 之外，还多了一个 av_compare_ts，而 av_compare_ts 可用来比较是否到达设置的截取长度，在本例中截取的时间长度为 20 秒。至此，视频截取功能已经介绍完毕。具体的代码 demo 可以下载 FFmpeg 的源代码，从源代码的 doc/examples/remuxing.c 中进行参考，也可以通过 FFmpeg 官方网站 demo 查看：http://ffmpeg.org/doxygen/trunk/remuxing_8c-example.html。

8.5 avio 内存数据操作

在一些应用场景中需要从内存数据中读取 H.264 数据，然后将 H.264 数据封装为 FLV 格式或者 MP4 格式，使用 FFmpeg 的 libavformat 中的 avio 方法即可达到该目的，这样从内存中直接操作数据的方式常常被应用于操作已经编码的视频数据或音频数据，然后希望将数据通过 FFmpeg 直接封装到文件中。下面看一下封装内存数据的 API 调用步骤，如图 8-5 所示。

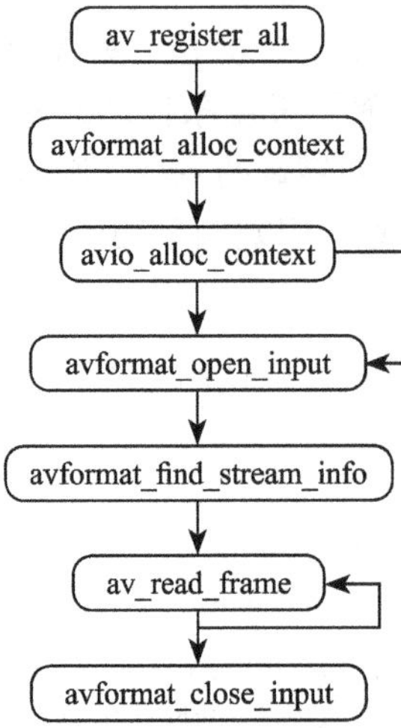

图 8-5　avio 内存数据操作接口调用流程

如图 8-5 所示，从内存中读取数据的操作主要是通过 avio_alloc_context 进行回调，回调接口在本节定义为 read_packet，主要步骤已经在图 8-5 中给出，下面详细介绍一下主要步骤的操作方法。

（1）API 注册

在使用 FFmpeg 之前，首先需要调用注册接口：

```
int main(int argc, char *[argv])
{
    av_register_all();
    return 0;
}
```

（2）读一个文件到内存

注册之后首先尝试将一个裸文件读取到内存中，FFmpeg 提供了函数 av_file_map()：

```
struct buffer_data {
    uint8_t *ptr;
    size_t size; ///< size left in the buffer
};
struct buffer_data bd = { 0 };
char *input_filename;
```

```
size_t buffer_size;
uint8_t *buffer = NULL;
ret = av_file_map(input_filename, &buffer, &buffer_size, 0, NULL);
if (ret < 0)
return ret;
bd.ptr  = buffer;
bd.size = buffer_size;
```

如上述代码所示，通过 av_file_map 可以将输入的文件 input_filename 中的数据映射到内存 buffer 中。

（3）申请 AVFormatContext

内存映射完毕后，可以申请一个 AVFormatContext，然后后面可以将 avio 操作的句柄挂在 AVFormatContext 中：

```
AVFormatContext *fmt_ctx = NULL;
if (!(fmt_ctx = avformat_alloc_context())) {
    ret = AVERROR(ENOMEM);
    return ret;
}
```

如上述代码所示，申请 AVFormatContext，因为在 FFmpeg 框架中，针对 AVFormat Context 进行操作将会非常方便，所以可以将数据挂在 AVFormatContext 中，然后使用 FFmpeg 进行操作。

（4）申请 AVIOContext

申请 AVIOContext，同时将内存数据读取的回调接口注册给 AVIOContext：

```
avio_ctx_buffer = av_malloc(avio_ctx_buffer_size);
if (!avio_ctx_buffer) {
    ret = AVERROR(ENOMEM);
    return ret;
}
avio_ctx = avio_alloc_context(avio_ctx_buffer, avio_ctx_buffer_size, 0, &bd,
          &read_packet, NULL, NULL);
if (!avio_ctx) {
    ret = AVERROR(ENOMEM);
    return ret;
}
fmt_ctx->pb = avio_ctx;
```

如上述代码所示，首先根据映射文件时映射的 buffer 的空间与大小申请一段内存，然后通过使用接口 avio_alloc_context 申请 AVIOContext 内存，申请的时候注册内存数据读取的回调接口 read_packet，然后将申请的 AVIOContext 句柄挂载至之前申请的 AVFormatContext 中，接下来就可以对 AVFormatContext 进行操作了。

（5）打开 AVFormatContext

基本操作已经完成，接下来与文件操作相同，使用 avformat_open_input 打开输入的 AVFormatContext：

```
ret = avformat_open_input(&fmt_ctx, NULL, NULL, NULL);
```

```
if (ret < 0) {
        fprintf(stderr, "Could not open input\n");
        return ret;
}
```

使用 avformat_open_input 打开与常规的打开文件是有区别的，由于其是从内存读取数据，所以可直接通过 read_packet 读取数据，在调用 avformat_open_input 时不需要传递输入文件。

（6）查看音视频流信息

打开 AVFormatContext 之后，可以通过 avformat_find_stream_info 获得内存中的数据的信息：

```
ret = avformat_find_stream_info(fmt_ctx, NULL);
if (ret < 0) {
    fprintf(stderr, "Could not find stream information\n");
    return ret;
}
```

（7）读取帧

信息获取完毕之后，可以尝试通过 av_read_frame 来获得内存中的数据，尝试将关键帧打印出来：

```
while (av_read_frame(fmt_ctx, &pkt) >= 0) {
    if (pkt.flags & AV_PKT_FLAG_KEY) {
        fprintf(stderr, "pkt.flags = KEY\n");
    }
}
```

帧读取之后，就可以用于自己想要的操作了，如后期处理、转封装等操作。

至此，内存数据读取操作已介绍完毕，本节的参考代码可以从网络中获得：http://ffmpeg.org/doxygen/trunk/avio_reading_8c-example.html。

8.6　小结

本章通过使用 API 对文件进行了封装（Mux）和解封装（Demux），总结了使用 API 的具体流程，同时介绍了 avio 相关的知识点，avio 在自定义数据源方面特别有用，熟悉它的原理和使用流程，往往有助于把事情化繁为简。

第 9 章
FFmpeg 接口 libavcodec 的使用

libavcodec 为音视频的编码 / 解码提供了通用的框架，它包含了很多编码器和解码器，这些编码器 / 解码器不仅可以用于音频、视频的处理，还能用于字幕流的处理，如 H.264、H.265 的编解码、AAC 的编解码。

本章主要介绍 FFmpeg 的编解码器、编码与解码的 API 函数使用方法，重点以 API 的使用介绍为主，分别介绍从视频流解码为 YUV、视频 YUV 编码为 H.264，音频 AAC 解码为 PCM、音频 PCM 编码为 AAC 编码格式等。

截至本书编写时，FFmpeg 已经更新到 3.1.3 版本，考虑到对旧接口的兼容问题，一些 API 函数有多个版本，本章对一些老 API 和新 API 的使用都进行了讲解。

本章主要介绍如下几个方面的内容。

- 9.1 节介绍 FFmpeg 旧 API 处理音视频编解码的操作，不过在不久的将来，这些 API 会逐渐被废弃，在实际生产环境中，应该避免使用这些 API。
- 9.2 节介绍 FFmpeg 新 API 处理音视频编解码的操作。

9.1 FFmpeg 旧接口的使用

在编译 FFmpeg 或编译调用 FFmpeg 的编解码接口实现的功能时，常常会遇到编译告警，告警内容为调用的编码接口或者解码接口是被弃用的接口，虽然接口还可以使用，但是在未来某个时间段将会被正式弃用，在编写本节时，FFmpeg 的旧编解码接口仍然可以继续使用，而且还有很大一部分的 FFmpeg 用户在使用旧版本的接口，所以本节将会重点介绍 FFmpeg 旧接口对音视频的编解码操作。

9.1.1 FFmpeg 旧接口视频解码

使用 FFmpeg 开发播放器和转码器，需要首先了解解码部分的关键步骤，本节将重点介绍使用 FFmpeg 的 API 进行视频解码。下面开始介绍 FFmpeg 的视频解码步骤，如

图 9-1 所示。

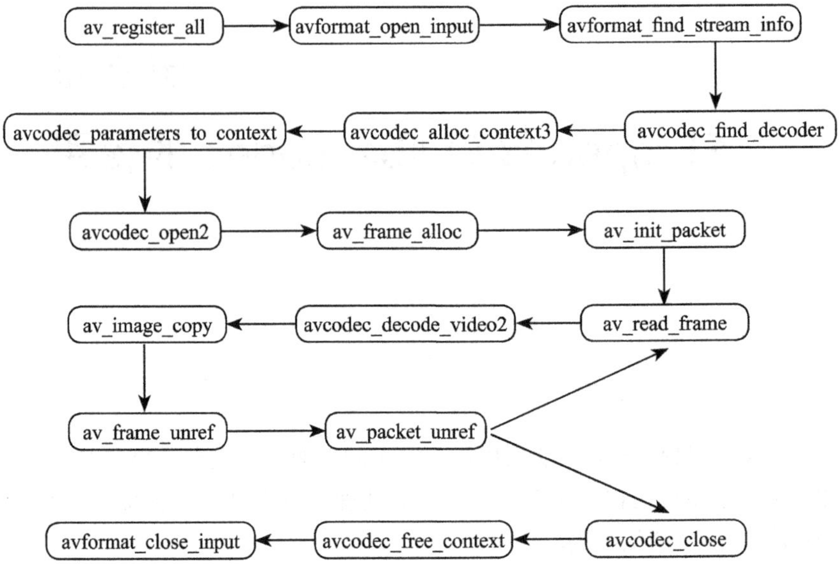

图 9-1 视频解码 API 调用流程

如图 9-1 所示，视频解码 API 调用的几个重要步骤已经罗列出来了，下面重点描述 API 的使用。

（1）API 注册

在使用 API 之前，需要注册使用 FFmpeg 的接口，这与使用 libavformat 基本相同：

```
int main(int argc, char **argv)
{
    av_register_all();
    return 0;
}
```

（2）查找解码器

为了便于理解解码 API 的使用，基于第 8 章的解封装的示例，增加解码方面的操作步骤，解码之前需要根据封装中的视频编码压缩格式进行查找，找到对应的解码器：

```
AVCodecContext *dec_ctx;
AVStream *st = fmt_ctx->streams[stream_index];
AVCodec *dec = NULL;
dec = avcodec_find_decoder(st->codecpar->codec_id);
if (!dec) {
      fprintf(stderr, "Failed to find %s codec\n", av_get_media_type_
string(type));
    return AVERROR(EINVAL);
}
```

首先从输入的 AVFormatContext 中得到 Stream，然后从 Stream 中根据编码器的

CodecID 获得对应的 Decoder。

（3）申请 AVCodecContext

获得 Decoder 之后，根据 AVCodec 申请一个 AVCodecContext，然后将 Decoder 挂在 AVCodecContext 下：

```
dec_ctx = avcodec_alloc_context3(dec);
if (!*dec_ctx) {
fprintf(stderr, "Failed to allocate the %s codec context\n", av_get_media_type_
string(type));
    return AVERROR(ENOMEM);
}
```

（4）同步 AVCodecParameters

FFmpeg 在解码或者获得音视频相关编码信息时，首先存储到 AVCodecParameters 中，然后对 AVCodecParameters 中存储的信息进行解析与处理，所以为了兼容，需要将 AVCodecParameters 的参数同步至 AVCodecContext 中：

```
avcodec_parameters_to_context(*dec_ctx, st->codecpar);
```

（5）打开解码器

解码器参数设置完毕之后，接下来需要打开解码器：

```
if ((ret = avcodec_open2(*dec_ctx, dec, NULL) < 0) {
fprintf(stderr, "Failed to open %s codec\n", av_get_media_type_string(type));
    return ret;
}
```

（6）帧解码

在 FFmpeg 进行解封装操作 av_read_frame 之后，可以对读到的 AVPacket 进行解码，解码后的数据存储在 frame 中即可：

```
AVCodecContext *video_dec_ctx = dec_ctx;
AVFrame *frame = av_frame_alloc();;
AVPacket pkt;
ret = avcodec_decode_video2(video_dec_ctx, frame, got_frame, &pkt);
if (ret < 0) {
    fprintf(stderr, "Error decoding video frame (%s)\n", av_err2str(ret));
    return ret;
}
```

（7）帧存储

解码之后，数据将会被存储在 frame 中，接下来可以对 frame 中的数据进行操作，例如将数据存储到文件中，或者转换为硬件输出的 buffer 支持的格式，例如 RGB 等，解码的最终目的是将压缩的数据解码为 yuv420p 这类色彩数据：

```
/* copy decoded frame to destination buffer: */
/* this is required since rawvideo expects non aligned data */
av_image_copy(video_dst_data, video_dst_linesize, (const uint8_t **)(frame-
>data), frame->linesize, pix_fmt, width, height);
```

```
/* write to rawvideo file */
    fwrite(video_dst_data[0], 1, video_dst_bufsize, video_dst_file);
```

解码后的数据，通过 av_image_copy 将 frame 中的数据复制到 video_dst_data 中，然后将数据写入输出的文件中，这个文件同样可以作为 SDL 的输出 buffer，或者 Frame-Buffer 等，为以后的缩放、滤镜操作、编码等做准备。

（8）收尾

解码操作完成之后，接下来即为释放之前申请过的资源，释放完成之后，解码操作即全部完成。

代码片段仅用作原理说明举例，详细的代码实现可以参考 FFmpeg 源代码的 doc/examples/demuxing_decoding.c 文件，或在线代码 https://ffmpeg.org/doxygen/trunk/demuxing_decoding_8c-example.html。

9.1.2　FFmpeg 旧接口视频编码

在使用 FFmpeg 开发播放器的截图功能，或者转码，或者对摄像头采集的图像进行推流之前，均需要进行编码，使用 FFmpeg 对图像进行编码比较简单，其与视频解码操作基本类似，不过还有一些细微的差别，本节将介绍视频解码的相关操作，如图 9-2 所示。

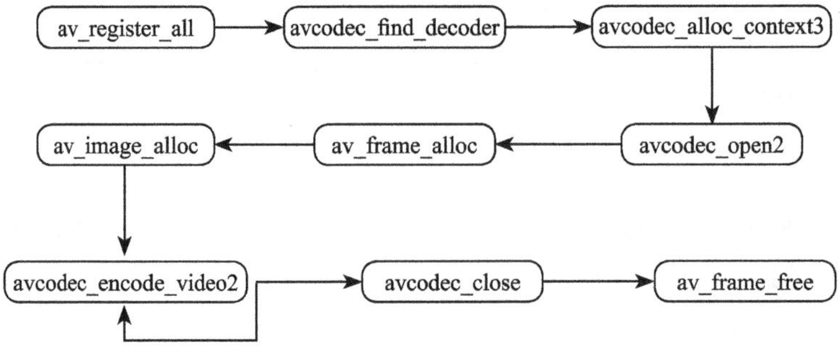

图 9-2　视频编码 API 调用流程

鉴于前面解码时是基于解封装进行解码操作，因此本节编码操作举例为直接使用编码进行操作，而不是与封装操作相关联，以便于从各方面进行理解。下面就来介绍编码操作的主要步骤。

（1）API 注册

由于仅仅使用 libavcodec 部分的接口，所以在注册使用 FFmpeg 接口时，可以使用 avcodec_register_all 进行注册：

```
int main(int argc, char *argv[])
{
    avcodec_register_all();
    return 0;
}
```

（2）查找编码器

注册操作完成之后，首先需要查找自己需要使用的编码器，可以通过接口 avcodec_find_encoder 来设置：

```
AVCodec *codec;
codec = avcodec_find_encoder(codec_id);
if (!codec) {
    fprintf(stderr, "Codec not found\n");
    exit(1);
}
```

设置查找 AVCodec 时，需要通过 codec_id 来查找，例如设置的编码器若是做 H.264 编码，那么需要将 codec_id 设置为 AV_CODEC_ID_H264 即可使用 H.264 编码器，当然，前提是 FFmpeg 中已经编译链接了 H.264 编码器才可以，例如 libx264、openh264、h264_qsv 等。

（3）申请 AVCodecContext

创建了 AVCodec 之后，需要根据 AVCodec 信息创建一个 AVCodecContext，然后将 AVCodec 挂在 AVCodecContext 之上。

```
AVCodecContext *c= NULL;
c = avcodec_alloc_context3(codec);
if (!c) {
    fprintf(stderr, "Could not allocate video codec context\n");
    exit(1);
}
```

申请过 AVCodecContext 之后，需要设置编码参数，设置了 AVCodecContext 的参数之后才可以将参数传递给编码器：

```
/* put sample parameters */
c->bit_rate = 400000;
/* resolution must be a multiple of two */
c->width = 352;
c->height = 288;
/* frames per second */
c->time_base = (AVRational){1,25};
/* emit one intra frame every ten frames, check frame pict_type before passing
frame to encoder, if frame->pict_type is AV_PICTURE_TYPE_I then gop_size is ignored
and the output of encoder will always be I frame irrespective to gop_size*/
    c->gop_size = 10;
    c->max_b_frames = 1;
c->pix_fmt = AV_PIX_FMT_YUV420P;
```

参数设置中视频码率为 400kbit/s，视频宽度为 352、高度为 288、帧率为 25fps，GOP 大小为 10 帧一个 GOP，最大可以包含 1 个 B 帧，像素色彩格式为 YUV420P。

（4）打开编码器

设置过参数之后，可以通过调用 avcodec_open2 打开编码器：

```
    if (avcodec_open2(c, codec, NULL) < 0) {
        fprintf(stderr, "Could not open codec\n");
        exit(1);
    }
```

（5）申请帧结构 AVFrame

编码器打开之后需要申请视频帧存储空间，用于存储每一帧的视频数据：

```
    AVFrame *frame;
    frame = av_frame_alloc();
    if (!frame) {
        fprintf(stderr, "Could not allocate video frame\n");
        exit(1);
    }
    frame->format = c->pix_fmt;
    frame->width  = c->width;
    frame->height = c->height;
    /* the image can be allocated by any means and av_image_alloc() is just the
most convenient way if av_malloc() is to be used */
    ret = av_image_alloc(frame->data, frame->linesize, c->width, c->height, c->pix_
        fmt, 32);
    if (ret < 0) {
        fprintf(stderr, "Could not allocate raw picture buffer\n");
    exit(1);
    }
```

（6）帧编码

frame 信息存储空间申请完成之后，可以将视频数据写进 frame->data 中，写入的时候需要注意，如果是 YUV 数据，则要区分 YUV 的存储空间，frame 数据写完之后，即可对数据进行编码：

```
    /* Y */
    for (y = 0; y < c->height; y++) {
    for (x = 0; x < c->width; x++) {
        frame->data[0][y * frame->linesize[0] + x] = x + y + i * 3;
        }
    }
    /* Cb and Cr */
    for (y = 0; y < c->height/2; y++) {
    for (x = 0; x < c->width/2; x++) {
            frame->data[1][y * frame->linesize[1] + x] = 128 + y + i * 2;
            frame->data[2][y * frame->linesize[2] + x] = 64 + x + i * 5;
    }
    }
    /* encode the image */
    ret = avcodec_encode_video2(c, &pkt, frame, &got_output);
    if (ret < 0) {
        fprintf(stderr, "Error encoding frame\n");
        exit(1);
    }
```

编码完成之后，将会生成编码之后的 AVPacket，即代码中的 pkt，编码完成之后，即可将 pkt 通过调用 av_interleaved_write_frame 接口写封装，但是这里的重点不是介绍编码然后封装成某种格式，仅仅只是编码。所以，只需要将编码后的数据保存下来即可：

```
fwrite(pkt.data, 1, pkt.size, f);
```

（7）收尾

将之前申请过的资源进行释放。

至此，使用 FFmpeg 进行编码的操作已经介绍完毕。相关的详细代码可以参考 FFmpeg 源代码目录中的 doc/examples/decoding_encoding.c 文件，或者在线代码 https://ffmpeg.org/doxygen/trunk/decoding_encoding_8c-example.html。

9.1.3 FFmpeg 旧接口音频解码

前面介绍了 FFmpeg 解码视频操作，本节将重点介绍音频解码操作，通过代码举例方式讲解音频解码。下面介绍一下音频解码所使用的 FFmpeg 的主要 API，如图 9-3 所示。

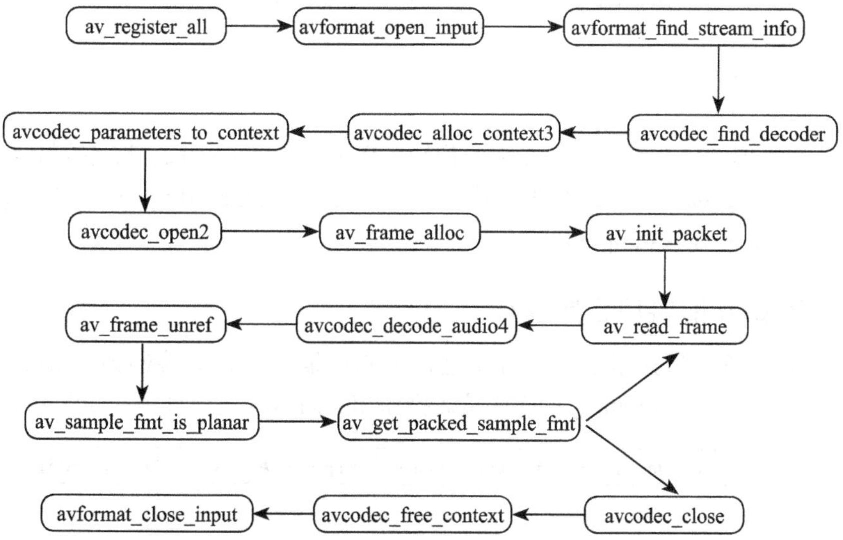

图 9-3 音频解码 API 调用流程

与视频解码的操作步骤基本相同，下面重点描述一下几个有差别的 API 使用。

（1）音频解码

解封装操作，申请解码器操作等均与视频解码操作所使用的 API 相同，在读取每一帧音频数据后，解码时所使用的 API 与解码视频均有所不同，解码视频时使用的是 avcodec_decode_video2，而在解码音频时所使用的 API 为 avcodec_decode_audio4：

```
AVCodecContext *audio_dec_ctx = NULL;
ret = avcodec_decode_audio4(audio_dec_ctx, frame, got_frame, &pkt);
if (ret < 0) {
    fprintf(stderr, "Error decoding audio frame (%s)\n", av_err2str(ret));
```

```
    return ret;
}
```

（2）数据存储至 AVFrame

解码完成之后，解码的数据会被保存至 frame 中，可以将 frame 中的数据保存下来，也可以通过编码转换为其他格式的音频，例如 MP3、AMR 等，由于本节重点讲解音频解码，所以不会介绍后续的处理方式，仅仅将音频保存下来即可。

（3）查看音频参数信息

音频数据保存下来后如果希望播放或者查看保存的音频数据，则可以通过查看解码时所使用的参数来查看对应的采样格式：

```
enum AVSampleFormat sfmt = audio_dec_ctx->sample_fmt;
int n_channels = audio_dec_ctx->channels;
const char *fmt;
if (av_sample_fmt_is_planar(sfmt)) {
    const char *packed = av_get_sample_fmt_name(sfmt);
printf("Warning: the sample format the decoder produced is planar (%s). This
example will output the first channel only.\n", packed ? packed : "?");
    sfmt = av_get_packed_sample_fmt(sfmt);
       n_channels = 1;
}
```

至此，音频解码已介绍完毕，详细的代码实现可以参考 FFmpeg 源代码目录中的 doc/examples/demuxing_decoding.c 文件，或者在线代码：https://ffmpeg.org/doxygen/trunk/demuxing_decoding_8c-example.html。

9.1.4 FFmpeg 旧接口音频编码

音频设备采集音频数据之后，需要进行编码压缩操作，如编码为 SPEEX、MP3 或 AAC 编码等，可以使用 FFmpeg 的音频编码操作相关的 API 进行处理，如图 9-4 所示。

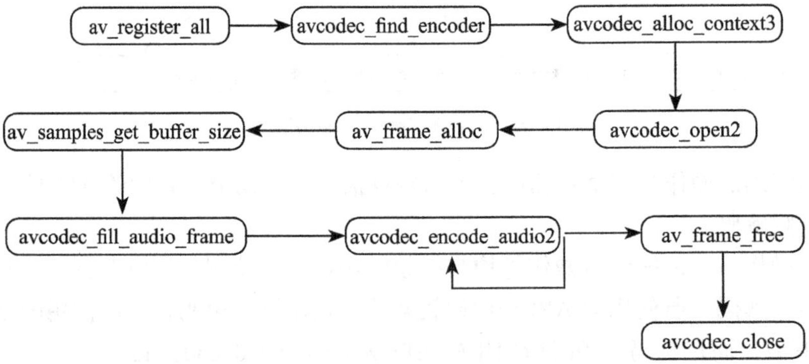

图 9-4 音频编码 API 调用流程

如图 9-4 所示，音频编码操作 API 使用流程已经列出，接下来说明一下编码操作的重点步骤，由于音频编码的操作步骤与视频编码的操作步骤基本相似，所以这里不做重复的

API 举例说明，仅仅针对音频编码的相关接口进行说明。

（1）编码参数设置

在申请编码 AVCodecContext 之后，对 AVCodecContext 的参数进行设置，主要是设置音频相关的参数，如音频的采样率、码率等：

```
AVCodecContext *c= NULL;
AVCodec *codec;
codec = avcodec_find_encoder(AV_CODEC_ID_AAC);
if (!codec) {
    fprintf(stderr, "Codec not found\n");
    exit(1);
}
c = avcodec_alloc_context3(codec);
if (!c) {
    fprintf(stderr, "Could not allocate audio codec context\n");
    exit(1);
}
/* put sample parameters */
c->bit_rate = 64000;
/* check that the encoder supports s16 pcm input */
c->sample_fmt = AV_SAMPLE_FMT_S16;
if (!check_sample_fmt(codec, c->sample_fmt)) {
fprintf(stderr, "Encoder does not support sample format %s", av_get_sample_fmt_
name(c->sample_fmt));
    exit(1);
}
/* select other audio parameters supported by the encoder */
c->sample_rate = select_sample_rate(codec);
c->channel_layout = select_channel_layout(codec);
c->channels = av_get_channel_layout_nb_channels(c->channel_layout);
```

参数设置完成之后，即可打开编码准备操作。

（2）设置音频参数

编码器参数设置完毕后打开编码器，设置编码所用到的音频数据的帧的数据布局等参数：

```
/* frame containing input raw audio */
frame = av_frame_alloc();
if (!frame) {
    fprintf(stderr, "Could not allocate audio frame\n");
    exit(1);
}

frame->nb_samples = c->frame_size;
frame->format = c->sample_fmt;
frame->channel_layout = c->channel_layout;
```

根据编码器参数设置每一个采样的大小、格式，以及声道布局格式等。

（3）计算音频帧信息

设置完编码器参数及需要编码的数据帧相关的参数之后，可以根据几个参数计算出音频采样 buffer 的大小，以用来申请存储音频采样 buffer 的内容：

```
    /* the codec gives us the frame size, in samples, we calculate the size of the
samples buffer in bytes */
    buffer_size = av_samples_get_buffer_size(NULL, c->channels, c->frame_size,
                c->sample_fmt, 0);
    if (buffer_size < 0) {
        fprintf(stderr, "Could not get sample buffer size\n");
        exit(1);
    }
    samples = av_malloc(buffer_size);
    if (!samples) {
    fprintf(stderr, "Could not allocate %d bytes for samples buffer\n", buffer_
size);
        exit(1);
    }
```

（4）挂载信息至 AVFrame

申请了音频数据采样 buffer 的空间之后，需要将该空间的信息挂在 frame 中，通过接口 avcodec_fill_audio_frame 来处理：

```
    /* setup the data pointers in the AVFrame */
    ret = avcodec_fill_audio_frame(frame, c->channels, c->sample_fmt, (const uint8_
        t*)samples, buffer_size, 0);
    if (ret < 0) {
        fprintf(stderr, "Could not setup audio frame\n");
        exit(1);
    }
```

（5）音频编码

挂载之后即可对音频数据进行编码，编码的每一帧采样数据都会写入 frame 中，然后通过编码接口 avcodec_encode_audio2 将每一帧 frame 中的数据编码之后写入 pkt 中：

```
    ret = avcodec_encode_audio2(c, &pkt, frame, &got_output);
    if (ret < 0) {
        fprintf(stderr, "Error encoding audio frame\n");
        xit(1);
    }
```

编码完成之后的数据即为 pkt 中的数据，将 pkt 中的数据保存下来，或者通过封装容器的写帧操作接口 av_interleaved_write_frame 将数据写入容器中即可，由于本节重点介绍编码，所以对封装操作接口不进行过多讲解。

至此音频编码操作介绍完毕，相关代码可以参考 FFmpeg 源代码目录中的 doc/examples/muxing.c 文件，或者在线链接 https://ffmpeg.org/doxygen/trunk/decoding_encoding_8c-example.html。

9.2　FFmpeg 新接口的使用

FFmpeg 在新版本中将会替换掉旧的接口及结构体，在编译 FFmpeg 的源代码时会通过弃用告警的方式进行提醒，在作者撰写本书时，FFmpeg 社区正在加速接口替换的工作。

接下来本节将会举例介绍 FFmpeg 的新编 / 解码接口的操作。

9.2.1 FFmpeg 新接口音频编码

FFmpeg 的新编码方式从原有的 avcodec_encode_audio2 更改为使用 avcodec_send_frame 配合 avcodec_receive_packet 进行编码，下面看一下接口调用的流程，如图 9-5 所示。

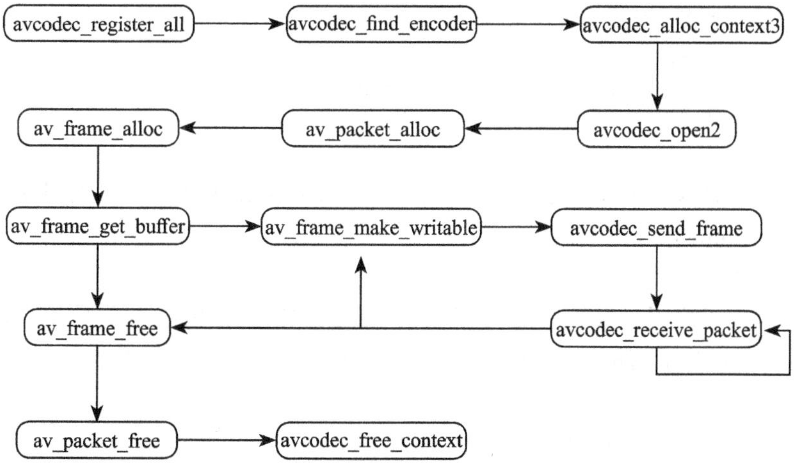

图 9-5　使用 FFmpeg 新接口音频编码流程

如图 9-5 所示，FFmpeg 使用新接口编码音频的主要接口调用流程已经列出，下面来看一下主要流程的接口并进行说明。

（1）查找和打开编码器

在使用 FFmpeg 编码器之前的操作，与使用旧接口类似，本节将不再赘述，而直接介绍编码的关键部分：

```
const AVCodec *codec;
    AVCodecContext *c= NULL;
    AVFrame *frame;
    AVPacket pkt;
    avcodec_register_all();
    codec = avcodec_find_encoder(AV_CODEC_ID_MP2);
    if (!codec) {
        fprintf(stderr, "Codec not found\n");
        exit(1);
    }
    c = avcodec_alloc_context3(codec);
    if (!c) {
        fprintf(stderr, "Could not allocate audio codec context\n");
        exit(1);
    }
    if (avcodec_open2(c, codec, NULL) < 0) {
        fprintf(stderr, "Could not open codec\n");
        exit(1);
    }
```

```
    frame = av_frame_alloc();
    if (!frame) {
        fprintf(stderr, "Could not allocate audio frame\n");
        exit(1);
    }
    frame->nb_samples     = c->frame_size;
    frame->format         = c->sample_fmt;
    frame->channel_layout = c->channel_layout;
    /* allocate the data buffers */
    ret = av_frame_get_buffer(frame, 0);
    if (ret < 0) {
        fprintf(stderr, "Could not allocate audio data buffers\n");
        exit(1);
    }
```

如上述代码所示，在编码之前，设置了编码器的 CODECID，然后打开编码器，接着申请用于存储 frame 数据的空间。

（2）填充数据

空间申请完毕之后，接下来就可以获得 frame 数据了，由于本节是以举例来进行说明，所以这里自己生成音频数据填充至 frame 空间中：

```
t = 0;
tincr = 2 * M_PI * 440.0 / c->sample_rate;
for (i = 0; i < 200; i++) {
/* make sure the frame is writable -- makes a copy if the encoder
* kept a reference internally */
ret = av_frame_make_writable(frame);
if (ret < 0)
    exit(1);
samples = (uint16_t*)frame->data[0];
for (j = 0; j < c->frame_size; j++) {
    samples[2*j] = (int)(sin(t) * 10000);
    for (k = 1; k < c->channels; k++)
        samples[2*j + k] = samples[2*j];
        t += tincr;
    }
    encode(c, frame, pkt, f);
}
```

从上述代码中可以看到，首先是确定了 frame 空间是可以写入数据的，然后生成数据写入到 frame 空间中，接下来就可以开始编码了。

（3）音频编码

本节编码采用的是 FFmpeg 的新编码接口，如前面代码所示“encode(c, frame, pkt, f)”为编码封装操作，下面就来查看一下这个接口的实现：

```
static void encode(AVCodecContext *ctx, AVFrame *frame, AVPacket *pkt, FILE
*output)
{
    int ret;
    /* send the frame for encoding */
    ret = avcodec_send_frame(ctx, frame);
```

```
    if (ret < 0) {
        fprintf(stderr, "Error sending the frame to the encoder\n");
        exit(1);
    }
    /* read all the available output packets (in general there may be any
        * number of them */
    while (ret >= 0) {
        ret = avcodec_receive_packet(ctx, pkt);
        if (ret == AVERROR(EAGAIN) || ret == AVERROR_EOF)
            return;
        else if (ret < 0) {
            fprintf(stderr, "Error encoding audio frame\n");
            exit(1);
        }
        fwrite(pkt->data, 1, pkt->size, output);
        av_packet_unref(pkt);
    }
}
```

如上述代码所示，主要调用接口为 avcodec_send_frame，将填充好的 frame 数据发送至编码器中，然后通过 avcodec_receive_packet 将编码后的数据读取出来，读取的数据为编码后所生成的 AVPacket 数据，然后将压缩的数据写入文件 output 中。

至此，使用 FFmpeg 新编码接口编码音频的主要步骤已经全部介绍完毕，参考代码可以从官方网站的 example 中获得，链接地址：http://ffmpeg.org/doxygen/trunk/encode_audio_8c-example.html。

9.2.2　FFmpeg 新接口音频解码

FFmpeg 的新解码方式从原有的 avcodec_decode_audio4 更改为使用 avcodec_send_packet 配合 avcodec_receive_frame 进行解码，下面来看一下接口调用的流程，如图 9-6 所示。

如图 9-6 所示，FFmpeg 使用新接口解码音频的主要接口调用流程已经列出，下面就来看一下主要流程的接口并进行举例说明。

（1）查找和打开解码器

在使用 FFmpeg 的新解码接口之前，准备工作与旧的接口基本类似，但是还是有一些细微的差别：

```
const AVCodec *codec;
AVCodecContext *c= NULL;
AVCodecParserContext *parser = NULL;
AVPacket *pkt;
AVFrame *decoded_frame = NULL;
avcodec_register_all();
pkt = av_packet_alloc();
/* find the MPEG audio decoder */
codec = avcodec_find_decoder(AV_CODEC_ID_MP2);
if (!codec) {
    fprintf(stderr, "Codec not found\n");
    exit(1);
}
```

```
    parser = av_parser_init(codec->id);
    if (!parser) {
        fprintf(stderr, "Parser not found\n");
        exit(1);
    }
    c = avcodec_alloc_context3(codec);
    if (!c) {
        fprintf(stderr, "Could not allocate audio codec context\n");
        exit(1);
    }
    if (avcodec_open2(c, codec, NULL) < 0) {
        fprintf(stderr, "Could not open codec\n");
        exit(1);
     }
```

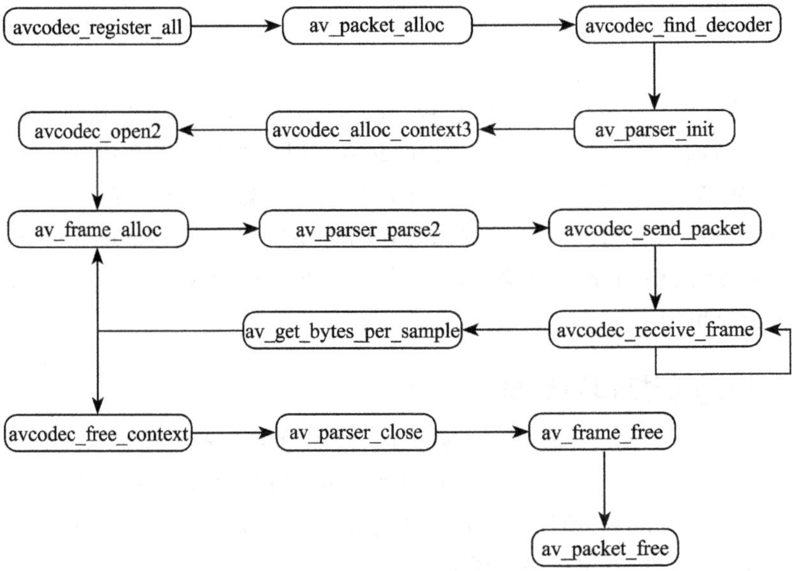

图 9-6　音频解码 API 调用流程

从举例代码中可以看到，在设置过解码器的 CODECID 之后，使用接口 av_parser_init 建立了一个 codec 的 parser，然后打开了 codec 解码器。

（2）音频解码准备

准备工作完成之后，接下来开始解码：

```
while (data_size > 0) {
    if (!decoded_frame) {
        if (!(decoded_frame = av_frame_alloc())) {
            fprintf(stderr, "Could not allocate audio frame\n");
            exit(1);
        }
    }
ret = av_parser_parse2(parser, c, &pkt->data, &pkt->size, data, data_size, AV_
     NOPTS_VALUE, AV_NOPTS_VALUE, 0);
```

```
        if (ret < 0) {
            fprintf(stderr, "Error while parsing\n");
            exit(1);
        }
        ata             += ret;
        ata_size        -= ret;
        if (pkt->size)
            decode(c, pkt, decoded_frame, outfile);
        if (data_size < AUDIO_REFILL_THRESH) {
            memmove(inbuf, data, data_size);
            data = inbuf;
            len = fread(data + data_size, 1, AUDIO_INBUF_SIZE - data_size, f);
            if (len > 0)
                data_size += len;
        }
    }
```

如上述代码所示，在解码时，首先通过调用接口 av_parser_parse2 将音频数据解析出来，然后开始解码。

（3）音频解码函数

解码前的准备工作完成之后，即可开始进行解码，下面看一下解码过程：

```
static void decode(AVCodecContext *dec_ctx, AVPacket *pkt, AVFrame *frame,
                   FILE *outfile)
{
    int i, ch;
        int ret, data_size;
        /* send the packet with the compressed data to the decoder */
        ret = avcodec_send_packet(dec_ctx, pkt);
            if (ret < 0) {
            fprintf(stderr, "Error submitting the packet to the decoder\n");
            exit(1);
        }
        /* read all the output frames (in general there may be any number of them */
        while (ret >= 0) {
            ret = avcodec_receive_frame(dec_ctx, frame);
            if (ret == AVERROR(EAGAIN) || ret == AVERROR_EOF)
                return;
            else if (ret < 0) {
                fprintf(stderr, "Error during decoding\n");
                exit(1);
            }
            data_size = av_get_bytes_per_sample(dec_ctx->sample_fmt);
            if (data_size < 0) {
                /* This should not occur, checking just for paranoia */
                fprintf(stderr, "Failed to calculate data size\n");
                exit(1);
            }
            for (i = 0; i < frame->nb_samples; i++)
                for (ch = 0; ch < dec_ctx->channels; ch++)
                    fwrite(frame->data[ch] + data_size*i, 1, data_size, outfile);
    }
}
```

解码时，首先通过接口 avcodec_send_packet 将音频编码数据发送给 codec 解码器，然后通过接口 avcodec_receive_frame 获得解码后的数据，接着进行音频对应的采样处理。

至此，使用 FFmpeg 新版本接口解码音频示例已经全部介绍完毕，代码可以参考官方网站：http://ffmpeg.org/doxygen/trunk/decode_audio_8c-example.html。

9.2.3　FFmpeg 新接口视频编码

FFmpeg 旧的视频编码接口与新版本的视频编码接口还有一个比较大的差异，就是在新版本的编码接口中，可以与音频一样使用 avcodec_send_frame 接口进行编码，只是在设置视频编码参数时与旧接口方式基本相同，而与设置音频编码参数的方式稍有不同。下面就来参考一下视频编码的接口使用流程。

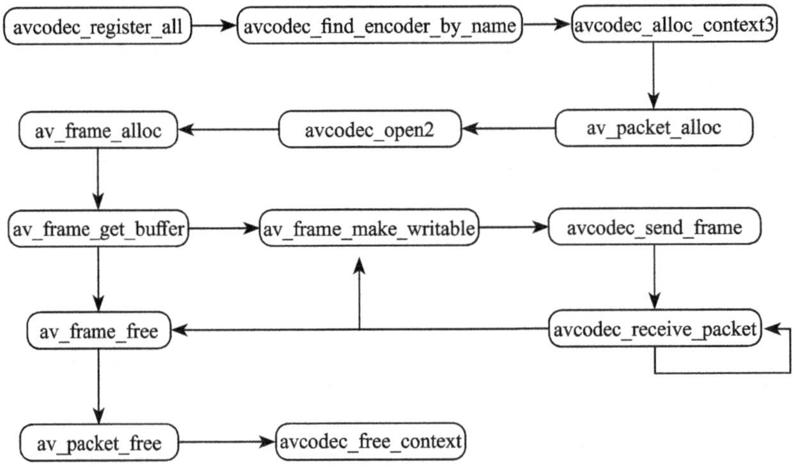

图 9-7　视频编码 API 调用流程

如图 9-7 所示，视频编码时，与音频编码类似，同样是使用接口 avcodec_send_frame 编码并使用 avcodec_receive_packet 接收编码后的 packets。关于 FFmpeg 新接口编码视频的参考示例可以查看官方网站：http://ffmpeg.org/doxygen/trunk/encode_video_8c-example.html。

9.2.4　FFmpeg 新接口视频解码

FFmpeg 的旧视频解码接口与新版本的视频解码接口还有一个比较大的差异，就是在新版本的解码接口中，可以与音频一样使用 avcodec_send_packet 接口进行解码，只是在设置视频解码参数时其与旧接口方式基本相同，与设置音频解码参数的方式稍有不同。下面参考一下视频解码接口的使用流程，如图 9-8 所示。

如图 9-8 所示，视频解码与音频解码类似，解码后通过 avcodec_receive_frame 可获得解码后的数据，然后可以根据实际需要进行处理，本接口调用流程中没有相关处理的接口，而是解码后直接释放掉所有的资源然后退出。关于 FFmpeg 的新接口解码视频操作的参考示例可以参考官方网网站：http://ffmpeg.org/doxygen/trunk/decode_video_8c-example.html。

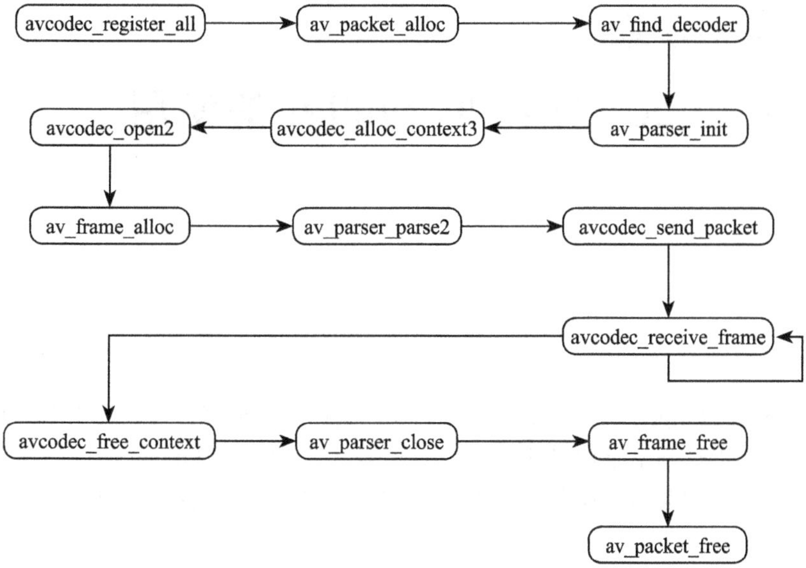

图 9-8　视频解码 API 调用流程

至此，FFmpeg 编解码相关操作的 API 使用已经全部介绍完毕。

9.3　小结

本章分析了 FFmpeg 使用新旧接口进行视频、音频编 / 解码的方法和流程，到本书编写时，一些旧的编解码 API 仍然使用很普遍，但是强烈推荐大家使用新的接口规范，毕竟新的接口规范是 FFmpeg 社区讨论得来的结果，使用起来会更强大和规范。

第 10 章 FFmpeg 接口 libavfilter 的使用

libavfilter 是 FFmpeg 中一个很重要的模块，其提供了很多音视频的滤镜，通过合理使用这些滤镜，可以达到事半功倍的效果，第 6 章介绍了使用 FFmpeg 命令行为视频添加水印、生成画中画、视频多宫格处理以及音频相关的操作，这些特效就是使用 avfilter 滤镜来完成的。

本章主要介绍 FFmpeg 的滤镜 avfilter 的 API 函数使用方法，重点以 API 使用为主，通过使用滤镜对视频添加 LOGO 这个例子展开叙述。本章介绍的滤镜操作为通用操作，其他滤镜操作均可以参考本章中介绍的步骤进行操作。

本章主要介绍如下几个方面的内容。

- 10.1 节简述 filtergraph 和 filter，让我们了解 filter 连接的形式和原理。
- 10.2 节介绍 FFmpeg 预留的滤镜，主要是音频和视频滤镜，本节将会使用一个很大的表格，非常全面地介绍相关的滤镜，读完本节，将对 FFmpeg 滤镜可以完成的事情有一个很清晰的了解。
- 10.3 节介绍了如何在程序中使用自己的滤镜或 10.2 节介绍的滤镜。
- 10.4 节配合 10.2 节的滤镜和 10.3 节的流程，完整地演示了滤镜 API 的使用。

10.1 filtergraph 和 filter 简述

filtergraph 是一种包含了很多已连接的滤镜（filter）的有向图，每对滤镜之间都可以有多个连接，这个和微软公司的 DirectShow 处理功能模块化的方式是类似的。举个例子，我们从摄像头中采集出图像，输出给 Filter，然后 Filter 会处理这个数据，最后输出处理好的数据。

FFmpeg 中预定了很多滤镜功能模块，这些模块描述了滤镜的特性以及输入输出端的个数。从输入端来说，滤镜主要有三种类型：Source Filter、Sink Filter、Filter，其中 Source Filter 是指没有输入端的滤镜，Sink Filter 是指没有输出端的滤镜，剩下的就是传输中间状态的 Filter，既有输入端又有输出端。

10.2　FFmpeg 中预留的滤镜

FFmpeg 中预留了很多滤镜，这些滤镜在 avfilter 中主要分为三种类型的滤镜：音频滤镜、视频滤镜、多媒体滤镜。下面主要介绍音频滤镜和视频滤镜。

10.2.1　音频滤镜

（1）音频滤镜

音频滤镜包含了重采样、混音器、调整音频时间戳、淡入淡出、静音检测等模块。截至本书编写时，FFmpeg 中一共内置了 66 种音频滤镜，具体如表 10-1 所示。

表 10-1　音频滤镜

序号	音频滤镜名称	滤镜作用
1	acompressor	主要用于减少声音信号的动态范围
2	acrossfade	交叉音频淡入淡出
3	acrusher	降低声音保真度
4	adelay	滞后一个或多个声道时间
5	aecho	声音增加回声
6	aemphasis	声音波形滤镜
7	afade	声音淡入淡出
8	afftfilt	从频域上对采样应用任意表达式
9	aformat	强制设置输入音频的输出格式
10	agate	低通滤波方式音频降噪
11	alimiter	防止声音信号大小超过预定的阈值
12	allpass	改变声音的频率和相位的关系
13	aloop	声音采样循环
14	amerge	合并多个音频流形成一个多通道流
15	amix	混合多个音频流到一个输出音频流
16	anequalizer	每个声道进行高位参数多波段补偿
17	anull	将原始声音无损地传递给输出端
18	apad	声音末尾填充静音数据
19	aphaser	在输入声音上增加相位调整效果
20	apulsator	根据低频振荡器改变左右声道的音量
21	aresample	对输入音频进行重采样
22	areverse	翻转一个声音片段
23	asetrate	不改变 PCM 数据，而修改采样率（慢放 / 快放）
24	ashowinfo	显示一行数据，用于展示每帧音频的各种信息，如序号、pts、fmt 等
25	astats	在时间域上，显示声道的统计信息

（续）

序号	音频滤镜名称	滤镜作用
26	atempo	调整声音播放速度 [0.5 ～ 2.0]
27	atrim	对输入音频进行修剪，从而使输出只包含一部分原始音频
28	bandpass	增加一个两级的，巴特沃斯带通滤波器
29	bandreject	增加一个两级的，巴特沃斯带阻滤波器
30	bass	增加或减少音频的低频部分
31	biquad	根据指定的系数增加一个双二阶 IIR 滤波器
32	bs2b	Bauer 立体声到立体声变换，用于改善戴耳机的听觉感受
33	channelmap	将通道重新定位（map）到新的位置
34	channelsplit	从输入音频流中分离每个通道到一个独立的输出流中
35	chorus	对声音应用副唱效果，就像是有极短延时的回声效果
36	compand	精简或者扩大声音的动态范围
37	compensationDelay	延时补偿
38	crystalizer	扩展声音动态范围的简单算法
39	dcshift	对声音应用直流偏移（DC shift），主要是用于从声音中移除直流偏移（可能会在录制环节由硬件引起）
40	dynaudnorm	动态声音标准化，用于把声音峰值提升到一个目标等级，通过对原始声音进行某种增益来达到
41	earwax	戴耳机时，声音听起来更随和
42	equalizer	应用一个两极均等化滤镜，在一个范围内的频率会被增加或减少
43	firequalizer	应用 FIR 均衡器
44	flanger	（弗兰基）镶边效果
45	hdcd	解码高分辨率可兼容的数字信号数据
46	highpass	通过 3db 频率点，应用高通滤波器
47	join	把多个输入流连接成单一多通道流
48	ladspa	加载 LADSPA（Linux 声音开发者简单插件 API）插件
49	loudnorm	EBU R128 响度标准化，包含了线性和动态标准化方法
50	lowpass	通过 3db 频率点，应用低通滤波器
51	pan	通过制定的增益等级，来混合声音通道
52	replaygain	回播增益扫描器，主要是展示 track_gain 和 track_peak 值，对数据无影响
53	resample	改变声音采样的格式，采样率和通道数
54	rubberband	使用 librubberband 进行时间拉伸和变调
55	sidechaincompress	通过第二个输入信号来压缩侦测信号，这个滤镜会接收两个输入流而输出一个流
56	sidechaingate	在把信号发送给增益衰减模块之前，过滤侦测信号
57	silencedetect	静音检测
58	silenceremove	从声音的开始、中间和结尾处移除静音数据
59	sofalizer	使用 HRTFS（头部相关的变换函数）来创建虚拟扬声器，通过耳机给听者一种立体听觉效果
60	stereotools	管理立体声信号的工具库

（续）

序号	音频滤镜名称	滤镜作用
61	stereowiden	增强立体声效果
62	treble	增加或消减声音高频部分，通过一个两极 shelving 滤镜
63	tremolo	正弦振幅调制
64	vibrato	正弦相位调制
65	volume	调制输入声音音量
66	volumedetect	侦测输入流的音量大小，当流结束时，打印出相关的统计信息

（2）音频 Source Filter

Source Filter 的含义可参考 10.1 节，截至本书编写时，FFmpeg 一共内置了 6 种音频 Source 滤镜。表 10-2 是当前可用的音频 Source 滤镜。

表 10-2 音频 Source 滤镜

序号	音频滤镜名称	滤镜作用
1	abuffer	以某个格式缓存声音帧，用于后续滤镜链
2	aevalsrc	根据指定的表达式来产生一个声音信号，一个表达式对应一个通道
3	anullsrc	空的声音源滤镜，返回未处理的声音帧，作为一种模板使用，用于给分析器或者调试器提供服务，或者作为一些滤镜的源
4	flite	合成声音使用 libflite，启用这个功能，需要用 --enable-libflite 来配置 FFmpeg，这个库线程不安全。这个滤镜支持从文本合成为声音
5	anoisesrc	产生声音噪声信号
6	sine	通过正弦波振幅的 1/8 来创造一个声音源

（3）音频 Sink Filter

Sink Filter 的含义可参考 10.1 节，截至本书编写时，FFmpeg 一共内置了两种音频 Sink 滤镜。

表 10-3 是当前可用的音频 Sink 滤镜。

表 10-3 音频 Sink 滤镜

序号	音频滤镜名称	滤镜作用
1	abuffersink	缓存声音帧，在滤镜链尾端使用
2	anullsink	空的 Sink 滤镜，不处理输入数据，主要是作为一个模板，为其他分析器 / 调试工具提供源数据

10.2.2 视频滤镜

（1）视频滤镜

FFmpeg 中的视频滤镜非常丰富，包含了图像剪切、LOGO 虚化、色彩空间变换、图像缩放、淡入淡出、字幕处理等模块。因为这些滤镜非常多，因此可以通过 --disable-filters 来禁用一些滤镜。截至本书编写时，FFmpeg 一共内置了 176 种视频滤镜，视频滤镜具体如表 10-4 所示。

表 10-4　视频滤镜

序号	视频滤镜名称	滤镜作用
1	alphaextract	从输入视频中提取出 alpha 部分，作为灰度视频，一般和 alphamerge 混用
2	alphamerge	使用第二个视频的灰度值，增加或替换主输入的 alpha 部分
3	ass	字幕库，同 subtitle 滤镜
4	atadenoise	对输入视频进行 ATAD（自适应时域平均降噪器）处理
5	avgblur	使用评价模糊效果
6	bbox	依据输入帧的亮度值平面，计算帧的非纯黑像素的边界（计算一个区域，这个区域的每个像素的亮度值都低于某个允许的值）
7	bitplanenoise	显示和测量位平面噪声
8	blackdetect	纯黑视频检测
9	blackframe	纯黑帧的检测
10	blend, tblend	两个视频互相混合
11	boxblur	动态模糊
12	bwdif	视频反交错
13	chromakey	YUV 空间的颜色 / 色度抠图
14	ciescope	通过把像素覆盖之上，来显示 CIE 颜色表
15	codecview	显示由解码器导出的信息
16	colorbalance	修改 RGB 的强度值
17	colorkey	RGB 颜色空间抠图
18	colorlevels	使用一些标准值调整输入帧
19	colorchannelmixer	通过重新混合颜色通道来调整帧
20	colormatrix	颜色矩阵转换
21	colorspace	转换颜色空间，变换特性、基色
22	convolution	应用 3 × 3 或 5 × 5 卷积滤镜
23	copy	复制源到输出端，不改变源数据
24	coreimage	在 OS X 上使用苹果的 CoreImage（使用 GPU 加速过滤）API
25	crop	裁剪视频到给定的大小
26	cropdetect	自动检测裁剪大小
27	curves	使用某些曲线来调整颜色
28	datascope	视频数据分析滤镜
29	dctdnoiz	使用 2D DCT（频域滤波）降噪
30	deband	消除色波纹
31	decimate	使用常规间隔丢弃重帧
32	deflate	应用 deflate 效果
33	deflicker	消除帧的时间亮度变化
34	dejudder	消除由电影电视内存交错引起的颤抖
35	delogo	标记电视台 LOGO

（续）

序号	视频滤镜名称	滤镜作用
36	deshake	尝试修复水平 / 垂直偏移变化
37	detelecine	应用精准的电影电视逆过程
38	dilation	应用放大特效
39	displace	根据第二个和第三个流来显示像素
40	drawbox	在输入图像上绘制一个带颜色的框
41	drawgrid	在输入图像上显示网格
42	drawtext	视频上绘制文字效果，使用 libfreetype 库
43	edgedetect	边缘检测
44	eq	应用亮度、对比度、饱和度和 gamma 调节
45	erosion	应用腐蚀特效
46	extractplanes	提取颜色通道分量
47	elbg	使用色印特效（ELBG 算法）
48	fade	使用淡入 / 淡出特效
49	fftfilt	在频域上，对采样应用任意的表达式
50	field	使用 stride 算法从图形中提取单场
51	fieldhint	根据提示文件的数字描述，通过复制相关帧的上半部分或者下半部分来创建新的帧
52	fieldmatch	场匹配
53	fieldorder	场序变换
54	fifo, afifo	输入图像缓存，需要的时候直接发送出去
55	find_rect	查找矩形对象
56	cover_rect	覆盖矩形对象
57	format	转换输入视频到指定的像素格式
58	fps	转换视频到固定帧率，可能会复制帧或者丢弃帧
59	framepack	打包两个不同的视频流到一个立体视频里
60	framerate	通过在源帧里插入新帧来改变帧率
61	framestep	每隔第 N 个帧取出一帧
62	frei0r	使用 frei0r 特效，配置 FFmpeg 时执行 --enable-frei0r
63	fspp	使用快速简单的视频后期处理方法
64	gblur	高斯模糊
65	geq	根据指定的选项来选择颜色空间
66	gradfun	修正色波纹
67	haldclut	应用 Hald CLUT
68	hflip	水平翻转特效
69	histeq	自动对比度调节
70	histogram	计算并绘制一个颜色分布图
71	hqdn3d	3D 降噪

（续）

序号	视频滤镜名称	滤镜作用
72	hwupload_cuda	上传系统内存帧到 CUDA 设备里
73	hqx	输出放大后的图像
74	hstack	多视频水平排列输出
75	hue	修改色调或饱和度
76	ysteresis	把第一个视频伸入到第二个视频中
77	idet	检测视频隔行类型
78	il	去交错或者交错场
79	inflate	使用膨胀特效
80	interlace	逐行扫描的内容交错
81	kerndeint	视频隔行扫描
82	lenscorrection	矫正径向畸变
83	loop	帧循环
84	lut3d	应用 3D LUT（Look-Up-Table）
85	lumakey	改变某些亮度值为透明的
86	lut, lutrgb, lutyuv	计算出一个 LUT，目的是绑定每个像素分量的输入值到一个输出值上，并且把它应用到输入视频上
87	lut2	计算并对两个输入视频应用 LUT
88	maskedclamp	用第二个视频流和第三个视频流对第一个视频流进行箝位
89	maskedmerge	使用第三个视频的像素比重来合并第一个和第二个视频
90	mcdeint	应用反交错影像补偿
91	mergeplanes	从一些视频流中合并颜色通道分量
92	mestimate	使用块匹配算法，估计并导出运动向量
93	midequalizer	应用中路图像均衡化效果
94	minterpolate	通过运动插值，转换视频为指定的帧率
95	mpdecimate	为了降低帧率，丢弃和上一幅图像差别不大的帧
96	negate	消除 alpha 分量
97	nlmeans	使用非局部均值算法进行帧降噪
98	nnedi	使用神经网络边缘导向插值进行视频反交错
99	noformat	强制 libavfilter 不给下一个滤镜传递指定的像素格式
100	noise	帧增加噪声
101	null	视频不做任何改变传递给输出端
102	ocr	使用 Tesseract 库进行字符识别
103	ocv	使用 OpenCV 进行视频变换
104	oscilloscope	2D 图像示波镜
105	overlay	覆盖一个视频到另一个的顶部
106	owdenoise	应用过完备小波降噪（Overcomplete Wavelet denoiser）
107	pad	存放图像的画板，常用于视频上下或左右两端留黑边

（续）

序号	视频滤镜名称	滤镜作用
108	palettegen	为完整的视频创建一个调色板
109	paletteuse	使用调色板进行下采样
110	perspective	对未垂直录制到屏幕上的视频进行远景矫正
111	phase	为了改变场序，延时交错视频的一场时间
112	pixdesctest	像素格式表示测试滤镜，用于内部测试
113	pixscope	显示颜色通道的采样值，一般用于检测颜色和等级
114	pp	使用 libpostproc 的子滤镜进行后期处理
115	pp7	使用滤镜 7 进行后期处理
116	premultiply	使用第二个流的第一个平面作为 alpha 对输入流进行 alpha 预乘
117	prewitt	prewitt 算子
118	psnr	从两个视频中获取平均、最大、最小的 PSNR
119	pullup	滤镜（用于 24 帧的逐行扫描和 30 帧的逐行扫描的混合）
120	qp	改变视频量化参数
121	random	使内部缓存的帧乱序
122	readeia608	读取隐藏字幕信息（EIA-608）
123	readvitc	读取垂直间隔时间码信息
124	remap	通过 x = Xmap(X, Y) 和 y = Ymap(X, Y) 来取出源位置在（x,y）的像素，其中“X,Y”是目的像素
125	removelogo	使用一幅图像来削弱视频 LOGO
126	repeatfields	使用视频 ES 头里面的 repeat_field，根据这个值来重复场
127	reverse	反转一个视频剪辑
128	rotate	使用弧度描述的任意角度来旋转视频
129	removegrain	逐行扫描视频的空间降噪器
130	sab	应用形状自适应模糊
131	scale	使用 libswscale 来缩放图像
132	scale_npp	使用 libnpp 缩放图像或像素格式转换
133	scale2ref	根据视频参考帧来缩放图像
134	selectivecolor	调整 CMYK 到某种范围的其他颜色
135	separatefields	划分帧到分量场，产生一个新的 1/2 高度的剪辑，帧率和帧数都是原来的二倍
136	setdar, setsar	设置输出视频的显示宽高比
137	setfield	标记交错类型的场为输出帧
138	showinfo	显示视频每帧数据的各种信息
139	showpalette	显示每帧数据的 256 色的调色板
140	shuffleframes	重排序、重复、丢弃视频帧
141	shuffleplanes	重排序、重复视频平面
142	signalstats	评估不同的可视化度量值，这些度量值可以帮助查找模拟视频媒体的数字化问题

（续）

序号	视频滤镜名称	滤镜作用
143	signature	计算 MPEG-7 的视频特征
144	smartblur	不用轮廓概述来模糊视频
145	ssim	从两个视频中获取 SSIM（结构相似性度量）
146	stereo3d	立体图形格式转换
147	streamselect, astreamselect	选择视频或音频流
148	sobel	对输入视频应用 sobel 算子
149	spp	简单的后期处理，比如解压缩变换和计算这些平均值
150	subtitles	使用 libass 在视频上绘制字幕
151	super2xsai	对输入数据两倍缩放，并且使用 Super2xSaI 进行平滑
152	swaprect	交换视频里的两个矩形对象区域
153	swapuv	U V 互换
154	telecine	对视频进行电影电视处理
155	threshold	使用阈值效应
156	thumbnail	抓取视频缩略图
157	tile	几个视频帧瓦片化
158	tinterlace	执行不同类型的时间交错场
159	transpose	行列互换
160	trim	截断输入，确保输出中包含一个连续的输出子部分
161	unsharp	锐化或模糊
162	uspp	应用特别慢 / 简单的视频后加工处理
163	vaguedenoiser	依据降噪器，应用小波技术
164	vectorscope	在二维图标中显示两个颜色分量
165	vidstabdetect	分析视频稳定性和视频抖动
166	vidstabtransform	视频稳定性和视频抖动
167	vflip	垂直翻转视频
168	vignette	制作或翻转光晕特效
169	vstack	垂直排列视频
170	w3fdif	反交错输入视频
171	waveform	视频波形监视器
172	weave, doubleweave	连接两个连续场为一帧，产生一个二倍高的剪辑，帧率和帧数降为一半
173	xbr	应用高质量 xBR 放大滤镜
174	yadif	反交错视频
175	zoompan	应用缩放效果
176	zscale	使用 zlib 来缩放视频

（2）视频 Source 滤镜

截至本书编写时，FFmpeg 一共内置了 18 种视频 Source 滤镜，表 10-5 是当前可用的视频 Source 滤镜。

表 10-5 视频 Source 滤镜

序号	视频滤镜名称	滤镜作用
1	buffer	预缓存帧数据
2	cellauto	构造元胞自动机模型
3	Coreimagesrc	OS-X 上使用 CoreImage 产生视频源
4	mandelbrot	构造曼德尔布罗特集分形
5	mptestsrc	构造各种测试模型
6	frei0r_src	提供 frei0r 源
7	life	构造生命模型
8	allrgb	返回 4096 × 4096 大小的，包含所有 RGB 色的帧
9	allyuv	返回 4096 × 4096 大小的，包含所有 YUV 色的帧
10	color	均匀色输出
11	haldclutsrc	输出 Hald CLUT，参照 haldclut 滤镜
12	nullsrc	输出未处理视频帧，一般用于分析和调试
13	rgbtestsrc	构造 RGB 测试模型
14	smptebars	构造彩色条纹模型（依据 SMPTE Engineering Guideline EG 1-1990）
15	smptehdbars	构造彩色条纹模型（依据 SMPTE RP 219—2002）
16	testsrc	构造视频测试模型
17	testsrc2	同 testsrc，不同之处是其支持更多的像素格式
18	yuvtestsrc	构造 YUV 测试模型

（3）视频 Sink 滤镜

截至本书编写时，一共内置了两种视频 Sink 滤镜，表 10-6 是当前可用的视频 Sink 滤镜。

表 10-6 视频 Sink 滤镜

序号	视频滤镜名称	滤镜作用
1	buffersink	预缓存帧，用于传递给滤镜图表尾端
2	nullsink	什么都不做，仅仅是方便分析或调试器使用

10.3 avfilter 流程图

在前面的命令行使用章节中已经介绍过对视频添加水印的操作，下面使用 FFmpeg API 来实现同样的效果，avfilter 初始化的流程图可以归纳成图 10-1。

图 10-1 所示的步骤可以总结如下：初始化 avfilter，创建 Source 和 Sink 滤镜，然后解析滤镜图表接口，剩下的就是把从视频中读取出来的帧数据放到滤镜中，然后再取出来就完成了整个流程，下面我们通过对视频添加 LOGO 来模拟这一过程。

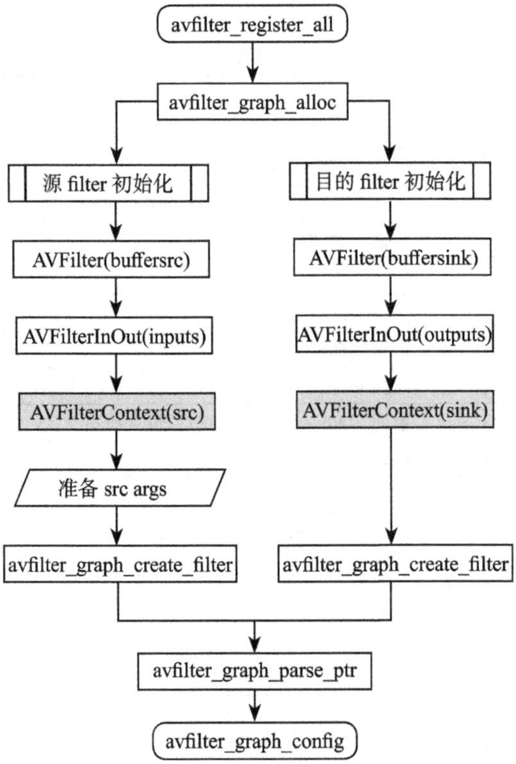

图 10-1　avfilter 流程图

10.4　使用滤镜加 LOGO 操作

下面我们通过一个例子来讲述上述流程在实际环节中的使用方法，关于滤镜的操作接口已经列出，接下来重点讲解一下视频的滤镜操作过程，与解封装、解码相关的部分将不做过细的讲解，下面是滤镜操作的主要步骤。

（1）注册 FFmpeg 的滤镜操作接口

```
int main(int argc, char *argv[])
{
avfilter_register_all();
return 0;
}
```

（2）获得滤镜处理的源

获得滤镜处理的源及滤镜处理的 Sink 滤镜（AVFilter），同时申请输入与输出的滤镜结构 AVFilterInOut。

```
AVFilter *buffersrc  = avfilter_get_by_name("buffer");
```

```
AVFilter *buffersink = avfilter_get_by_name("buffersink");
AVFilterInOut *outputs = avfilter_inout_alloc();
AVFilterInOut *inputs  = avfilter_inout_alloc();
```

（3）处理 AVfilterGraph

需要的 AVFilter 与 AVFilterInOut 申请完成之后，申请一个 AVfilterGraph，用来存储 Filter 的 in 与 out 描述信息。

```
AVFilterGraph *filter_graph
filter_graph = avfilter_graph_alloc();
if (!outputs || !inputs || !filter_graph) {
    ret = AVERROR(ENOMEM);
}
```

（4）创建 AVFilterContext

接下来需要创建一个 AVFilterContext 结构用来存储 Filter 的处理内容，包括 input 与 output 的 Filter 等信息，在创建 input 信息时，需要加入原视频的相关信息，如 video_size、pix_fmt、time_base、pixel_aspect 等：

```
    AVFilterContext *buffersink_ctx;
    AVFilterContext *buffersrc_ctx;
    snprintf(args, sizeof(args), "video_size=%dx%d:pix_fmt=%d:time_base=%d/%d:pixel_
aspect=%d/%d", dec_ctx->width, dec_ctx->height, dec_ctx->pix_fmt,  time_base.num,
time_base.den,  dec_ctx->sample_aspect_ratio.num, dec_ctx->sample_aspect_ratio.den);
    ret = avfilter_graph_create_filter(&buffersrc_ctx, buffersrc, "in",args, NULL,
filter_graph);
    if (ret < 0) {
    av_log(NULL, AV_LOG_ERROR, "Cannot create buffer source\n");
    }
```

创建完输入的 AVFilterContext 之后，可以同时创建一个输出的 AVFilterContext：

```
    /* buffer video sink: to terminate the filter chain. */
    ret = avfilter_graph_create_filter(&buffersink_ctx, buffersink, "out", NULL,
NULL, filter_graph);
    if (ret < 0) {
    av_log(NULL, AV_LOG_ERROR, "Cannot create buffer sink\n");
    }
```

（5）设置其他参数

创建完输入与输出的 AVFilterContext 之后，如果还需要设置一些其他与 Filter 相关的参数，则可以通过使用 av_opt_set_int_list 进行设置，例如设置 AVfilterContext 的输出的 pix_fmt 参数：

```
ret = av_opt_set_int_list(buffersink_ctx, "pix_fmts", AV_PIX_FMT_YUV420P, AV_
     PIX_FMT_NONE, AV_OPT_SEARCH_CHILDREN);
if (ret < 0) {
av_log(NULL, AV_LOG_ERROR, "Cannot set output pixel format\n");
}
```

（6）建立滤镜解析器

参数设置完毕之后，可以针对前面设置的 Filter 相关的内容建立滤镜解析器，滤镜内容与前面章节中介绍的命令行的方式基本相同，填入对应的字符串即可：

```
const char * filters_descr = "movie=logo.jpg[logo];[logo]colorkey=White:0.2:0.5
                              [alphawm];[in][alphawm]overlay=20:20[out]";
/*
    * Set the endpoints for the filter graph. The filter_graph will
    * be linked to the graph described by filters_descr.
    */
/*
    * The buffer source output must be connected to the input pad of
    * the first filter described by filters_descr; since the first
    * filter input label is not specified, it is set to "in" by
    * default.
    */
outputs->name       = av_strdup("in");
outputs->filter_ctx = buffersrc_ctx;
outputs->pad_idx    = 0;
outputs->next       = NULL;

/*
    * The buffer sink input must be connected to the output pad of
    * the last filter described by filters_descr; since the last
    * filter output label is not specified, it is set to "out" by
    * default.
    */
inputs->name       = av_strdup("out");
inputs->filter_ctx = buffersink_ctx;
inputs->pad_idx    = 0;
inputs->next       = NULL;

avfilter_graph_parse_ptr(filter_graph, filters_descr, &inputs, &outputs, NULL);
avfilter_graph_config(filter_graph, NULL);
```

根据上述代码中的注释可以看到滤镜输入与输出的关联建立，并且解析了滤镜的处理过程字符串，将建立的处理过程图 filter_graph 加入 Filter 配置中。

（7）数据解码

准备工作做完之后，接下来开始进入解码过程，解码完成后需要对解码后的数据进行滤镜操作，将解码后视频的每一帧数据都抛给源 AVFilterContext 进行处理：

```
    /* push the decoded frame into the filtergraph */
    if (av_buffersrc_add_frame_flags(buffersrc_ctx, frame, AV_BUFFERSRC_FLAG_KEEP_
REF) < 0)
    {
    av_log(NULL, AV_LOG_ERROR, "Error while feeding the filtergraph\n");
    }
```

（8）获取数据

数据抛给源 AVFilterContext 处理之后，AVfilter 会自行对数据按照先前设定好的处理方式进行处理，然后通过从输出的 AVFilterContext 中获得输出的帧数据即可获得滤镜处理过的数据，然后对数据进行编码或者存储下来观看效果，保存数据的方式与解码保存的方式相同：

```
/* pull filtered frames from the filtergraph */
while (1) {
ret = av_buffersink_get_frame(buffersink_ctx, filt_frame);
                if (ret == AVERROR(EAGAIN) || ret == AVERROR_EOF)
                    break;
                if (ret < 0)
                    goto end;
                av_image_copy(video_dst_data, video_dst_linesize,
        (const uint8_t **)(frame->data), frame->linesize, AV_PIX_FMT_YUV420P,
            frame->width, frame->height);
    fwrite(video_dst_data[0], 1, video_dst_bufsize, video_dst_file);
                av_frame_unref(filt_frame);
}
av_frame_unref(frame);
```

至此，通过调用滤镜 API 为视频添加 LOGO 的处理方式已全部介绍完毕，接下来看一下添加的 LOGO 的效果，如图 10-2 所示。

图 10-2 滤镜添加效果图

从图 10-2 中可以看到 LOGO 已经被添加入视频中。参考代码：https://ffmpeg.org/doxygen/trunk/filtering_video_8c-example.html。

10.5 小结

其他滤镜操作方法与添加 LOGO 的方法基本相同，音频的滤镜操作方法同样与本例中的滤镜操作方法相同，均可以参考本章中使用滤镜添加 LOGO 操作的样例。

推荐阅读

ENTERPRISE
DATA
AT
HUAWEI
华为数据之道
华为数据之道

华为
数字化转型之道
DIGITAL
TRANSFORMATION
AT
HUAWEI
华为数字化转型之道

LEAN DATA
METHODOLOGY
精益数据
方法论
数据驱动的数字化转型

一本书讲透
数据治理
战略、方法、工具与实践
DATA GOVERNANCE

企业架构驱动
数字化转型
以架构为中心的端到端转型方法论
企业架构驱动数字化转型

O'REILLY
数字化
转型
企业破局的34个锦囊
DIGITAL
TRANSFORMATION
GAME PLAN

价值驱动的
数字化转型
EDGE
VALUE-DRIVEN
DIGITAL
TRANSFORMATION

DIGITAL
TRANSFORMATION
MODE AND
INNOVATION
数字化转型
模式与创新
从数字化企业到产业互联网平台

数字化转型的道与术
以平台思维为核心支撑企业战略可持续发展